中国氯碱工业协会　组织编写

Chlorine

氯安全管理指南

Guidelines for Chlorine Safety Management

胡永强　主编

化学工业出版社

·北京·

内容简介

本书作为近年来氯安全生产和管理的经验总结与集成，涉及氯的生产、贮存、运输、使用等各个环节，详细介绍了氯的物理、化学和危险特性，氯的生产与安全，液氯的贮存与安全，液氯充装与安全，液氯气化器与安全，液氯管道输送安全管理，氯中三氯化氮，液氯钢瓶的安全管理，液氯罐箱、罐车（槽罐车）的安全管理，涉氯设备防腐，氯生产中的管道、管件、阀门、法兰及垫片，氯的职业危害，氯气泄漏事故应急响应，氯碱行业安全生产先进适用技术、工艺、装备和材料推广目录，氯碱行业的典型涉氯事故案例和氯安全管理相关支持性文件等相关内容，反映了当前氯碱行业的安全管理总体水平。

本书可作为氯碱行业及相关涉氯行业的安全管理指导用书，特别适合从事氯生产、使用、运输、贮存和经营的各类人员阅读。

图书在版编目（CIP）数据

氯安全管理指南/胡永强主编；中国氯碱工业协会组织编写. —北京：化学工业出版社，2021.1

ISBN 978-7-122-38114-9

Ⅰ.①氯…　Ⅱ.①胡…②中…　Ⅲ.①氯碱生产-安全管理-指南　Ⅳ.①TQ114-62

中国版本图书馆CIP数据核字（2020）第243581号

责任编辑：刘　军　张　赛　　　装帧设计：王晓宇
责任校对：宋　玮

出版发行：化学工业出版社（北京市东城区青年湖南街13号　邮政编码100011）
印　　刷：北京京华铭诚工贸有限公司
装　　订：三河市振勇印装有限公司
710mm×1000mm　1/16　印张 18½　字数342千字　2021年1月北京第1版第1次印刷

购书咨询：010-64518888　　　售后服务：010-64518899
网　　址：http://www.cip.com.cn
凡购买本书，如有缺损质量问题，本社销售中心负责调换。

定　　价：128.00元

本书编写人员名单

主　　编：胡永强

副 主 编：秦文浩　肖　军　左志远

编写人员：（按姓名汉语拼音排序）

边　清　范红波　高春亮　洪　特　胡万明　胡永强
黄　玮　黄　镇　计文忠　金丽亚　李　荣　李运杰
梁月钧　刘　堂　刘　鑫　刘延财　明　坤　宁小钢
秦文浩　瞿建华　权国顺　任运奎　桑晓琴　沈文良
宋大为　宋晓玲　孙翠杰　孙熊杰　唐必勇　王成涛
王日纬　王　尚　王夕峰　王晓强　王亚鹏　翁永祥
吴玉芳　西学强　夏文达　肖　军　邢春吉　严正学
杨本华　杨　巨　幺恩琳　袁建华　张　泉　张　鑫
朱　雪　左志远

前言

为提高涉氯生产、贮存、使用企业安全管理水平，夯实氯气安全管理基础，借鉴国际氯安全管理的要求和经验，中国氯碱工业协会（以下简称“协会”）组织行业专家编写了《氯安全管理指南》。

本书第1章、第2章由天津大沽化工股份有限公司组织编写，第3章、第4章由上海氯碱化工股份有限公司组织编写，第5章由万华化学（烟台）氯碱热电有限公司组织编写，第6章由新浦化学（泰兴）有限公司组织编写，第7章由上海氯碱培训中心组织编写，第8章由中石化齐鲁分公司氯碱厂组织编写，第9章、第14章、第15章、第16章由杭州电化集团有限公司组织编写，第10章、第11章由河北盛华化工有限公司组织编写，第12章由新疆中泰化学股份有限公司组织编写，第13章由江苏氯碱协会组织编写。最后由杭州电化集团有限公司组织统稿、定稿。

本书初稿于2012年8月完成后，向协会安全协作组各副组长以上单位征求意见。根据各方意见，协会于2012年11月在天津组织召开《氯安全管理指南》专题讨论会，就本指南的内容、目录架构提出修改意见并对下一步工作牵头人、修改单位和人员进行具体分工，同时还邀请中国天辰工程有限公司、山东泰丰阀业有限公司和大连科环泵业有限公司及宁波金洋物流等相关单位对书稿进行了修改和补充。此后又进行多次修改。2018年河北盛华化工发生事故后，根据国家应急管理部指示，协会进行专题研究，并委托相关设计院进行评估。2020年3月份，协会又召开专题会进行编制工作布置，相关单位又重新进行补充完善。

《氯安全管理指南》是近年来中国氯碱工业协会各企业对于氯的生产和管理的经验总结，也是社会各运输、使用单位、氯设备制造单位和设计院的经验总结。本指南对于规范氯的生产、运输、使用具有指导作用，有利于促进涉氯企业的安全管理。

在此，对于积极参与本指南编写、审核修改的各单位，以及支持本指南编写的社会各界，表示衷心的感谢。

由于水平有限，时间仓促，并缺乏相应的编写经验，书中难免存在不妥和疏漏之处，敬请读者批评指正。

编者

2020年10月

目 录

第1章 氯的物理、化学和危险特性

1.1 术语

1.1.1 氯

氯是一种非金属元素，属于卤族。元素名称：氯；英文名称：chlorine；元素符号：Cl；原子序数：17；原子量：35.453。

1.1.2 氯单质

氯单质由两个氯原子构成，化学式为 Cl_2，分子量为 70.906。

1.1.3 液氯与氯气

以液体的状态存在的单质氯俗称为液氯。以气体的状态存在的单质氯俗称为氯气。

1.1.4 干氯与湿氯

含水量不超过该温度和压力条件下水在单质氯中溶解度的氯可认为是干氯；含水量超过该温度和压力条件下水在单质氯中溶解度的氯可认为是湿氯。干氯和湿氯的定义是相对的。例如：在10℃时，氯中含水量在30mg/kg时可以认为是干氯；同样的含水量，在−20℃时，可认为是湿氯。

1.1.5 饱和氯气

氯气在放热或升压状态下，出现部分氯气液化时的状态。

1.1.6 饱和液氯

液氯在吸热或降压状态下，出现部分液氯气化时的状态。

1.2 氯的物理性质

1.2.1 物质结构

氯原子结构：氯原子最外层有7个电子，反应中易得到1个电子或共用电子对达到稳定结构（共价键）。

氯分子结构：氯分子为双原子分子，分子式 Cl_2。

氯有26种同位素，其中只有 ^{35}Cl 和 ^{37}Cl 是稳定的，其余同位素均具有放射性。

1.2.2 基本物理参数

单质氯在常温常压下为有强烈刺激性气味的黄绿色的气体。

单质氯的熔沸点较低，熔点为－101℃，沸点为－34.4℃，氯气相对密度（空气＝1）为2.48，液氯相对密度（20℃，水＝1）为1.41，饱和蒸气压为657kPa（20℃），临界温度为144℃，临界压力为7.71MPa。

1.2.3 溶解性

单质氯微溶于水，易溶于碱液，易溶于四氯化碳、二硫化碳等有机溶剂。

氯气的水溶液叫氯水，饱和氯水呈现浅黄绿色，具有强烈刺激性气味。

（1）101.325kPa（绝压）条件下氯气在水中的溶解度见表1-1。

表1-1 标准大气压条件下氯气在水中溶解度

温度/℃	1体积水溶解氯气体积数	100g水中溶解的氯气质量/g
0	4.61	1.4600
6	3.42	1.0800
10	3.148	0.9972
15	2.680	0.8495
20	2.299	0.7293
25	2.019	0.6413
30	1.799	0.5723
40	1.450	0.4590
50	1.216	0.3925

(2) 不同温度及压力下氯气在水中的溶解度见表 1-2。

表 1-2　不同温度、压力条件下氯气在水中溶解度

溶液上氯气之分压/kPa	温度/℃						
	0	10	20	30	40	50	60
	溶解度/(g/100g 水)						
1.33	0.0679	0.0603	0.0575	0.0553	0.0532	0.0512	0.0492
6.67	0.1717	0.1354	0.1210	0.1106	0.1025	0.0962	0.0912
13.33	0.279	0.208	0.1773	0.1573	0.142	0.1313	0.1228
26.66	0.478	0.335	0.274	0.234	0.205	0.1856	0.1706
40.00	析出 $Cl_2 \cdot 8H_2O$	0.454	0.363	0.303	0.261	0.231	0.21
53.33		0.571	0.448	0.369	0.311	0.274	0.247
60.00		0.66	0.488	0.398	0.336	0.094	0.064
66.66		0.685	0.529	0.43	0.361	0.314	0.28
79.99		0.797	0.612	0.491	0.408	0.352	0.313
93.33		0.909	0.690	0.55	0.454	0.389	0.344
106.66		1.021	0.769	0.608	0.499	0.427	0.375
119.99		析出 $Cl_2 \cdot 8H_2O$	0.846	0.668	0.544	0.462	0.404
199.98			1.323	1.014	0.805	0.67	0.576

1.2.4　水在氯中的溶解性

水可以微量溶解于单质氯中。水在单质氯中的溶解能力随着温度和压力变化而变化。

(1) 101.325kPa (绝压) 下饱和湿氯气中的含水量与温度的关系见表 1-3。

表 1-3　标准大气压下饱和湿氯气中的含水量与温度的关系

温度/℃	湿氯气中含水量/(g/kg)
10	3.1
15	4.3
30	10.8
40	19.8
50	34.9
60	61.6
70	112.0
80	219.0
90	571.0

（2）水在液氯中的溶解度见表1-4。

表1-4 不同温度条件下水在液氯中的溶解度

温度/℃	水在液氯中的溶解度		气相中水的平衡含量（mol/100mol）	平衡相
	mol/100mol液氯	mg/kg		
50	0.21	530	0.87	与液体水
40	0.16	400	0.65	与液体水
30	0.12	295	0.48	与液体水
20	0.076	190	9.85	与水化物
10	0.048	120	0.20	与水化物
0	0.029	78	0.12	与水化物
−10	0.017	42	0.070	与水化物
−20	0.0093	23	0.039	与水化物
−30	0.0050	13	0.021	与水化物

1.2.5 饱和蒸气压

（1）经验公式计算法可以利用Antoine方程计算：

$$\lg p = A - \frac{B}{t+C}$$

式中，p为蒸气压，kPa；t为温度，℃；A、B、C为Antoine常数，$A=6.05668$，$B=959.178$，$C=246.14$。

（2）液氯的蒸气压见表1-5。

表1-5 液氯在不同温度条件下的蒸气压

温度/℃	蒸气压/kPa	温度/℃	蒸气压/kPa	温度/℃	蒸气压/kPa
−60	28.66	−30	122.60	15	576.54
−55	37.06	−25	150.97	20	665.71
−50	48.26	−20	183.40	25	758.92
−45	61.99	−10	263.45	30	871.40
−40	79.33	0	368.82	40	1128.76
−35	99.33	5	430.63	50	1432.74
−34.5	101.33	10	502.57	60	1782.31

1.2.6 膨胀系数

氯在不同温度下的体积膨胀系数见表1-6。

表 1-6　氯在不同温度下的体积膨胀系数

温度/℃	体积膨胀系数/10^4	温度/℃	体积膨胀系数/10^4	温度/℃	体积膨胀系数/10^4
−45	15.1	−5	18.1	35	23.4
−40	15.3	0	18.7	40	24.2
−35	15.5	5	19.2	50	25.9
−30	15.8	10	19.9	60	27.8
−25	16.2	15	20.5	70	30.1
−20	16.5	20	21.2	80	33.3
−15	16.9	25	21.9	90	37.6
−10	17.5	30	22.6	100	43.0

1.3　氯的化学性质

1.3.1　燃烧性

无论是液态还是气态，氯都没有燃烧性和爆炸性，但可助燃。一般可燃物大都能在氯气中燃烧，一般易燃气体或蒸气也都能与氯气形成爆炸性混合物。氯气能与许多化学品如乙炔、松节油、乙醚、氨、烃类、氢气、金属粉末等猛烈反应发生爆炸或生成爆炸性物质。

1.3.2　化学反应

（1）与水反应　氯微溶于水，当它与纯水发生化学反应时，会形成少量的盐酸和次氯酸。氯水化合物（$Cl_2 \cdot 8H_2O$）在常压下温度低于 9.6℃时可能结晶，随着压力的增大结晶温度可能升高。

（2）与金属反应　温度低于 121℃时，干氯不会与铁、铜、钢、镍、铂、银等发生反应。常温下，干氯能与铝、金、汞、锡等发生反应。干氯能与钛发生剧烈的反应。因水解产生盐酸和次氯酸，湿氯很容易腐蚀大多数常见金属，但铂、银和钛却不被腐蚀。

（3）与其他元素反应　在特定环境下，氯能与大多数元素进行反应，甚至与部分元素能发生剧烈反应。氯不能与氧或氮发生直接反应，只能通过间接方法生产氧化物和氮化物。氢和氯的混合物能发生剧烈的反应，因温度、压力、浓度不同，燃烧极限也不同。当温度在 21～27℃时，氢气的燃烧极限是 3%～93%。氢气、氯气的混合物在直射阳光、紫外线、静电或猛烈撞击条件下可发生反应。

（4）与无机化合物的反应　氯与氢有很强的亲和力，氯可以从一些无机化合物中取代出氢，如与硫化氢反应生产盐酸和硫。氯可以和铵根离子发生反应生成各种氨的氯取代物，在低 pH 值条件下，该混合物的主要成分为具有爆炸性的三氯化氮。

（5）与有机化合物的反应　氯与许多有机化合物反应生成有机氯化物，同时副产氯化氢。氯与烃类、乙醇等物质能够发生剧烈的化学反应。

1.4　氯的危险特性

1.4.1　健康危害

氯是一种强烈的刺激性气体，经呼吸道吸入时，与呼吸道黏膜表面水分接触，产生盐酸、次氯酸，次氯酸再分解为盐酸和新生态氧，产生局部刺激和腐蚀作用。

（1）危险性类别　急性毒性-吸入，类别 2；皮肤腐蚀/刺激，类别 2；严重眼损伤/眼刺激，类别 2；特异性靶器官毒性-一次接触，类别 3（呼吸道刺激）；危害水生环境-急性危害，类别 1。

（2）急性中毒　轻度者有流泪、咳嗽、咳少量痰、胸闷，出现气管和支气管炎或支气管周围炎的表现；中度中毒发生支气管肺炎、局限性肺泡性肺水肿、间质性肺水肿，或哮喘样发作，患者除有上述症状的加重外，出现呼吸困难、轻度紫绀等；重者发生肺泡性水肿、急性呼吸窘迫综合征、严重窒息、昏迷和休克，可出现气胸、纵隔气肿等并发症。吸入极高浓度的氯气，可引起迷走神经反射性心跳骤停或喉头痉挛而发生“电击样”死亡。眼接触可引起急性结膜炎，高浓度造成角膜损伤。皮肤接触液氯或高浓度氯，在暴露部位可有灼伤或急性皮炎。

（3）慢性中毒　长期低浓度接触，可引起慢性牙龈炎、慢性咽炎、慢性支气管炎、肺气肿、支气管哮喘等。可引起牙齿酸蚀症。

（4）职业接触限值　职业接触限值如表 1-7 所示。根据国家职业卫生标准要求，一个工作日内，任何时间、任何工作地点氯的最高接触浓度均不得超过 $1mg/m^3$。

表 1-7　氯的职业接触限值

项目名称	国家标准	美国标准
最高容许浓度 MAC（TLV-C）	$1mg/m^3$	—
时间加权平均容许浓度 PC-TWA（TLV-TWA）	—	0.5mg/kg
短时间接触容许浓度 PC-STEL（TLV-STEL）	—	1mg/kg

注：1. 国家标准是指强制性国家职业卫生标准《工作场所有害因素职业接触限值　第 1 部分：化学有害因素》（GBZ 2.1—2019）规定的限值。

2. 美国标准是指美国政府工业卫生学家委员会（ACGIH）推荐的生产车间空气中有害物质的职业接触限值。

1.4.2 燃烧、爆炸与腐蚀

（1）氯气可以和油品、油脂、涂料和一些溶剂等发生剧烈的反应，甚至引发火灾。

（2）氯几乎对金属和非金属都有腐蚀作用。含水氯气中的盐酸可以腐蚀钢材设备。氯还可以与铁生成氯化物的水合物，在管道内发生堵塞。

（3）干氯气与钛可发生剧烈反应。即使是0℃以下的干氯气，也会与钛发生猛烈反应生成 $TiCl_4$，并有着火危险。[陶氏化学资料介绍氯气中含水量必须超过（水的质量分数）0.4%才能用钛材；国内根据《腐蚀数据与选材手册》控制指标大于0.5%]

（4）常温条件下，干氯气不与钢反应，但与热钢（251℃及以上）可以发生强烈的反应。

（5）紫外线和其他光源可使氯气和氢气的混合物发生剧烈反应。

（6）氯气可与氨气和其他一些含氮化合物生成三氯化氮。三氯化氮是非常不稳定的化合物，极易发生爆炸。

（7）氯气微溶于水，部分氯气与水反应生成盐酸和次氯酸，因此湿氯气带有强氧化性，对普通碳钢和一般金属都能产生强烈腐蚀。氯气中含水量与碳钢腐蚀速率关系如表1-8所示。

表1-8 氯气中含水量与碳钢腐蚀速率的关系

氯气中的含水量（质量分数）/10^{-6}	碳钢腐蚀率/(mm/a)
56.7	0.0107
167.0	0.0457
206.0	0.0510
283.0	0.0610
870.0	0.1140
1440.0	0.1500
3300.0	0.3800

参考文献

[1] 危险化学品目录（2015版）.
[2] 危险化学品目录（2015版）实施指南（试行）.

第2章 氯的生产与安全

中国是氯生产和消费大国，2018年氯气供应量超过3000万吨，占世界氯供应总量的40%以上。目前，中国氯碱企业主要生产200余种氯产品，除占比最大的聚氯乙烯（PVC，占比40%）外，还生产氯漂白剂、消毒剂、环氧化合物、甲烷氯化物、氯化聚合物、异氰酸酯、氯代芳烃等20多个系列200余种产品，衍生产品1300种。

2.1 电解法制氯

电解法分为隔膜电解法和离子膜电解法，电解制氯法制氯起步早，20世纪初，中国就开始使用电解法制氯，最开始使用水银槽电解制氯，后来发展为隔膜电解槽，随着技术的进步，隔膜的技术改造，阴极阳极的技术改造使隔膜电解槽的耗电下降，到20世纪70～80年代，我国开始引进离子膜电解槽电解制氯法，目前，隔膜电解槽制氯已经退出历史舞台，离子膜电解法制氯成为主流，同时新的制氯方法和工艺也已出现，但是目前还是以电解法制氯为主。随着氯碱工业技术的变革和进步，由盐水电解生成烧碱，副产氯气和氢气的工艺没有改变，但对盐水的纯度和精制提出了更高的要求。

2.1.1 盐水制备

盐水制备是烧碱生产的第一道工序，目前盐水精制有传统的澄清桶工艺与膜液体过滤两种工艺。

（1）澄清桶工艺　先将工业盐用工艺水溶解成饱和盐水，加入碳酸钠、氢氧化钠与钙、镁离子反应生产沉淀物，经过澄清桶自然沉降除去沉淀物。澄清盐水再经过砂滤器和α-纤维素预涂型过滤器过滤成为合格的一次精制盐水，以供电解使用。

（2）膜液体过滤工艺　化盐水溶解原盐后的饱和食盐水，加入次氯酸钠、碳酸钠、氢氧化钠后，进入凯膜过滤器，除去有机物、碳酸钙及氢氧化镁等杂质，再通过加高纯酸调节 pH 成为合格的一次精制盐水。

精盐水控制指标包括氯化钠、钙、镁、硫酸根、氢氧化钠、碳酸钠、悬浮物 SS 等，但盐水中无机铵应控制≤1mg/L，总铵≤4mg/L。

安全要求：必须严格控制铵含量，避免后续工序超量产生三氯化氮。

（3）无机膜处理工艺　该工艺是近些年发展出来的一种先进的膜液体过滤工艺，无机膜在一次盐水生产过程中应用最具有代表性的是陶瓷膜，陶瓷膜是一种固态膜，由无机材料加工而成，强度高，陶瓷膜支撑体采用高纯度进口材料 α-Al_2O_3 在 1600 ℃以上的高温下烧结而成，其使用温度可达 400～800℃，其 pH 值适用范围为 0～14，不受酸碱与氧化剂的影响。在氯碱行业中一般采用 5nm 孔径的陶瓷超滤膜，饱和盐水溶液通量大于 800L/(m^2·h)。膜管上有 1 个或多个通道，每根膜管上的通量很大，在实际运行操作过程中，采用错流流动过滤方式，这种过滤方式对盐水中的悬浮粒子的大小、密度、浓度的变化不敏感。

陶瓷膜过滤工艺是通过对化学反应完全的粗盐水采用高效率的错流流动方式，主要是通过三级连续过滤模式，即将反应后的粗盐水用泵打入第一级陶瓷膜组件后，流过陶瓷膜产出部分清盐水，而被浓缩的粗盐水继续进入第二级陶瓷膜组件，再次进行过滤分离，被浓缩的粗盐水被送入第三级陶瓷膜组件，浓缩液即含固量为 5%～10%（质量分数）的盐泥，从第三级陶瓷膜过滤器排出，经三级陶瓷膜过滤器渗透出来的清盐水即为过滤器的总产水量，被送往盐水溶液 pH 值调节槽后，流入一次盐水罐内，同样供二次盐水精制使用。三级过滤器内的膜组件，一般以 6、4、2 个的顺序排列，每一个组件内装有 37 根陶瓷膜管，陶瓷膜过滤工艺流程图见图 2-1。

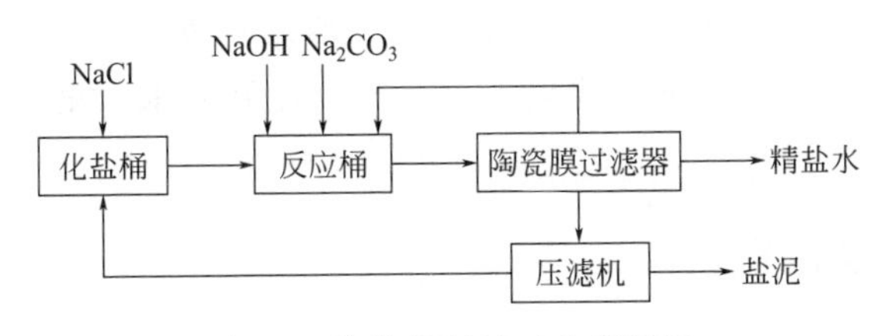

图 2-1　陶瓷膜过滤工艺流程图

2.1.2　离子膜电解槽生产氯

离子交换膜是一种能够让 Na^+ 等阳离子通过，而阻止 Cl^- 和 OH^- 等阴离子通过的阳离子交换膜。离子交换膜法制氢氧化钠就是利用离子交换膜的这一特性，将电解槽的阳极和阴极隔开来制取高纯度、高浓度的氢氧化钠和联产氯气和氢气的。离子膜电解槽氢氧化钠（烧碱）工艺流程见图 2-2。

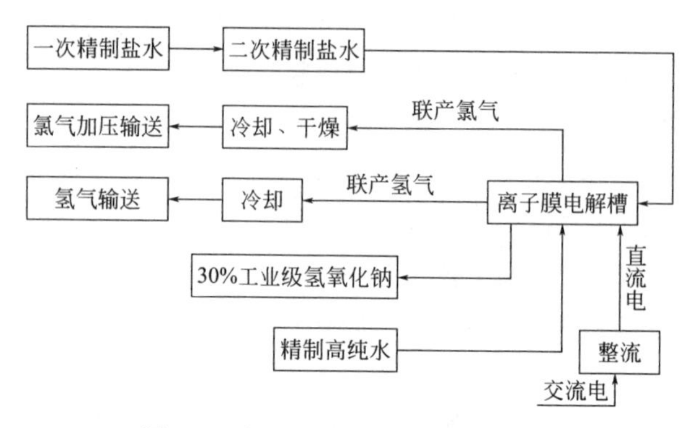

图 2-2　离子膜电解槽制氯工艺流程

化盐工段送来的一次盐水进入树脂塔进行二次精制，合格的二次盐水进入盐水高位槽，通过位差，进入电解槽的阳极室电解，生成氯气，同时使盐水浓度降低成为含氯淡盐水。氯气送至氯气处理工序，一部分淡盐水作为循环盐水返回电解槽与二次盐水混合继续电解，一部分送至脱氯塔脱除游离氯送至一次盐水进行化盐。

电解槽阴极室电解生产 30％烧碱和氢气，氢气送至氢气处理工序。一部分烧碱返回电解槽循环使用，另一部分作为成品碱送至成品碱贮罐。

NaCl 盐水电解的反应方程式为：

$$2NaCl + 2H_2O \longrightarrow Cl_2\uparrow + H_2\uparrow + 2NaOH \text{（直流电）}$$

阳极反应：$$2Cl^- - 2e \longrightarrow Cl_2\uparrow$$

阴极反应：$$2H^+ + 2e \longrightarrow H_2\uparrow$$

离子膜电解槽生产过程存在火灾、爆炸、氯气中毒、环境污染等风险，因此，其工艺控制过程要求不得低于“原国家安监总局安监总管三〔2009〕116 号文”推荐的“首批重点监管的危险化工工艺安全控制要求、重点监控参数及推荐的控制方案”要求。

2.1.3 氧阴极法制氯

氧阴极技术始于 20 世纪 90 年代，主要以日本和欧洲的一些国家为代表。我国的一些高校也进行过相关研究，但由于某些技术限制，没能够实现工业化运行效果。

日本对氧阴极技术的研究成果较为突出，在开始阶段都是独家开发运行，缺少整体运作，没有一个企业获得成功。在 1993 年日本通产省设立了“节能技术实用化开发补助金”，采取联合的方式开发氧阴极技术，促进氧阴极技术迅速发展。日本方面主要以碳材料为基础，附高活性的金属催化剂实现氧阴极反应。

欧洲方面，德国拜耳在氧阴极方面也取得了突破性进展，其开发的是非碳基氧阴极技术，并取得了良好的工业化运行效果。

而我国的氧阴极技术也一直没有停止开发研究。2013 年，蓝星（北京）化工机械有限公司和北京化工大学共同承担的“氧阴极低槽电压离子膜电解制烧碱技术”项目，研发的 5 万吨/年 ODC 技术制烧碱工业化规模装置开车运行，通过了中国石油和化学工业联合会组织的专家审查验收。为进一步改进 ODC 技术，该项目组开发出了性能更好的第二代 ODC 催化剂技术，目前正在进行实验室放大试验，下一步将根据试验结果进行工业化试验。

氧阴极技术和传统的离子膜电解技术性相比，最大的特点在于其良好的节能效果，与传统离子膜电解技术相比能够节能 30%～40%。符合国家的能源政策，节能减排。随着世界能源危机的进一步加剧，世界主要的氯碱工业拥有国都在采取新的方法来开发新型离子膜电解槽以降低能源消耗，达到节能减排的目的，同时可以降低产品的生产成本，保持产品在国际市场上的竞争力。从技术角度来看，氧阴极技术将是一项革新性的节能技术，该技术的应用与推广将直接影响氯碱工业的节能降耗工作的实施，决定未来氯碱工业的发展方向。目前在氯碱行业，氧阴极技术工业化应用主要集中在氯化钠电解和盐酸电解方面。

（1）氧阴极氯化钠电解　氧阴极技术和传统的离子膜电解的不同就在于阴极侧发生的化学反应完全不同，能够使理论槽电压下降 1.23V，节能效果能达到 30%～40%。由于电极反应发生了较大变化，相应的电解槽结构在阴极侧也发生了改变，氧阴极技术的阴极侧由氧气室和阴极室构成，见图 2-3。

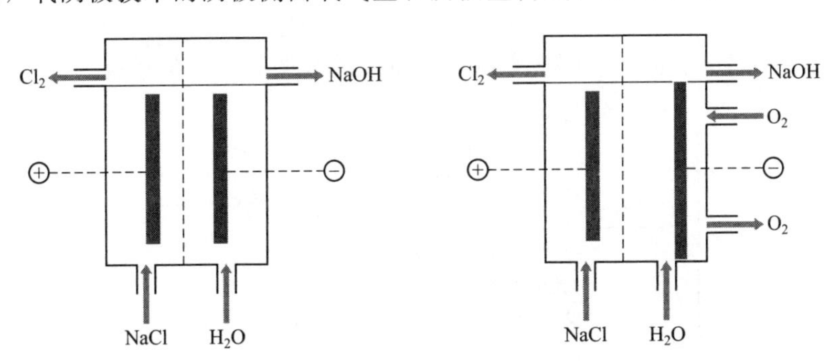

图 2-3　传统离子膜电解槽（左）和氧阴极电解槽（右）的结构示意图

传统电解槽电解食盐水反应方程式如下。

阳极：$2Cl^- \longrightarrow Cl_2 + 2e$

阴极：$2H_2O + 2e \longrightarrow H_2 + 2OH^-$

反应方程式：$2NaCl + 2H_2O \longrightarrow 2NaOH + Cl_2 + H_2$

新型节能氧阴极电解槽电解食盐水反应方程式如下。

阳极：$$2Cl^- \longrightarrow Cl_2 + 2e$$

阴极：$$1/2O_2 + H_2O + 2e \longrightarrow 2OH^-$$

反应方程式：$$2NaCl + 1/2O_2 + H_2O \longrightarrow 2NaOH + Cl_2$$

氧阴极离子膜烧碱工艺流程如图 2-4 所示。

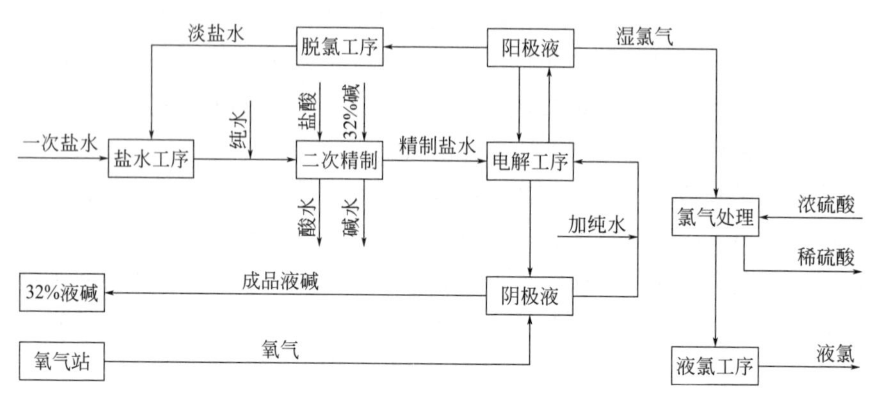

图 2-4　氧阴极离子膜烧碱工艺流程图

（2）氧阴极盐酸电解　离子膜氧阴极电解方法（ODC）要求氯化氢气体通过吸收变为盐酸，盐酸经过深度精制除去杂质后在离子膜电解槽中电解，阴极通入氧气，生产氯气和水，反应方程如下。

阳极反应：$$2Cl^- \longrightarrow Cl_2 + 2e^-$$

阴极反应：$$1/2O_2 + 2H^+ + 2e^- \longrightarrow H_2O$$

总反应：$$4HCl + O_2 \longrightarrow 2Cl_2 + 2H_2O$$

采用离子膜电解槽和氧阴极系统，电解系统简图如图 2-5 所示。

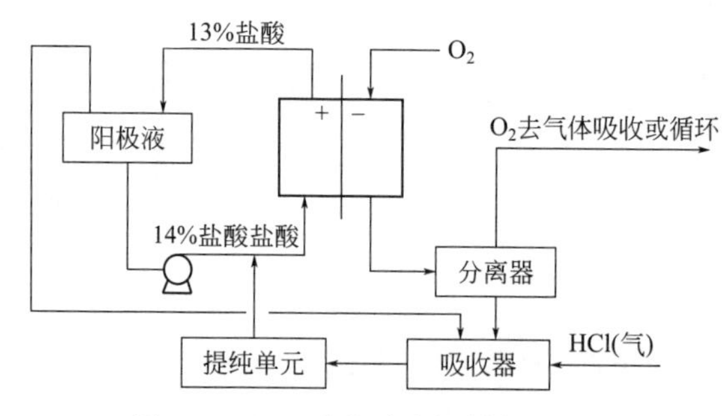

图 2-5　ODC 法盐酸电解制氯流程图

该方法技术接近成熟，产氯电耗 1100kW·h/t，电流密度 4.5kA/m^2，污染小，已经实现了商业化生产，缺点是必须以深度精制盐酸再进行电解，氯化氢的吸收和精制环节较繁杂，离子膜电解槽对材质要求高，氧阴极结构复杂，要求有纯氧供应，离子膜对杂质敏感，投资大、能耗高，经济成本上不具优势。

此工艺路线相较离子膜电解槽工艺，电解槽结构更加复杂，相应安全、环境危险因素控制要求更加严格。

2.2　氧化法制氯

随着对产氯能耗和生产过程环境影响要求的提高，采用就近、廉价且环境友好方法生产氯成为必然。氧化制氯技术恰好是解决这一问题的较好办法，该技术可以消耗副产的含氯化合物，得到广泛的关注和逐步深入的研究。

几种制氯方法的能耗对比如图 2-6 所示。

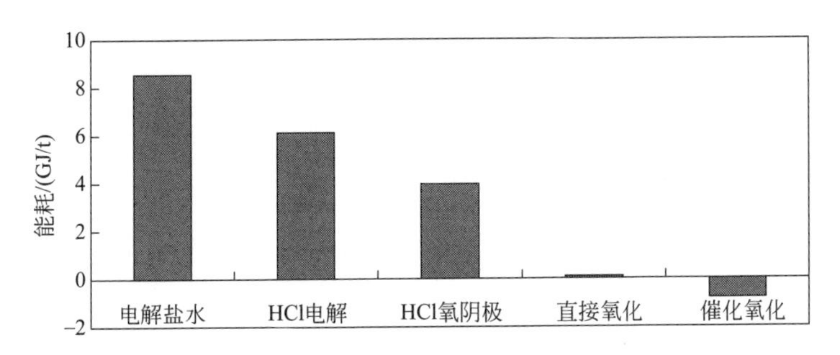

图 2-6　各种制氯方法能耗对比图

从上图可以清晰地得出结论，氧化制氯在能耗方面最具竞争优势，因此氧化制氯越来越受到现代工业重视，随着不断加大研究投入和进行不同方法的尝试，使氧化制氯在工业化方面取得了显著进展。

2.2.1　早期的氧化制氯法

氧化制氯是一种氧化含氯化合物制取氯气的方法。正是应用这种方法人类发现了氯，该方法也是早期氯气生产的唯一方法，其在试验室制氯等方面也一直发挥着重要作用。

氯气的生产经历了漫长的发展过程。1774 年瑞典化学家舍勒用软锰矿（含有二氧化锰）和浓盐酸作用，首先制得了氯气：

$$4HCl(浓)+MnO_2 \longrightarrow MnCl_2+2H_2O+Cl_2\uparrow$$

然而，由于当时还不能够大量制得盐酸，故这种方法只限于实验室内制取氯气。后来法国化学家贝托雷把氯化钠、软锰矿和浓硫酸的混合物装入铅蒸馏器中，经过加热制得了氯气：

$$2NaCl+3H_2SO_4(浓)+MnO_2 \longrightarrow 2NaHSO_4+MnSO_4+2H_2O+Cl_2\uparrow$$

因为此法原料易得，所以此后一段时间人们一直沿用贝托雷发明的方法来生产氯气。1836 年古萨格发明了一种焦化塔，用来吸收路布蓝法生产纯碱（Na_2CO_3）过程中排出的氯化氢气体（以前这种含氯化氢的气体被认为是一种废气，从古萨格开始，才得到了充分利用）得到盐酸，从此盐酸才成为一种比较便宜的酸，可以广为利用。舍勒发明的生产氯气的方法，经过改进，到此时才成为大规模生产氯气的方法。1868 年狄肯（Deacon）和洪特发明了用氯化铜作催化剂，在加热时，用空气中的氧气来氧化氯化氢气体制取氯气的方法，这种方法被称为狄肯法：

$$4HCl+O_2 \longrightarrow 2H_2O+2Cl_2\uparrow$$

上面这些生产氯气的方法，虽然在历史上都起过一定的作用，但是它们与电解食盐水生产氯气法相比，无论从经济效益还是从生产规模上，都大为逊色。当电解法在生产上付诸实用时，上述生产氯气的方法在工业上就逐渐被电解法取代。

2.2.2 实验室氧化制氯

实验室通常用氧化浓盐酸的方法来制取氯气，常见的氧化剂有：MnO_2、$K_2Cr_2O_7$、$KMnO_4$、$Ca(ClO)_2$。

MnO_2 氧化法的反应是：

$$4HCl+MnO_2 \longrightarrow MnCl_2+Cl_2\uparrow+2H_2O$$

最好用稀盐酸，浓盐酸会造成浪费，且反应速率过快。

$K_2Cr_2O_7$ 氧化法的反应是：

$$14HCl+K_2Cr_2O_7 \longrightarrow 2KCl+2CrCl_3+7H_2O+3Cl_2\uparrow$$

如此反应用的盐酸比较稀，微热即可反应。

$KMnO_4$ 氧化法的反应是：

$$16HCl+2KMnO_4 \longrightarrow 2KCl+2MnCl_2+8H_2O+5Cl_2\uparrow$$

如此反应用的盐酸比较稀的话，微热即可反应。

$Ca(ClO)_2$ 氧化法的反应是：

$$4HCl+Ca(ClO)_2 \longrightarrow CaCl_2+2H_2O+2Cl_2\uparrow$$

此反应需要的盐酸浓度很稀，1mol/L 便可以剧烈反应。

如不用盐酸，亦可用 NaCl（固体）与浓硫酸来代替：

$$2NaCl+MnO_2+3H_2SO_4 \xrightarrow{加热} 2NaHSO_4+MnSO_4+Cl_2\uparrow+2H_2O$$

实验室制氯气的方法都围绕着一个核心——氧化制氯，即氯离子+氧化剂+酸性环境，氧化剂的氧化性不强时还需不同程度加热。因此，氧化制氯在试验室和教学中具有重要作用。

2.2.3　催化氧化制氯法

氧化制氯的工业化直接氧化法，是利用 NO_2、SO_3、$NOHSO_4$ 和混合酸 HNO_3/H_2SO_4 等无机氧化剂直接氧化 HCl 制备 Cl_2 的一种方法，反应在液相进行，典型的有 Weldson 法、KCl-Chlor 过程等，这些方法比较突出的缺点是设备复杂、反应过程中产生腐蚀性物质、氯化氢转化不完全、产物分离困难、废液难以处理，同时需要加入大量氧化剂，能耗也较大，因而未能得到广泛应用。

催化氧化法是在催化剂存在下以空气或氧气作为氧化剂氧化 HCl 生成 Cl_2 的方法，其化学方程式可表述为：

$$4HCl(g)+O_2 \rightleftharpoons 2H_2O+2Cl_2$$

反应过程是一个放热的可逆过程，很多人对其反应平衡常数 K_e 进行了研究计算，Amold 等给出了较好的平衡表达式：

$$\lg K_e=5881.7/T-0.93035\lg T+1.37014\times10^{-4}T-1.7581\times10^{-8}T^2-4.1744$$

式中，T 为热力学温度，K。

结合以下平衡常数分压表达式可以得到不同温度和 HCl/O_2 进料比下的 HCl 平衡转化率，如图 2-7 所示。

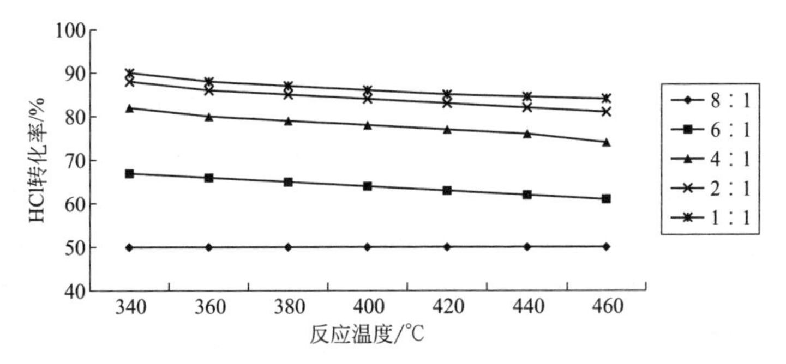

图 2-7　温度和 HCl/O_2 物质的量比对 HCl 转化率的影响

对于可逆放热反应，升高温度不利于反应平衡向右移动，因此图 2-7 中 HCl 平衡转化率随着温度的升高而下降，随着进料比的降低而升高，对催化反应的平衡移动控制具有指导意义。

催化氧化法具有能耗低、操作简单等优点，是目前最容易实现工业化的方法，具有代表性的催化氧化法主要有 Deacon 过程、MT-Chlor 过程和 Shell-Chlor 过程等。

① Deacon 过程　于 1874 年 Henry Deacon 首先提出，传统 Deacon 过程在一段反应器中进行，以 $CuCl_2$ 为催化剂，反应温度为 430～475℃，在实际应用中该方法受平衡的限制，HCl 转化率不高，达不到 80%，这样产品中有 HCl 和 H_2O 同时存在，形成的盐酸可严重腐蚀设备，水又可使催化剂黏度增加，降低了催化

剂的流化特性，反应的温度条件可使催化剂活性组分 $CuCl_2$ 易挥发流失，使早期的 Deacon 法竞争不过电解法。

② MT-Chlor 过程　此过程由日本三井东亚公司（Mitsui Toatau Chemicals）提出，以负载在 SiO_2 或硅胶上的 Cr_2O_3 作为催化剂，采用一段反应形式，反应器可采用固定床或流化床。载体要求孔径 2～30nm，含 Cr_2O_3 在 20%～90%，含 Na、Fe 不高于 0.5%，催化剂通过载体浸渍在含 Cr_2O_3、铬盐的溶液中，然后经过 450～700℃热处理制得，反应温度 350～430℃。该方法的不足是催化剂成本较高，对 Fe、Ni、Ti 污染敏感，反应器必须由含铁低于 1%的材料制作，设备造价高。

③ Shell-Chlor 过程　此过程由 Quant 等提出，所用催化剂为在 SiO_2 载体上等分子浸渍的 $CuCl_2$ 和 KCl，催化剂中还含有稀土金属盐，较好的催化剂成分中含 Cu5%、"Di" 5%、$SiO_2$86.9%、K3.1%，其中 "Di" 是从独居石砂（monazite）中分离 Ce 后得到的一种稀土混合物。Shell-Chlor 反应采用流化床反应器，温度为 350～365℃，压力 0.1～0.2MPa，催化剂活性较好，能使反应进行到接近平衡。

2.2.4 催化氧化制氯法的改进

现代氧化制氯技术进步，集中在催化氧化的催化剂改进和反应过程改进两个方面，目标是解决平衡制约问题、腐蚀问题和催化剂流失问题。

催化剂在高温下挥发流失是传统催化氧化法的重要缺陷，从 20 世纪早期人们就努力改进催化剂以提高其在高温下的稳定性。研究表明在不同的铜盐中加入少量的低挥发性金属元素（如 V、Be、Mg、Bi、Sb 等）的氯化物或氧化物作为助催化剂，Benson 过程的催化剂是在 $CuCl_2$ 中加入 NaCl 或 KCl 盐形成复盐，其挥发稳定性得到明显改善，Cr_2O_3 和 V_2O_5 也被证明是有效的催化剂。Abegawa 等将 Ru 的氧氯化物烧结在 Cr 氧化物载体上开发出新的 Ru 系催化剂，试验证明其具有较高活性并能降低反应温度。目前的研究重点是提高催化剂的热稳定性、提高活性和降低反应温度，以达到减少热挥发和延长催化剂寿命的目的。

催化剂的改进可以降低反应温度、减少流失，但并没有解决整体反应平衡限制问题，依然会有 HCl 没有反应并与生成的 H_2O 结合腐蚀设备管道，为了打破平衡限制，研究者对传统催化氧化过程反应机理深入研究的基础上进行重大改革，发展了两步反应法，将整个过程分为独立的两个过程，即氯化过程和氧化过程，简化描述如下：

氯化反应：$2HCl(g)+CuO \rightleftharpoons CuCl_2+H_2O+120.5kJ/mol$

氧化反应：$1/2O_2(g)+CuCl_2 \rightleftharpoons CuO+Cl_2-62.76kJ/mol$

氯化反应为放热反应，适于在低温下反应；氧化反应为吸热反应，适于在高温下反应，两步法实际上打破了传统狄肯法的平衡障碍，把一步反应分成两步进行，利用 Cu 作为 Cl 的转移载体使两步反应可以在不同条件下进行，同时可以在氯化反应中不断提供 CuO 和撤出 $CuCl_2$ 以打破平衡障碍，使 HCl 的反应达到转化率达到 100%。在氧化反应中，又可不断提供 $CuCl_2$ 和不断撤出 CuO，使氧得到充分利用，而热量可以通过热交换的方式在放热反应向吸热反应转移。

由于两步反应的特点使得反应机理得以简化，反应产物不含 HCl，只有 Cl_2 和水蒸气以及原料中的惰性气体，因此使后续的分离过程变得简单高效，对设备抗腐蚀能力的要求也大为降低，对降低生产成本和长周期稳定运行极为有利。

在两步法中，催化剂的成分变化使其类同于石油裂解过程的催化剂反应再生，因此反应器形式也与反应再生系统类似，小规模装置可采用两台固定床反应器，一台用于氯化反应，另一台用于再生反应，待反应一段时间后，切换反应器使之交互反应，得到产品氯气，如图 2-8 和图 2-9 所示。

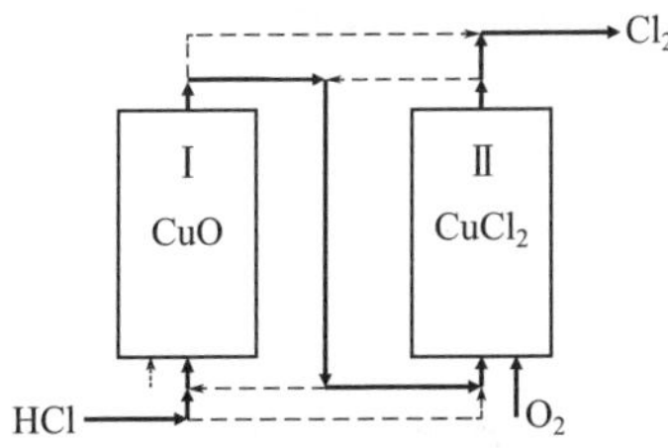

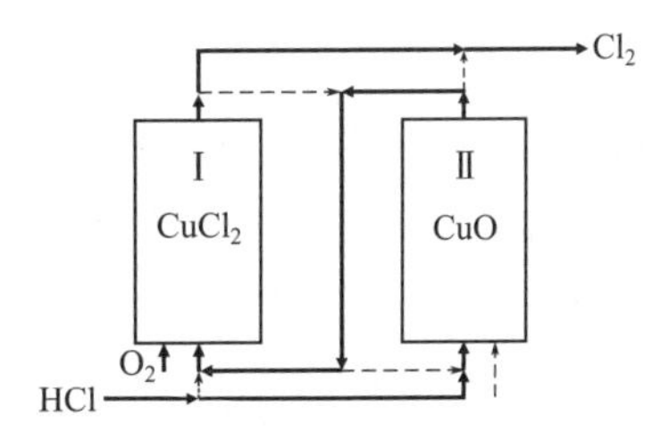

图 2-8 催化氧化两步法固定床反应流程 1　　图 2-9 催化氧化两步法固定床反应流程 2

这种反应形式反应器结构简单，易于实现，催化剂磨损少，属于催化剂固定、气体流向变化形式，但切换操作繁琐，不适合大规模生产。两步法实现的另一种方式是采用双流化床反应器，气体流向不变，催化剂进行交换实现连续两步法反应，如图 2-10 所示。

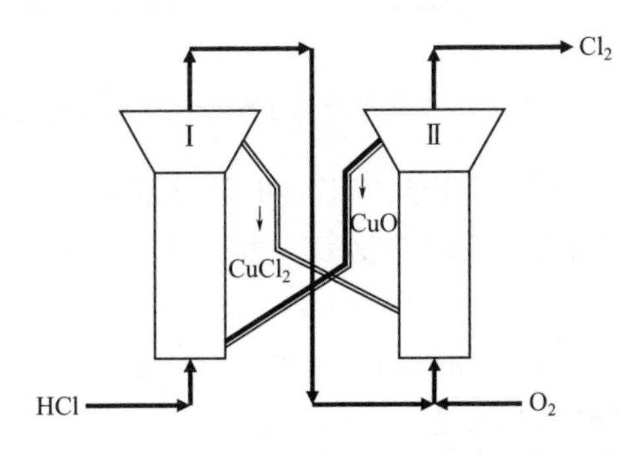

图 2-10 催化氧化两步法双流化床反应流程

该流程特点是两反应器间有交互的催化剂交换管，使催化剂在两反应器间循环转化，很好地实现了气体流向固定的分区反应，可以分别控制每一步的反应温度和催化剂新鲜度，反应转化率得以控制。但在放热反应与吸热反应之间的热交换困难，热损失大。为进一步减少能耗，Benson 过程将氯化反应改为氧氯化反应，控制氯化度达到 80%，使氧化反应有氯化反应参与，这样在氧化反应中不需补充热量，两反应器可完全靠自身放热维持运行，如图 2-11 所示。

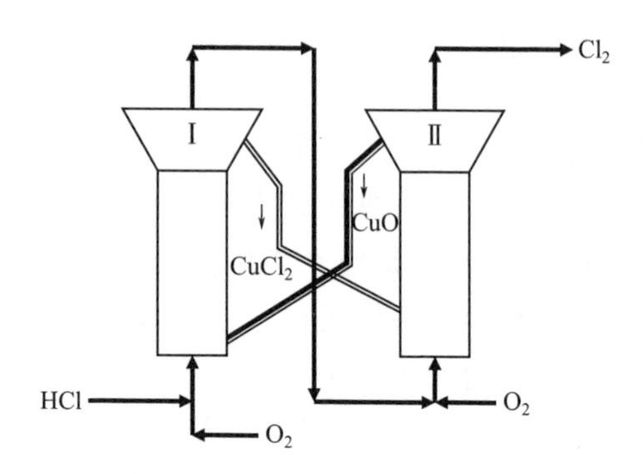

图 2-11　改进的 Benson 催化氧化两步法双流化床反应流程

Benson 又开发出在两步反应前增加一段一步反应流化床反应器，即引入第三反应器，实现先混合反应，最大限度利用热能，再分步反应，提高转化率，如图 2-12 所示。

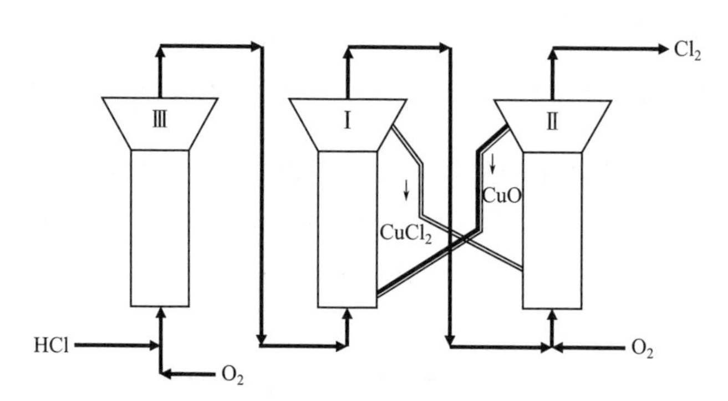

图 2-12　Benson 催化氧化两步法三流化床反应流程

引入第三反应器后，设计混合反应器Ⅲ的催化剂不参与交换，保证主反应的相对稳定，后两个反应器保证反应转化率，并采用Ⅲ反应器向Ⅱ反应器交换热的方法达到热平衡，节省能量。

Benson 工艺解决了反应平衡限制问题和腐蚀问题，可以方便地控制反应是富余 O_2 或富余 HCl，可根据要求进行流程安排。

清华大学的研究团队在 Benson 工艺的基础上，开发了单塔两段流化床催化氧化工艺，特点是催化剂的转移靠气流推动和重力完成，反应器结构新颖操作稳定，其结构如图 2-13 所示。

在该反应器中，在流化床提升管中设置气固分布板形成两段流化床反应器，流化床下段为混合反应区，上段为氧化反应区，以保证出口氯气中不含 HCl 气体，产品中除含有氯气外，还含有氧气和水蒸气以及少量的惰性气体。

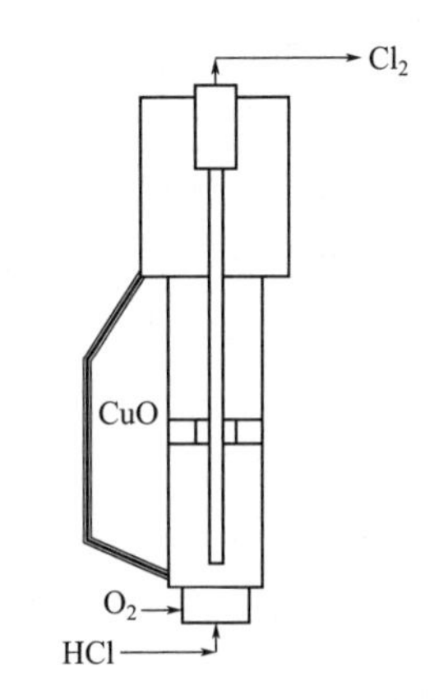

图 2-13　清华大学开发的催化氧化两步法单流化床反应器结构

分步催化氧化难点在于后续产品的分离，水分的去除可以采用冷却、扑集与硫酸干燥结合工艺，氧气和惰性气体可以采用氯气液化-蒸发工艺精制氯气；而如果含有 HCl 气体则可以使用水洗吸收的办法，但会产生大量的稀盐酸，增加了处理难度。因此反应过程应尽可能控制和确保不产生过量 HCl，最后反应器应确保有充足的 CuO 催化剂存在。

2.2.5　氧化制氯的发展方向

从过程机理和能耗对比可以看出，采用 HCl 为原料催化氧化法制取氯气是最有前景的工艺过程，必将在不远的将来代替氯化钠电解法和氧阴极电解法，在化学工业中发挥重要作用。但要从目前的工业试验阶段实现商业化运行，还需解决好以下方面的问题。

(1) 催化剂优化和改进，主要提高催化剂的机械强度和高温化学稳定性，提高催化剂寿命，通过不断改进配方，提高催化剂的活性和转化率，同时降低催化剂的成本，以利于商业化的实现。

(2) 催化过程改进和完善，实现自动化和连续稳定的运行，需要反应器设计合理、选材适宜、控制可靠等共同配合实现。

可以预见不远的将来，国内外对催化氧化法制取氯气研究开发投入会得到加强，催化氧化制氯从理论研究到工艺过程开发都会更加深入和成果丰富，使其成为重要的制氯方法，与电解制氯工艺相互补充，将在化工领域占有重要地位，国内氯碱企业也会更加关注该技术的不断完善和进步，有需求的单位可以联合研究机构和大学共同开发，实现氯的循环经济模式的优化和完善。

2.3　氯气处理

氯气处理工序是将电解生产的氯气进行冷却和干燥，并加压输送到后续工序使用。在电解生产过程中起着承上启下的作用，也是稳定电解槽、确保安全生产的重要环节。

由于电解槽生产出来的氯气温度在80℃以上，含有大量的饱和水蒸气，湿氯气对铁及大多数金属有强烈的腐蚀作用，只有少量的稀土及贵金属或非金属材料在一定条件下才能抵御湿氯气的腐蚀，而干燥脱水后的氯气在通常条件下，对铁等常用材料的腐蚀是比较小的。所以氯气处理的目的就是在于除去湿氯气的水分，使之含水量低于干氯气的标准，以适应氯气输送和氯气产品生产的需要。

氯气处理采用“先冷却、后干燥”的工艺流程。电解槽生产出来的氯气首先进入氯水洗涤塔，在塔内由循环氯水喷淋洗涤降温，而后进入钛冷却器进行冷却，使氯气温度降低到11～15℃，经过水雾捕集器后依次进入填料干燥塔和泡罩干燥塔，与硫酸直接接触吸收水分，从泡罩干燥塔出来的氯气经过酸雾捕集器除去酸雾，而后经氯气压缩机加压后输送到下游工序使用。氯气压缩机有离心式压缩机（透平压缩机）和液环式压缩机（纳氏泵）两大类，目前生产规模较大的单位采用离心式压缩机生产，液环式压缩机（纳氏泵）已经被淘汰。

氯气处理工序中还必须设置事故氯气处理装置，以确保生产异常时氯气得到吸收处理，装置中的重要设备（如碱循环泵、风机）应配备双电源和应急电源，确保装置不间断运行。也可再设置碱液高位槽，确保紧急状态下不会发生氯气外泄。对此装置安全管理部门必须重点检查，确保设备处于正常状态，千万不能疏忽大意。

2.4 氯气液化

2.4.1 氯气液化的目的

氯气液化的目的主要有两点：一是氯气液化后，体积大大缩小，便于贮存和输送；二是从离子膜电解出来的氯气总有一定的杂质，对于某些使用场合来说，需要纯度较高的氯气，而干燥以后的原料氯气是无法满足要求。在氯气液化过程中，绝大部分氯气得到冷凝，不凝性的气体作为尾气排出，使液态氯纯度得到了提高。

其次，由于氯碱化工企业生产是连续性的，当某一氯气用户不能按正常消耗氯气时，将会影响到电解正常生产，为了使生产有一定的缓冲能力，可用液氯来平衡，使生产相对稳定。

2.4.2 氯气液化的工艺方法

气体液化的条件：①把温度至少降低到一定数值，即临界温度；②增加压力，在临界温度时气体液化所需的最小压力，称为该气体的临界压力。

纯氯气的压力与液化温度之间呈线性关系，一定的氯气的压力具有一定的液化温度，压力上升，液化温度随之上升；压力下降，氯气的液化温度随之下降。工业上生产的氯气都含有少量的 O_2、H_2、N_2、CO_2、H_2O 等，所以不纯氯气在液化过程中，总压不变，但氯气的分压变化很大，使液化温度在液化过程中也有很大的变化。

离子膜电解产出的氯气的体积分数高达 98.5%以上，氯气中氢的体积分数只有 0.07%～0.10%，所以其液化后的纯度可以达到 99%。但是在实际生产过程中，液化尾气一般用于合成氯化氢，一般控制尾氯体积分数在 80%左右，尾氯含氢＜4%，有利于盐酸的稳定生产。

目前，液氯的生产可分为三种方法：高温高压法、中温中压法和低温低压法。

（1）高温高压法　氯气压力在 1.4～1.6MPa，液化温度 30～50℃。此方法只需利用氯气压缩机组将氯气压缩至 1.4MPa 以上，使用循环水冷却即可，不需要冷冻系统，节约了能耗，同时，由于其自动化程度高，流程简单，易于操作。缺点是设备一次性投资较大，整个生产过程都是在高压下完成，对设备、仪表、管道等要求较高，其次，生产出来的液氯压力高，其他气体的冷凝可能增加，影响液氯或气化氯的质量，一般在企业里不采用这种方法。

（2）中温中压法　氯气压力在 0.2～0.4MPa，液化温度-10～10℃。此方法是利用氯气压缩机及液化制冷机组来实现氯气液化。选择氟利昂环保冷媒作制冷剂，因其性质稳定、不燃不爆，也不与氯气发生反应，所以氯气与氟利昂环保冷媒的热交换可以在同一台设备中进行，其间只有一次传热过程，相比氨制冷没有载冷剂的能量损失，更具经济性，节电效果明显。

（3）低温低压法　氯气压力在 0.15MPa 左右，液化温度－30℃。此方法对氯气压力要求较低，目前主要有如下工艺：①经过干燥的氯气进入列管液化器，与－30℃左右的冷冻盐水（氟利昂制冷机组）换热液化；②经过干燥的氯气进入液化器直接与来自螺杆制冷机组的氟利昂换热。直接换热无中间冷媒，冷量损失小，管线短。

2.4.3　液氯包装

（1）干空气加压法　利用干燥的压缩空气对液氯贮罐加压，通过管道进行钢瓶包装或槽车包装。但这种方式不能连续充装和高压力输送，对压缩空气的含水要求比较严格，否则容易对设备管道造成腐蚀，每次充装完毕，需要将废气排掉，不仅浪费能量，而且操作强度大。

（2）气化器加压法　在气化器内液氯与热水换热，液氯气化，通过气化氯的压力将贮罐内的液氯压至包装管道进行充装。包装完毕，需要将气化器内的压力卸掉。这种方式只能是间断操作，同时由于三氯化氮积聚，气化器内 1/3 的液氯都要排掉，浪费了液氯和碱液。根据《国家安监总局关于印发淘汰落后安全技术装备目录（2015 年第一批）的通知》（安监总科技〔2015〕75 号），该工艺已列入淘汰禁止使用范围。

（3）液氯泵输送　随着液氯输送设备的发展进步，利用液氯泵将液氯加压至一定压力，进行包装和输送成为当前液氯生产企业的首选。用液氯泵输送克服了气化器加压法和干空气加压法不能连续包装的缺点，可以长时间连续运转；同时节能降耗，操作简单；三氯化氮积聚的问题也得到了解决。液氯泵相关内容详见第 4 章。

2.5 商品液氯质量标准

2.5.1 工业液氯质量标准

《工业用液氯》（GB 5138—2006）是目前最新的工业液氯质量标准，相关指标如表 2-1 所示。

表 2-1　我国工业液氯标准指标

项目		指标		
		优等品	一等品	合格品
氯的体积分数/%	≥	99.8	99.6	99.6
水分的质量分数/%	≤	0.01	0.03	0.04
三氯化氮的质量分数/%	≤	0.002	0.004	0.004
蒸发残渣的质量分数/%	≤	0.015	0.10	—

注：水分、三氯化氮指标强制。

2.5.2 国外工业液氯质量标准

国外工业液氯标准较多，以下列举美国、俄罗斯、英国的标准，美国的工业液氯质量标准的标准号是 Designasion：E 1120—97，指标如表 2-2 所示。

表 2-2　美国工业液氯标准指标

项目	指标	ASTM 测试方法
气体杂质	最大 0.5	E 1746
水分，重量百分比	最大 0.015	E 410
非挥发性材料，重量百分比	最大 0.015	E 410

俄罗斯的工业液氯质量标准的标准号是 C. 2 rocT 6718—93，指标如表 2-3 所示。

表 2-3　俄罗斯工业液氯标准指标

指标名称		标准	
		特级	一级
氯的体积比/%	≥	99.8	99.6
水的质量比/%	≤	0.01	0.04
三氯化氮的质量比/%	≤	0.002	0.004
不挥发的残余物/%	≤	0.015	0.10

英国的工业液氯质量标准的标准号是 BS 3947：1976，指标如表 2-4 所示。

表 2-4　英国工业液氯标准

气化后氯的质量比	≥	99.5%
气化后水的质量浓度	≤	100mg/kg
蒸发后的不挥发残留物质浓度	≤	200mg/kg

参 考 文 献

[1] 郑结斌. 中国氯资源分布现状及主要氯产品发展趋势. 中国氯碱，2019 (9)：1-4.
[2] 宋华福. 有机膜与无机膜在一次盐水生产中应用技术分析. 中国氯碱，2018 (6).
[3] 中华人民共和国国家发展和改革委员会第 29 号令. 产业结构调整指导目录 (2019 年本). 北京：国家发展和改革委员会，2019.
[4] 赵宗强，等. 一次盐水精制系统凯膜与戈尔膜应用技术比较. 氯碱工业，2017 (8)：9-11.
[5] 郑学栋. 氧去极化阴极技术发展趋势. 上海化工，2015 (6)：27-32.
[6] 刘凯强，等. 副产氯化氢催化氧化制氯气催化剂的研究. 氯碱工业，2016 (4)：29-32.
[7] 楼家伟，等. 氧化铈基 HCl 氧化循环制 Cl_2 催化剂的研究进展. 化工进展，2018 (5)：1804-1814.
[8] 赵新丽，等. 氯化氢催化氧化法制氯气催化剂的研究进展. 中国氯碱，2019 (1)：22-24.
[9] 王梦楠，等. 氧阴极电解槽运行情况总结. 中国氯碱，2018 (10)：1-4.

第3章

液氯贮存与安全

3.1 液氯贮罐及附件

3.1.1 液氯贮罐

液氯贮罐的设计制造，必须符合压力容器有关规定。液氯管道的设计、制造、安装、使用必须符合压力管道的有关规定。

（1）宜选择卧式贮罐。国内已有氯碱厂进行安全技改，采用更安全的双层贮罐替换单层贮罐，大大降低安全风险。

（2）贮罐和氯气管道的法兰垫片应选用耐氯垫片；与干氯气直接接触的管道、管件、设备、仪表附件等所有部位严禁采用钛材质；氯气系统管道应完好、连接紧密、无泄漏。

（3）贮罐等设施设备的压力表、液位计、温度计，应装有带远传报警的安全装置，必须是具有功能安全认证（SIL）合格的产品。

（4）液氯贮存装置应经过危险与可操作性分析（HAZOP）和SIL评估，按照SIL评级结果完善装置的安全仪表系统，应符合《危险与可操作性分析质量控制与审查导则》（T/CCSAS 001—2018）、《电气/电子/可编程电子安全相关系统的功能安全》（GB/T 20438—2017）规定要求。

（5）液氯贮罐应设液氯排污及处理设施。

（6）贮罐初始进料前必须对贮罐进行试压、气密、干燥、冷保温检查确认，采用启动前安全检查效果评估，确保压气密合格、检测水分含量合格（一般以露点仪检测露点≤－40℃）。

（7）每台液氯储槽应设置安全阀，安全阀前应设计爆破片，安全阀与爆破片串联使用应符合 TSG 21—2016 的规定，爆破片和安全阀之间应设计压力指示。建议爆破片与安全阀之间安装在线检查仪表，引入分散控制系统（DCS），在爆破片破损后报警。每台液氯贮槽应有氮气或干燥空气置换管线，以及废气排放管线。每台液氯贮槽应设计压力和液位的就地及远传指示。废氯气处理应符合《废氯气处理处置规范》（GB/T 31856—2015）的规定。

（8）贮罐、管道应有物料介质、流向、标识，必须符合《工业管道的基本识别色、识别符号和安全标识》（GB 7231—2003）。

（9）贮罐的安全阀、压力表、变送器、压力容器及管道必须按照规定定期校验检测，爆破片应定期更换，使之符合规章制度使用。选用、安装、应用应分别符合《承压设备安全泄放装置选用与安装》（GB/T 37816—2019）、《承压设备安全附件及仪表应用导则》（GB/T 38109—2019）。

（10）如果液氯贮罐贮存的液氯达到根据《危险化学品重大危险源辨识》（GB 18218—2018）现行版本进行危险化学品重大危险源辨识规定要求的，根据应急管理部对危险化学品重大危险源的分级要求进行分级，并按照 AQ 系列标准及应急管理部对重大危险源的监控要求进行自动控制及信息系统设计，建立重大危险源一档一卡。

（11）一旦贮罐罐体或管道以及其安全附件故障或失效发生泄漏，及时采取措施进行泄压，利用静压差或者泵实施倒槽操作。切忌使用加压方式进行压料倒槽。

3.1.2 贮罐基础

贮罐厂房的建（构）筑物安全设计应满足《建筑设计防火规范（2018 年版）》（GB 50016—2014）、《工业建筑防腐蚀设计标准》（GB 50046—2018）、《建筑防腐蚀构造》（08J333）、《建筑内部装修设计防火规范》（GB 50222—2017）等规范的要求。

大贮量液氯贮罐，其液氯出口管道，应装设柔性连接或者弹簧支吊架，防止因基础下沉引起安装应力。我国氯碱厂极大部分使用的液氯贮罐储量小于 $200m^3$，多年的实际运行表明，未发生过基础沉降引起管道破损的情况，因此，液氯卧式贮罐采用满足要求的钢筋混凝土基础设计且容积不大于 $200m^3$，可不设柔性连接或者弹簧支吊架。

贮罐厂房地坪应保持干燥，备有废水收集坑，且经防腐措施后无渗漏、沉降。

3.1.3 贮罐输入和输出管道

贮罐输入和输出管道，应分别设置手动截止阀门和紧急切断遥控阀，定期检查，确保正常。

3.1.4 液氯贮罐液位计

常用的液氯贮罐液位计有以下四种。

（1）磁翻板液位计 由于液氯内带有酸泥等物质，该种液位计使用时间长后会在磁浮子上产生附着物，造成磁浮子与导管间摩擦力增大，严重时会卡死磁浮子，使贮罐液位下降时磁浮子不能随之下降，造成虚假液位，影响工艺生产操作；同时，受液氯低温的影响，磁浮子还容易被冻住，维护工作量较大。

（2）雷达液位计 这种液位计虽然技术先进，测量精度高，但由于液氯贮罐内气相介质的电极性及存在的大量液滴，具有很强的吸收、反射电磁波的能力，且雷达探测天线在贮罐内长时间使用会附着上大量酸泥等物质，使得液位计测量的准确性受到影响，波动较大。

（3）电容式液位计 其原理是从贮罐顶部插入1根同轴心的内、外复合电极，直入罐底。随着液位的变化，罐中液通过电极所测得的电容值与之成对应关系。这一方法可以实现对液氯贮罐液位的连续测量。但是，电极很容易附着酸泥等物质，产生较大的测量误差，维护时需要将电极从罐内抽出，那样氯气也会随之排出。所以，维护前需要用氮气把罐内的氯气置换干净，操作耗时较长，维护和调试很不方便，对生产的正常运行造成很大的影响。

（4）外测式液位计 外测式超声波液位计采用了先进的信号处理技术及高速信号处理芯片，突破了容器壁厚的影响，实现了密闭容器内液位高度的真正非接触测量。超声波探头安装于被测容器外壁的正下方，且安装时不用在贮罐上开孔，不用法兰盘，不用连通管、不必放空贮罐，不接触罐内的液体和气体，非常安全方便，不会污染环境，是绿色环保型仪表，可以在不影响生产的情况下安装，传感器严格密封与外界隔离，不会磨损或腐蚀，十分可靠耐用，维护工作量很小。从使用效果来看，液氯贮罐使用外测式液位计来测量贮罐内液氯的量是最佳的方法。

液氯贮罐液位应采用两种不同型式的检测液位计，兼有现场显示和远传液位显示功能仪表各一套，远传仪表推荐罐外测量的外测式差压液位计；现场显示液氯液位推荐磁翻板液位计且应标识明显的低液位、正常液位和超高液位色带（黄、绿、红），远传仪表应有液位数字显示和超高液位声光报警；液氯贮罐中液氯充装量不应大于容器容积的80%，并以此标定最高液位限制和报警。

3.2 液氯贮罐区

3.2.1 贮罐区要求

（1）液氯贮罐区应布置在厂区全年最小频率风向的上风侧（厂区全年最大频率风向的下风侧）及地势较低的开阔地带，应远离厂区人流主干道、易燃易爆生产贮存场所和控制室。

（2）液氯作业场所或密闭厂房可以将意外发生泄漏的氯气捕集输送至事故氯吸收装置处理，也可以独立设置与事故应急相应的事故氯吸收装置。

（3）液氯贮罐和包装区域必须设置视频监控系统；贮罐区 20m 范围内，不应堆放易燃和可燃物品。

（4）贮罐库区范围内应设有安全标志，配备相应的抢修器材，有效防护用具及消防器材。包括带压堵漏器具、消漏器材、配置重型防化服。

（5）地上液氯贮罐区地面应低于周围地面 0.3～0.5m，或在贮存区周边设 0.3～0.5m 的事故围堰，防止一旦发生液氯泄漏事故，液氯气化面积扩大。围堰基础必须无渗漏缝隙或漏点。

（6）对于半敞开式氯气贮存等厂房结构，应充分利用自然通风条件换气；不能采用自然通风的场所，应采用机械通风，但不宜使用循环风。液氯贮槽应采用封闭厂房，在厂房内配置固定式吸风口且配备可移动式非金属软管吸风罩，软管应能覆盖密闭结构厂房内的设备和管道范围；应设计风机将封闭厂房内发生事故时泄漏的氯气输送至事故氯气吸收系统。

（7）在液氯贮罐周围地面，设置地沟和事故池，地沟与事故池贯通并加盖栅板，事故池容积应足够；液氯贮罐泄漏时禁止直接向罐体喷淋水，可以在厂房、罐区围堰外围设置雾状水喷淋装置，喷淋水中可以适当加烧碱溶液，最大限度洗消氯气对空气的污染。

（8）若贮存量已形成重大危险源则建立重大危险源管理模式，做好一档一卡及其日常安全管理工作。

（9）在液氯厂房建筑物里设置消防应急处置洗消出入通道。巡检或洗消通道门为由里向外撞开式弹簧封闭门。厂房大门为有防碰撞控制器的遥控控制的自动升降门。

（10）液氯贮罐区应在厂房或设施设备最高点设置风向标。

3.2.2 报警设施

（1）在安装的贮罐厂房内及贮罐易发生泄漏点周围安装毒害气体声光报警

仪，需符合《石油化工可燃气体和有毒气体检测报警设计标准》（GB 50493—2019）要求。

（2）毒害气体报警仪报警信号应发送至现场报警器和有人值守的控制室或现场操作室的指示报警设备，并且进行声光报警。

（3）贮罐区域内的毒害气体报警仪现场报警器的布置应根据贮罐区的面积、设备及建构筑物的布置、释放源的理化性质和现场空气流动特点、操作巡检路线等综合确定。现场报警器可选用音响器或报警灯。

（4）便携式毒害气体检测报警器的配备，应根据生产装置的场地条件、工艺介质的毒性和操作人员的数量等综合确定。

（5）有毒气体检（探）测器的选用，应根据检（探）测器的技术性能、被测气体的理化性质和生产环境特点确定。一般可选用电化学型或半导体型检（探）测器。

（6）多点式指示报警设备应具有相对独立、互不影响的报警功能，并能区分和识别报警场所位号。

（7）指示报警设备发出报警后，即使安装场所被测气体浓度发生变化恢复到正常水平，仍应持续报警。只有经确认并采取措施后才能停止报警。

（8）检（探）测器的安装与接线技术要求应符合制造厂规定，并应符合现行国家标准《爆炸危险环境电力装置设计规范》（GB 50058—2014）的规定。

3.3 液氯贮存安全管理

（1）液氯贮罐厂房应采用密闭结构，厂房各门口处应设置门槛，使液氯贮存厂房形成围堰，门槛高度应满足围堰容积大于单台最大液氯贮罐的公称容积要求，且至少应高于室内地坪 300mm 以上；或者液氯贮罐区设置在低于厂房地面 0.3～0.5m 或在贮存区周边设 0.3～0.5m 的事故围堰，防止一旦发生液氯泄漏事故，液氯气化面积扩大。建构筑物设计或改造应防腐；有条件时把厂房密闭结构扩大至液氯接卸作业区域；厂房密闭化同时配备事故氯处理装置，在密闭结构厂房内不仅配置固定式吸风口且配备可移动式非金属软管吸风罩，软管半径覆盖密闭结构厂房内的设备和管道范围；密闭结构厂房内事故氯应输送至吸收装置。

（2）由于液氯贮罐泄漏时，周围环境温度急剧下降，地面产生积冰等现象，使氯气泄漏速度减慢。如果此时启动碱喷淋，虽然可中和泄漏的氯气，但同时会使环境温度上升，加快氯气泄漏速度。因此，禁止在厂房内设置碱喷淋装置（无论是容器上方还是四周）。可在厂房外面设置碱喷淋装置或在门窗外设置碱幕，作为门窗无法有效关闭时的补充隔离措施。设置碱喷淋装置或水幕墙的地面，应具备回收沟、池（回用水应进行控制），防止发生污染事件。

（3）贮罐的贮存量不应超过贮罐容量的 80%。并在日常生产中根据液氯贮罐体积大小，至少配备一台体积最大的液氯贮罐作为事故液氯应急备用受槽，应急备用受槽在正常情况下保持空槽、常压或微负压，管路与各贮罐相连接能予以切换操作，并应具备使用远程操作控制切换的条件。

（4）采用液氯贮罐密闭式厂房，现场应设置应急人员安全的处置通道，方便到达厂房内任何事故点连接应急管线、开关阀门，紧急情况下能使操作人员迅速地进入避护场所（安全隔离间）和撤离现场。

（5）采用液氯贮罐密闭式厂房，出入口及各方位均有视频连续固定监控，录像记录可长时间备查，音视频信息应保存 7 天以上。进液氯厂房采用门禁刷卡系统。人员进出液氯厂房进行人员和时间等信息记录。

（6）厂房、围堰内液氯贮罐一级释放源范围，应设置氯气泄漏检测报警仪，设计时应考虑主导风向、人员密集区和重要通道的影响，并能满足风向变化时的报警要求，泄漏检测报警仪现场布置应充分。储氯场所空气中氯气含量最高允许浓度为 $1mg/m^3$。

（7）贮罐按压力容器加强管理，并按有关压力容器安全规程中规定的周期定期检验。

（8）液氯贮存构成重大危险源，单位应建立、健全本单位重大危险源安全管理制度，制定单位各部门管理职责，落实单位各级、各专业管理线条（设备、工艺、仪表、电器、安全、生产运行等）的监控、检查制度。

（9）氯气生产、贮存和使用单位应制定氯气泄漏应急预案，（包含特种设备应急处置预案），并按规定向有关部门备案，定期组织应急人员培训、演练和适时修订，预案的编制与演练应符合《生产经营单位安全生产事故应急预案编制导则》（GB/T 29639—2013）与《生产安全事故应急演练基本规范》（AQ/T 9007—2019）中的有关内容。

（10）液氯作为产品销售的企业，应落实《危险化学品生产企业安全生产许可证实施办法》的第十四条“企业应当根据化工工艺、装置、设施等实际情况，制定完善相关的安全生产规章制度。”

（11）液氯贮罐应该定期对三氯化氮含量监测分析，按照分析结果实施排污。具体操作和要求可参阅第 7 章。

3.4　事故氯装置相关要求

氯碱装置内各种废氯气（如电解开停车、氯气压缩机密封气、泄氯事故状态等）必须经氯气吸收装置（统称事故氯装置）处理达标后进行排放。对于该装置的基本工艺要求如下。

（1）日常使用的事故氯装置与应急事故氯装置宜分开设置。属于间歇性使用且在事故状态下能停车、让位于事故处置的视为应急事故氯装置。

（2）次氯酸钠生产装置与应急事故氯装置由于功能不同，应分开设置。

（3）事故氯装置推荐使用二塔串联工艺，设计上又考虑能各自单独使用。

（4）应急事故氯装置推荐一塔二罐，能保证 24h 连续吸收运行。

（5）事故氯装置碱浓度宜采用在线监控（如氧化还原电极 ORP、电导率、pH 等）或废气排放口设置有毒气体报警仪。

（6）事故氯风机可以设在塔前或塔后，视工艺状况定。风机启动推荐联锁或远程控制，不宜只在现场控制。风机进口管线不应存在液袋，吸收塔至碱液循环罐间管线应设置液封。

（7）事故氯装置的风机、碱液循环泵等电气设备用电负荷等级应采用一级负荷。

（8）应急事故氯装置每月应试运行一次，防止碱液结晶堵塞管路阀门，使其处于完好备用状态。

参考文献

[1] 张明跃，张忠巨. 液氯储罐区的安全管理要求. 氯碱工业，2019，55（6）：25-28.

[2] 俞广亚. 液氯重大危险源安全防控技术研究与应用. 氯碱工业，2017，55（7）：30-33.

[3] 周颖. 双塔处理吸收废氯气的探讨. 氯碱工业，2012，48（7）：18-19.

[4] 张河仪. 事故氯处理装置设计优化. 氯碱工业，2018，54（8）：15-17.

[5] 孙龙彬，徐朋，杨莉. 事故氯系统运行总结. 氯碱工业，2019，55（4）：23-27.

[6] 戴荣辉. 液氯生产如何实现本质安全. 氯碱工业，2017，55（9）：20-23.

[7] T/CCSAS 001—2018 危险与可操作性分析质量控制与审查导则.

[8] GB/T 31856—2015 废氯气处理处置规范.

[9] GB/T 37816—2019 承压设备安全泄放装置选用与安装.

[10] GB/T 38109—2019 承压设备安全附件及仪表应用导则.

[11] GB 50016—2014 建筑设计防火规范（2018 年版）.

[12] GB 50493—2019 石油化工可燃气体和有毒气体检测报警设计标准.

[13] GB 50058—2014 爆炸危险环境电力装置设计规范.

[14] GB 11984—2008 氯气安全规程.

[15] T/HGJ 10600—2019 烧碱装置安全设计标准.

第4章 液氯充装与安全

4.1 液氯充装安全技术规范要求

相关液氯充装安全技术规范见表4-1。

表4-1 相关液氯充装安全技术规范

序号	标准名称	标准号
1	《特种设备安全监察条例》	
2	《危险化学品安全管理条例》	
3	《危险货物道路运输安全管理办法》	
4	《气瓶安全监察规定》	
5	《危险化学品目录》	
6	《特种设备生产和充装单位许可规则》	TSG 07—2019
7	《移动式压力容器安全技术监察规程》	TSG R0005—2011/XG1—2014/XG2—2017
8	《特种设备使用管理规则》	TSG 08—2017
9	《气瓶充装站安全技术条件》	GB 27550—2011
10	《烧碱、聚氯乙烯工业污染物排放标准》	GB 15581—2016
11	《气瓶条形码标识技术规范第1部分：标识代码》	DB12/T 404.1—2009
12	《建筑灭火器配置设计规范》	GB 50140—2005
13	《液化气体汽车罐车》	GB/T 19905—2017
14	《液化气体罐式集装箱》	NB/T 47057—2017
15	《氯气安全规程》	GB 11984—2008
16	《液氯使用安全技术条件》	AQ 3014—2008
17	《承压设备安全泄放装置选用与安装》	GB/T 37816—2019

续表

序号	标准名称	标准号
18	《承压设备安全附件及仪表应用导则》	GB/T 38109—2019
19	《工业企业设计卫生标准》	GBZ 1—2010
20	《个体防护装备选用规范》	GB/T 11651—2008
21	《气瓶安全技术监察规程》	TSG R0006—2014
22	《烧碱装置安全设计规范（2016版）》	
23	《特种设备作业人员资格认定分类与项目》	
24	《特种设备事故报告和调查处理规定》	
25	《国务院办公厅关于加快推进重要产品追溯体系建设的意见》	
26	《关于深化气瓶充装站和检验站治理工作的意见》	
27	《国家安监总局关于公布首批重点监管的危险化学品名录的通知》	
28	《首批重点监管的危险化学品安全措施和应急处置原则》	
29	《关于氯气安全设施和应急技术的指导意见》	
30	《关于氯气安全设施和应急技术的补充指导意见》	

4.2 液氯充装方法

4.2.1 液氯充装方法简介

（1）部分液氯气化法　此方法是将液化器冷凝下来的液氯充入贮罐，再用包装余压或真空将部分液氯压入或者吸入气化器，在气化器夹套内通入热水使气化器内液氯重新气化，产生较高压的氯气，再对液氯贮罐加压进行包装。此方法能耗高，NCl_3 易积累，因安全隐患多，目前已禁止使用。

（2）压缩空气压送法　此方法是利用空压机产生的高压空气压送贮槽内的液氯去充装。空气含水质量分数要求≤0.01%，同时产生大量含氯很低的废气，需配备空气压缩机和干燥系统，设备较多，操作复杂。该方法已列入《淘汰落后安全技术装备目录（2015年第一批）》。

（3）机械泵输送法　20世纪80年代开始，氯碱行业逐渐引进和消化吸收国外液氯输送泵进行液氯充装，之后随着行业的迅速发展，液氯充装生产工艺和设备也随之快速发展起来，机械泵型式也呈现多样性：主要有干气气囊密封液下泵（简称液下泵）、屏蔽泵、卧式磁力泵、液下磁力泵、双壳体液氯磁力泵。机械泵充装液氯由于节能、安全可靠性好，能防止 NCl_3 积聚等特点而得到广泛应用，目前国内相当部分氯碱企业，包括使用液氯的企业都普遍采用机械泵。

液氯包装应采用机械泵充装工艺，机械泵宜采用变频技术，严禁采用气化器液氯包装工艺。液氯充装压力严禁超过 1.1MPa。

4.2.2 机械泵充装

根据《职业性接触毒物危害程度分级》（GBZ 230—2010），液氯及氯气是一种高度危害的介质，该介质有剧毒，属于首批重点监管的危险化学品，因此对液氯输送的安全性要求很高，对液氯的输送泵要求轴密封必须达零泄漏。随着氯碱行业的迅猛发展，我国氯碱输送生产工艺和设备装置也随之快速发展起来，其技术水平已逐步接近发达国家的液氯充装应用水平。目前整个行业适用于输送液氯的专用泵型式分为：①干气气囊密封液氯液下泵；②液氯屏蔽泵；③卧式液氯磁力泵；④液氯液下磁力泵；⑤双壳体液氯磁力泵。下面将对这几种类型的液氯输送泵逐一进行介绍。

4.2.2.1 干气气囊密封液氯液下泵

此种形式液氯泵应用比较早，能耗高、干气密封压力不稳容易泄漏、干气含水量高时产生腐蚀、操作及维修复杂，目前的新建项目已经不再采用。

（1）干气气囊密封的原理　在氯碱行业，干气主要是指氮气和干燥空气，密度比氯气小，压力比罐内压力高；气囊下部有填料密封，上部有填料密封或机械密封，干气从气囊上部密封内侧持续进入，尾气从气囊下部密封外侧持续排除，密封氯气主要靠干气与罐内氯气的压差和密度差，将氯气密封住。

（2）干气气囊密封液氯液下泵安装位置　此液下泵安装在液氯中间贮罐的上端法兰开口处。

（3）气密封液氯液下泵的结构特点（图 4-1）

① 密封　采用干气气囊密封氯气。

② 叶轮支撑　采用滑动轴承支撑方式，靠液氯自身润滑。

③ 主轴承　背靠背安装角接触球轴承，采用油脂润滑或稀油润滑。

④ 轴　细长轴，一般属于挠性轴，轴是过流部件，与液氯接触。

⑤ 类型　多级立式结构离心泵。

⑥ 轴向力平衡　采用平衡鼓或叶轮平衡孔，残余不平衡轴向力靠背靠背安装角接触球轴承承担。

紧急密封在正常运行时常开，只有在特定情况下才充以高压干气，紧急密封气体为氮气或干燥空气，不应与密封气使用同一气源，其作用是长时间停机可节省密封气体，另外因系统问题，密封气不足时，可阻断氯气进入气囊，减少泄漏。

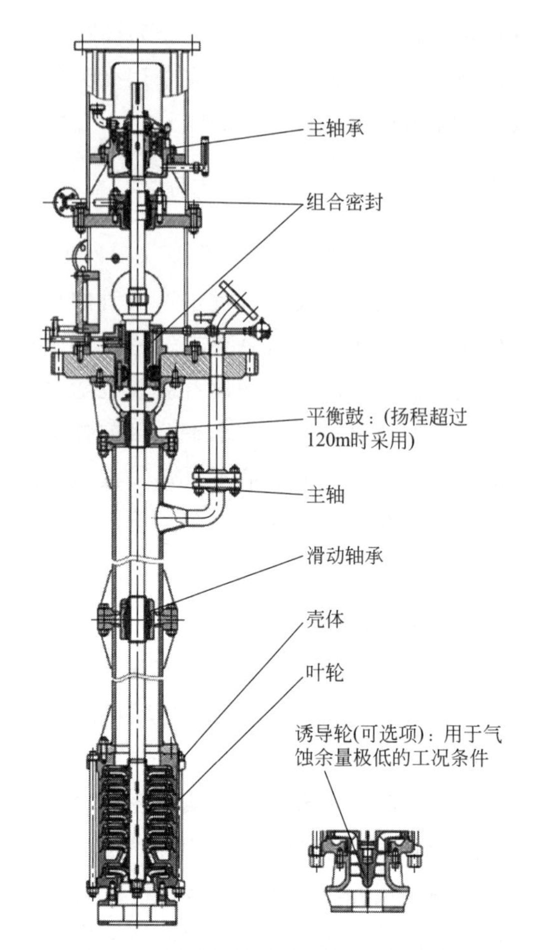

图 4-1　干气气囊密封液氯液下泵结构图

（4）干气气囊密封液氯液下泵安装（图 4-2）

① 干气气囊密封液氯液下泵在安装之前必须检查在运输过程中可能发生的损坏；检查有无异物进入泵中；检查各管接头是否拧紧，避免泄漏。

② 中间罐与液氯贮罐间的液相进液管路建议采用 DN100 以上的口径（为了减小阻力）；中间罐与各大贮罐间气相、液相在管路布置上通过阀门控制应实现独立操作。

③ 最低倒灌高度 H 的确定：

$$H \geqslant \text{NPSHr(m)} + \text{管路阻力(m)} + 0.5\text{(m)} + \text{速度压头(m)}$$

式中，H 是液氯贮罐最低液面到泵第一级叶轮入口处的垂直高度；NPSHr 是泵的气蚀余量；0.5m 是安全余量；速度压头$=v^2/2g$（v 是流速 m/s；g 是重力加速度，m/s^2）。

干气气囊密封液氯液下泵一般是 4 极转速，泵气蚀余量较低，大约 0.5m 左

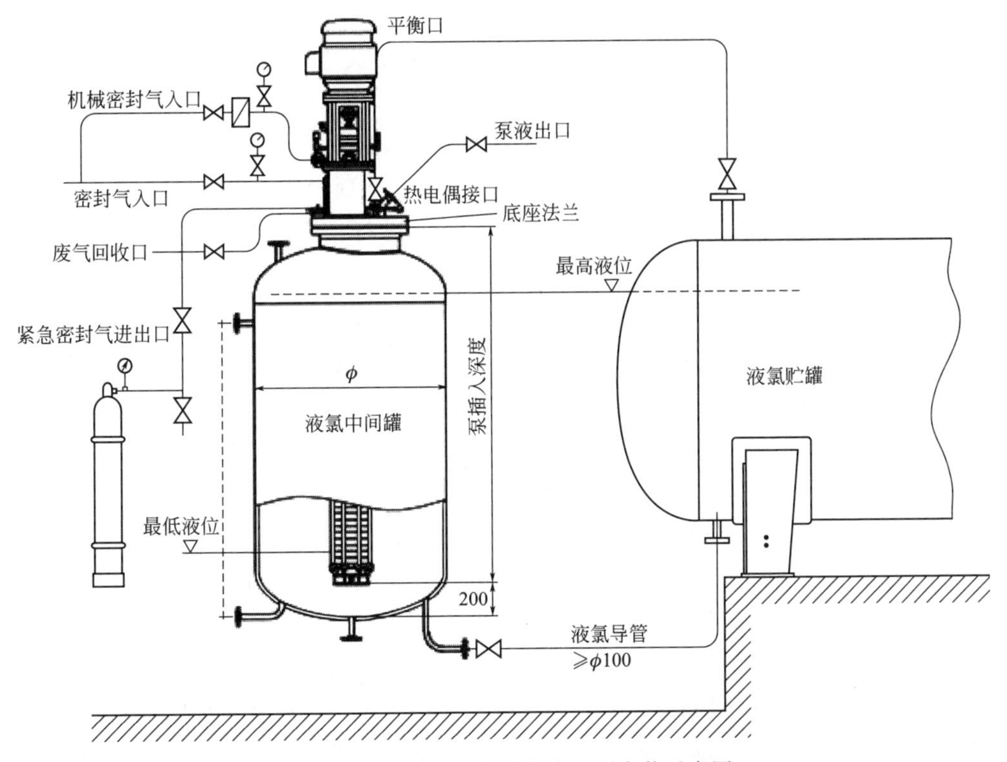

图 4-2　干气气囊密封液氯液下泵安装示意图

右，所以最低倒灌高度一般在 1.5m 左右即可。

④ 泵配有电动机、联轴器及底板，在出厂前已完成了其组装及校准。不需重新校正。泵的出口管路应有支撑，以防止传递给泵额外的载荷，泵不能作为管路中的受力点。出口管路应设置调节阀，以调节泵的流量和扬程。泵必须在指定的流量范围内工作。

⑤ 整个管路系统以及辅助管路均应仔细清洗，以防止铁屑、焊渣或其他异物进入泵中。对于新建的管路系统，如果液氯中有杂质建议泵入口前装设过滤器(30 目或 40 目)。过滤器只能过滤固体杂质，酸泥是过滤不掉的，必须从源头解决。

⑥ 管路设计应考虑到液氯中间罐的排气，气相管应与液氯贮罐气相相联，并保持常开状态。有的企业与尾气连接，尾气压力波动将影响液氯中间罐液位的保持，如果尾气压力高，液氯中间罐进不去液氯，可能导致泵干磨损坏；如果尾气压力低，容易导致液氯中间罐液氯液位过高而产生危险。低温输送对管路和液氯中间罐需要保温。

⑦ 原则上液氯中间罐顶部与液氯贮罐顶部应该在同一高度，可避免液氯中间罐满罐无气相或液氯进入气囊导致泄漏。如果液氯中间罐低于液氯贮罐，需要通过入口调节阀控制液氯中间罐的液氯液位，这种情况操作比较麻烦，尽量避免。

⑧ 安装完毕后，在开车前，泵腔内不允许用氯气检漏，因为液氯中间罐及泵腔内空气中含有水分，接触氯气后产生严重腐蚀及生锈。建议使用氮气试压检漏。

⑨ 泵出口要安装压力表，而且要装在泵出口及阀门之间，这才是泵出口实际压力。可以在泵出口阀门后装压力表，但出口阀门前面的压力表是不可缺少的。

⑩ 泵出口要安装流量计，对泵输出瞬时流量进行检测，避免超流量将泵损坏（图 4-2）。

（5）气囊密封干气参数　密封干气压力＞液氯中间罐压力＋0.1MPa，密封干气流量 0.15～0.3m^3/h，废气回收压力＜液氯中间罐压力－0.1MPa，紧急密封气压力＞液氯中间罐压力＋0.5MPa。严格控制干气含水量，氯气与水反应后会导致泵轴严重腐蚀。

（6）启动程序

① 手动盘泵，检查是否正常。检查密封干气、紧急密封干气压力是否正常。

② 打开干气阀门，向密封气囊充干气，并调整到规定压力。

③ 打开废气回收阀门，并检查废气回收系统压力，应达到规定值。

④ 再次确认干气密封系统及废气回收系统压力是否满足规定要求。

⑤ 打开液氯中间罐和液氯贮罐之间气相平衡管阀门，向液氯中间罐及泵腔内充氯气，此时要伴随手动盘车，因为液氯中间罐及泵腔内空气中有少量水分，接触氯气后产生次氯酸造成腐蚀及生锈，叶轮口环间隙很小，可能导致泵锈死、盘不动车。

⑥ 检查各法兰接口密封性。如果有泄漏点，需要将中间罐及泵腔内氯气通过抽空的方式排净，及时维修泄漏点，因为泵已经接触氯气，此时最好向中间罐及泵腔内充氮气保护泵，避免泵锈死，并伴随手动盘车。

⑦ 检查干气密封气囊密封有效性。

⑧ 打开进液阀门，向液氯中间罐进液氯，此时要伴随手动盘车。如果液氯中间罐顶部与液氯贮罐顶部在同一高度，进液阀门全开即可；如果中间罐顶部与液氯贮罐顶部不在同一高度，液氯中间罐低，需要控制进液阀门开度，保证液氯中间罐液位达到规定值，过高会使液氯进入干气密封气囊导致泄漏，过低容易使泵气蚀损坏，一般最低液位不小于 1m（或 1.5m），大泵取大值，小泵取小值；最高液位要满足液氯中间罐气相空间要求。

⑨ 用点动方式检查电机转向，要与泵转向箭头相符。转向改变可以通过交换电机接线中的任意两根来完成。

⑩ 启动电机。

⑪ 缓慢打开泵出口阀门，直到规定的流量和出口压力。

为使泵正常运转，应使泵在其允许的范围内工作。绝对不允许泵的流量超过所规定的流量，否则将导致气蚀损坏；建议对泵出口瞬时流量增加控制（如增加流量计等），避免超流量；建议用变频器对压力和流量进行控制。

以上是初次开车程序，如果液氯中间罐有液氯，只要检查液位、密封干气压力、阀门等是否达到规定要求，手动盘车无问题后，即可启动电机开泵。

严禁在泵腔内无液或泵腔内介质气化的情况下运行泵或试验泵的转向，以免滑动轴承由于干摩擦而磨损，使泵损坏。

泵装有滑动轴承，适合连续运转，尽量减少频繁启动，每小时启动次数不得超过 10 次，这样才能减轻启动和停车时对滑动轴承的磨损，延长使用寿命。

（7）液氯泵出口压力和流量调节　液氯输送一般有三种情况：充装液氯钢瓶或槽车；倒罐和安全事故用泵；向接收罐或气化器输送液氯。调节方法有变频器调节、出口阀门调节和回流调节。

说明：采用回流调节只是微调，而且还要注意实际需要流量和回流量之和不要超过泵允许的最大流量，避免泵气蚀损坏。所以回流调节尽量不用，既浪费电能又容易损坏泵。如果出口压力太高，建议和厂家联系，确定合适的叶轮直径，将节省大量电能。

① 充装液氯钢瓶或槽车　同时充装液氯钢瓶数量一般从一个、十几个甚至几十个都有，有时在充装液氯钢瓶同时充装液氯槽车，一般液氯泵到充装车间都比较远，有时最后一个液氯钢瓶充装完毕泵还在运转，所以泵流量范围变化很大，从零流量到最大流量，流量大时扬程低，出口压力低，流量小时扬程高，出口压力高。单纯出口阀门和回流阀门调节不能满足要求，而且操作复杂。为了控制充装最大流量不超过泵最大流量，泵出口处应该安装流量计，对泵输出瞬时流量进行控制，避免泵超流量运行，导致泵气蚀损坏，同时配备变频器，对泵出口压力及流量进行调节，有条件的企业可以设置联锁，实现流量及压力自动控制。

② 倒罐和安全事故用泵　出口阀门调节即可满足要求，当然，再增加变频器调节更理想。

③ 向接收罐或气化器输送液氯　此工况一般工作参数比较稳定，流量和压力变化不大，可以采用出口阀门和回流阀门调节（微调）即可满足要求，当然，再增加变频器调节更理想。

（8）停泵

① 泵出口阀门是否需要关闭根据现场需要，可以选择关闭或不关闭，对泵没有影响。

② 关闭电机电源。

③ 干气气囊密封液氯液下泵在液氯中长期放置一般不会出现问题，但每天要盘车一次，如果液氯比较“脏”，需要增加盘车次数，若中间罐和泵腔的液氯抽

空，则泵不能长期放置，需要充氮气保护，但还是建议将泵拆解清洗组装后再放置或继续使用。

(9) 日常检测

① 对备用泵每班盘车一次，确认备用泵有效，如果液氯比较“脏”，需要增加盘车次数。

② 对滚动轴承采用稀油润滑的泵，每班检查一次油位。

③ 对工作的泵，每班要详细记录一套完整的运行数据，如流量、泵进口压力、泵出口压力、轴承温度、环境温度、电流、振动等，将这些参数和以前对比是否有异常，及时判断，避免设备大的损坏，特别是运行电流对比很有意义。

④ 检测气囊填料密封处温度，只能比环境温度高 30～40℃。

⑤ 在正常工作情况下，应每年评估输送泵的运行情况并进行拆解，检查滑动轴承磨损情况；在干摩擦及气蚀状态下运行后，应立即拆解泵检查滑动轴承磨损情况；在正常工作情况下，发生振动、较大的噪声及功率增长，说明轴承发生磨损（润滑不足），应立即拆解检查。

(10) 问题、原因及解决方法　问题、原因及解决方法如表 4-2 所示。

表 4-2　干气气囊密封液氯液下泵问题、原因及解决方法

问题	原因	解决方法
抽不上液体	液氯贮罐液位低	提高液氯贮罐液位
	入口或出口管路阀门关闭	打开阀门
	电机转向不对	调整转向
流量太小	泵出口阀门及管路不畅通	检查阀门及管路
	泵出口压力不足	同制造商联系
	管路、泵堵塞结垢	充分清洗
	转向错误	调整转向
	液氯贮罐液位低	提高液氯贮罐液位或同制造商联系
流量太大	出口阀门开启过大	关小出口阀门
消耗功率过大、电机过载	流量过大	关小出口阀门
	配带电机小	和制造商联系，更换大功率电机
泵工作不稳定	液氯贮罐液位低	提高液氯贮罐液位
	泵及整机组装中的问题	拆卸、组装、检查、清洗
	轴承磨损、功率增长	检查轴承间隙、更换轴承
	管路、泵堵塞结垢	充分清洗
	气蚀以及无噪音的“隐藏”气蚀	消除引起气蚀的各种原因

续表

问题	原因	解决方法
气囊密封处发热	填料压得太紧	调整填料压紧力
	轴套或填料损坏	更换轴套及填料
气囊密封不好	密封气压力不足	提高密封气压力
	尾气压力高	适当降低尾气压力
	填料压得太松	调整填料压紧力
	轴套或填料损坏	更换轴套及填料
密封腔、轴及轴套腐蚀严重	密封气含水量高	降低密封气含水量

（11）检修

① 关闭液氯泵及液氯中间罐与外界连接的所有阀门。

② 打开抽真空管路阀门，抽净液氯泵及液氯中间罐中液氯及氯气。确认液氯泵及液氯中间罐中无液氯及氯气。

③ 在液氯泵及液氯中间罐与外界连接所有阀门处安装盲板，将液氯泵及液氯中间罐与外界连接完全隔离。

④ 松开液氯泵与液氯中间罐及管路法兰螺栓。此时还要确认液氯泵及液氯中间罐中无液氯及氯气。

⑤ 将液氯泵吊出，放到指定位置。

⑥ 从吸入口盖处松开螺栓，依次拆卸吸入口盖、叶轮螺母、叶轮、中段壳体(或导流壳)、导叶、滑动轴承及滑动轴承套。

⑦ 松开支撑管螺栓，拆卸支撑管等。

⑧ 拆卸电机、电机支架、联轴器。

⑨ 拆卸底板、气囊密封、滚动轴承。

⑩ 清洗各零部件，有结垢、结晶的地方要铲除。

⑪ 检查各零部件磨损情况及轴的跳动。转子跳动的不平衡量应在允许范围内，以免振动过大，对填料不利。

⑫ 更换已损坏零部件。

⑬ 清洗填料箱，并检查轴及轴套表面是否有划痕、毛刺等。填料箱应清洗干净，轴及轴套表面应光滑。

⑭ 在填料箱内和轴套表面涂密封剂或涂与介质相适应的润滑剂。

⑮ 填料要逐根装填，不得一次装填几根。方法是取一根填料，涂以润滑剂，双手各持填料接口的一端，沿轴向拉开，使之呈螺旋形，再从切口外套入轴颈。不得沿径向拉开，以免接口不齐。对成卷包装的填料，用时先取根与轴颈尺寸相同的木棒，将填料缠绕其上，再用刀切断，刀口最好呈45°斜面。取一只与填料

箱同尺寸接近的金属轴套，把填料推入箱的深部，并用压盖对轴套施加一定的压力，使填料得到预压缩。预压缩量为5%～10%，最大到20%。再将轴转动一周，取出轴套。以同样的方法，装填第二根、第三根。注意，当填料数为4～8根时，装填时应使接口相互错开90°；二根填料错开180°；3～6根错开120°，以防通过接口渗漏。最后一根填料装填完毕后，应用压盖压紧，但压紧力不宜过大。同时用手转动轴，使装配压紧力趋于抛物线分布。然后略放松一下压盖。进行运转试验，若不能密封，再压紧一些填料；若发热过大，将它放松一些。如此调至发热不大时为止（填料部位的温度只能比环境温度高30～40℃），才可以正式投入使用。

⑯ 按与拆卸相反的程序组装泵。更换所有已损坏零部件，密封垫片及O形圈要全部换新的。

4.2.2.2 液氯屏蔽泵

此种形式液氯泵应用比较早，在2000年左右有部分用户开始使用，不需要干气密封，可实现完全无泄漏，能耗低、体积小；缺点是泵气蚀余量高，泵需要安装在地坑中；泵与屏蔽电机整体结构，无法手动盘车；屏蔽电机产生的热量高，泵容易气蚀损坏；屏蔽套损坏后液氯进入定子腔会腐蚀线圈及产生复杂的氯化物，导致烧毁电机及其他危险，屏蔽电机损坏需要返厂维修。目前的新建项目很少采用，大部分是早期项目使用。

（1）屏蔽泵密封原理　屏蔽泵是用屏蔽电机驱动的离心泵，屏蔽电机是三相鼠笼式感应电机，在电机的定、转子部分各有一个金属屏蔽套，将它们各自密封，不和所输送的液体介质接触，使电机的铁心和绕组不受腐蚀，使定子绕组保持良好的绝缘性，使泵达到无泄漏。

（2）屏蔽泵安装位置　安装在比液氯贮罐水平标高低的地坑内。

（3）屏蔽泵结构特点（图4-3）

① 屏蔽泵的叶轮和电机转子相连接，共同组成转子部件。

② 屏蔽泵的转子部件通过滑动轴承支承，滑动轴承由泵所输送的液氯进行润滑。

③ 屏蔽泵的屏蔽电机的散热方式是直接通过泵所输送的液氯带走热量。

④ 屏蔽泵的轴向力由水力自动平衡，推动盘只在泵启动和停车时承受瞬时的轴向推力作用。屏蔽泵在出厂前均做过轴向力检测试验，现场不需要再作任何调整。

⑤ 屏蔽泵体积小，重量轻。

⑥ 液氯屏蔽泵一般是2极转速，所以泵气蚀余量较高。

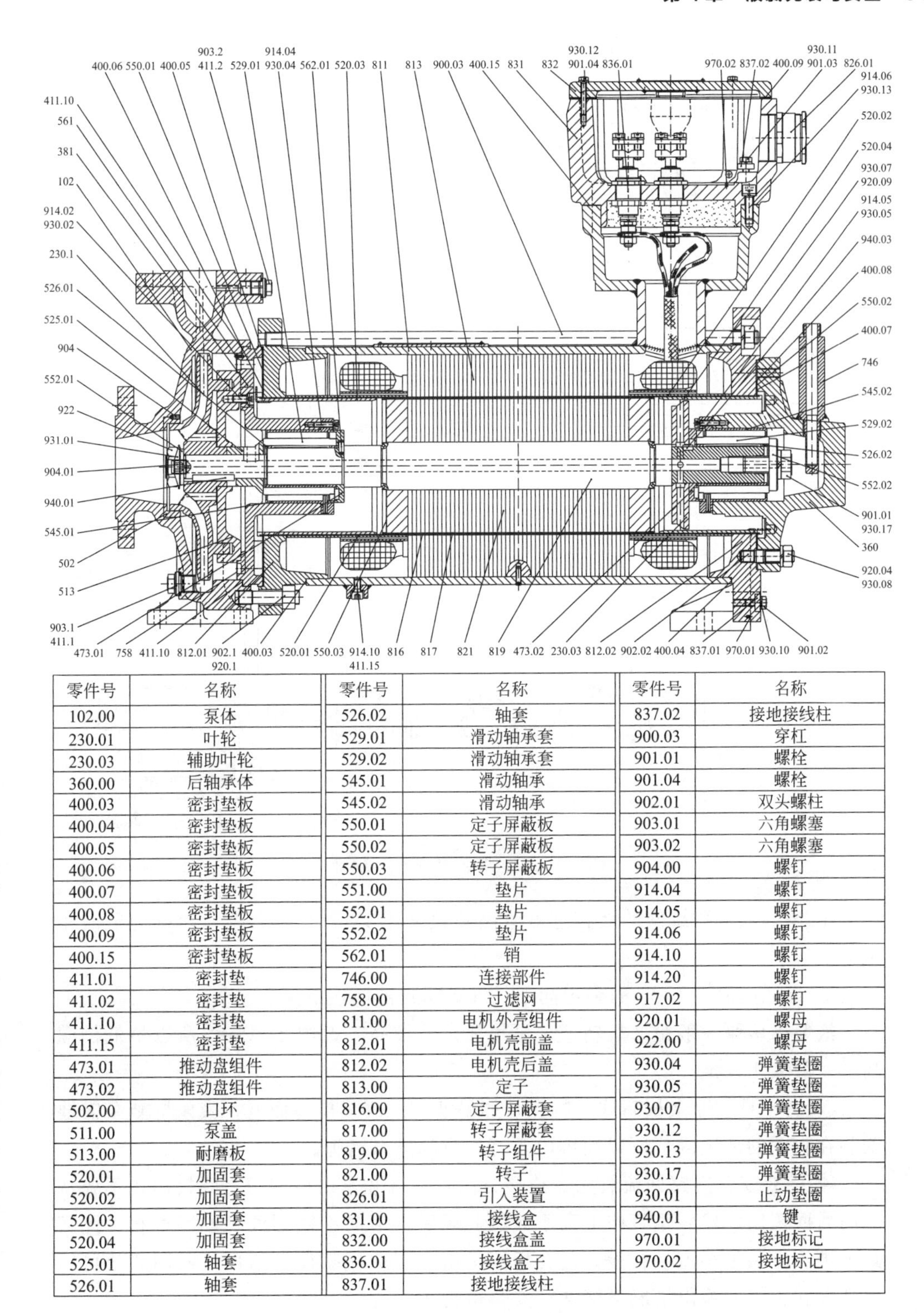

零件号	名称	零件号	名称	零件号	名称
102.00	泵体	526.02	轴套	837.02	接地接线柱
230.01	叶轮	529.01	滑动轴承套	900.03	穿杠
230.03	辅助叶轮	529.02	滑动轴承套	901.01	螺栓
360.00	后轴承体	545.01	滑动轴承	901.04	螺栓
400.03	密封垫板	545.02	滑动轴承	902.01	双头螺柱
400.04	密封垫板	550.01	定子屏蔽板	903.01	六角螺塞
400.05	密封垫板	550.02	定子屏蔽板	903.02	六角螺塞
400.06	密封垫板	550.03	转子屏蔽板	904.00	螺钉
400.07	密封垫板	551.00	垫片	914.04	螺钉
400.08	密封垫板	552.01	垫片	914.05	螺钉
400.09	密封垫板	552.02	垫片	914.06	螺钉
400.15	密封垫板	562.01	销	914.10	螺钉
411.01	密封垫	746.00	连接部件	914.20	螺钉
411.02	密封垫	758.00	过滤网	917.02	螺钉
411.10	密封垫	811.00	电机外壳组件	920.01	螺母
411.15	密封垫	812.01	电机壳前盖	922.00	螺母
473.01	推动盘组件	812.02	电机壳后盖	930.04	弹簧垫圈
473.02	推动盘组件	813.00	定子	930.05	弹簧垫圈
502.00	口环	816.00	定子屏蔽套	930.07	弹簧垫圈
511.00	泵盖	817.00	转子屏蔽套	930.12	弹簧垫圈
513.00	耐磨板	819.00	转子组件	930.13	弹簧垫圈
520.01	加固套	821.00	转子	930.17	弹簧垫圈
520.02	加固套	826.01	引入装置	930.01	止动垫圈
520.03	加固套	831.00	接线盒	940.01	键
520.04	加固套	832.00	接线盒盖	970.01	接地标记
525.01	轴套	836.01	接线盒子	970.02	接地标记
526.01	轴套	837.01	接地接线柱		

图 4-3　液氯屏蔽泵结构图

（4）液氯屏蔽泵的安装（图 4-4）

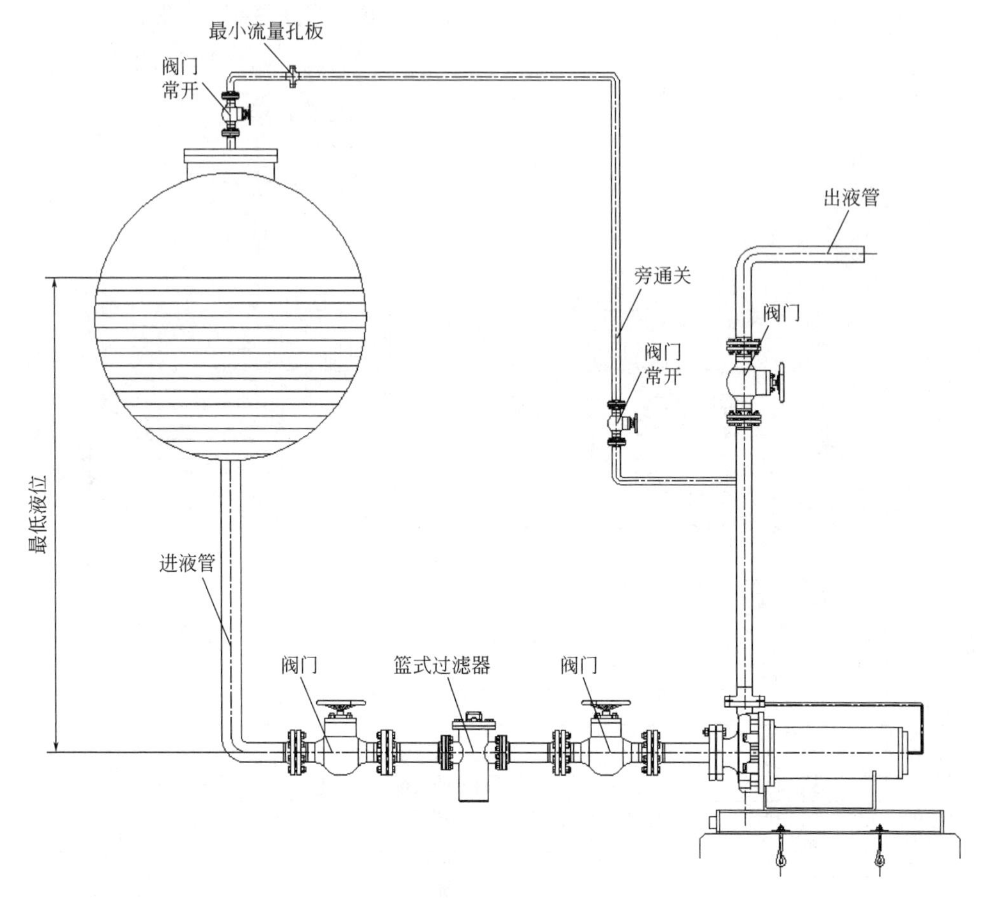

图 4-4　液氯屏蔽泵安装示意图

① 泵与液氯贮罐间的液相进液管路建议采用 DN100 以上的口径（为了减小阻力）。

② 最低倒灌高度 H 的确定同干气气囊密封液氯液下泵。

液氯屏蔽泵一般是 2 极转速，泵气蚀余量较高，大约 2～3m，所以最低倒灌高度一般大于 4m。

③ 由于泵气蚀余量高这一特点，如果液氯贮罐距离地面低，液氯屏蔽泵需要安装在较深的地坑内，所以地坑内要有相应的排风措施。

④ 需要安装支路回流管路。连接方法：从泵和泵出口阀门之间接出，不要从阀门后面接出，然后垂直向上高于液氯贮罐后再横向连接到液氯贮罐气相。此管路上推荐安装最小流量孔板，此孔板流量由泵制造厂家计算给出，此回流量可以保证泵在无液氯输出情况下能连续安全运转。

说明：支路回流管路从泵和泵出口阀门之间接出是为了实现泵自动排气，另外，也是为了安全需要，避免错误操作将泵出口阀门关闭，泵在无液氯输出的情况下长期运转产生危险。

⑤ 推荐安装泵出口最大流量孔板，可避免泵超流量运行造成的气蚀损坏。

⑥ 泵配有底座，在出厂前已完成了其组装及校准。不需重新校正。

⑦ 泵的出口管路应有支撑，以防止传递给泵额外的载荷，泵不能作为管路中的受力点。

⑧ 出口管路应安装一调节阀，以调节泵的流量和扬程。

⑨ 整个管路系统以及辅助管路均应仔细清洗，以防止铁屑、焊渣或其他异物进入泵中。对于新建的管路系统，如果物料有杂质，建议泵入口前应装配过滤器(30 或 40 目)。过滤器只能过滤固体杂质，酸泥是过滤不掉的，必须从源头解决。

⑩ 泵必须在指定的流量范围内工作。

⑪ 低温输送对管路和泵需要保温。

⑫ 泵出口要安装压力表，而且要装在泵出口及阀门之间，这才是泵 出口实际压力。可以在泵出口阀门后装压力表，但出口阀门前面的压力表是不可缺少的。

⑬ 安装完毕后，在开车前，泵腔内不允许用氯气检漏，因为泵腔内空气中含有水分，接触氯气后产生严重腐蚀及生锈，建议使用氮气试压检漏。

⑭ 泵出口要安装流量计，对泵输出瞬时流量进行检测，避免超流量将泵损坏。

（5）启动程序

① 打开支路回流管路中所有阀门，让氯气进入泵腔，同时检查各连接处密封性能。

② 确认各连接处密封正常、无泄漏，再打开液氯贮罐到泵之间管路上所有阀门，同时检查各连接处密封性能。此时液氯将进入泵腔，氯气将通过支路回流自动排气。

③ 大约 15min（让泵充分冷却到液氯温度）之后可以按下启动电钮，此时观察泵出口压力表，如果达不到规定的出口压力且低很多，说明电机转向错误，需要调整任意 2 根电源接线，然后再重新启动泵。

④ 缓慢打开泵出口阀门，直到达到规定的流量和出口压力。

为使泵正常运转，应使泵在其允许的范围内工作。绝对不允许泵的流量超过所规定的流量，否则将导致气蚀损坏；建议对泵出口瞬时流量增加控制（如，增加流量计），避免超流量；建议用变频器对压力和流量进行控制。

以上是初次开车程序，如果泵腔内有液氯，只要检查液位、阀门是否达到规定要求，泵是否冷却到液氯同等温度等，即可启动电机开泵。

屏蔽泵严禁在泵腔内无液或泵腔内介质气化的情况下工作或试验泵的转向，

以免滑动轴承由于干摩擦而磨损，使泵损坏。

屏蔽泵装有滑动轴承，适合连续运转，尽量减少频繁启动，每小时启动次数不得超过3次，这样才能减轻启动和停车时对滑动轴承的磨损，延长使用寿命。

(6) 液氯泵出口压力和流量调节　同干气气囊密封液氯液下泵出口压力和流量的描述。

(7) 停泵

① 泵出口阀门是否需要关闭根据现场需要，可以选择关闭或不关闭，对泵没有影响。

② 关闭电机电源。

③ 液氯屏蔽泵在液氯中长期放置一般不会出现问题，但每天要点动盘车一次(因为手动无法盘车)，如果液氯比较“脏”，需要增加点动盘车次数，若泵腔的液氯抽空，则泵不能长期放置，需要充氮气保护，但还是建议将泵拆解清洗组装后再放置或继续使用。

④ 泵长期浸泡在液氯中是没有问题的，但如果泵腔内只有氯气，泵将在数小时甚至更短的时间内锈死（当然也有液氯中杂质的沉淀作用)，将导致泵不能再次启动，需要拆解检修清洗才能使用。所以，对备用泵而言，泵入口阀门一定要常开。

⑤ 备用泵入口阀门全开，也是安全需要。当泵腔内充满液氯时，如果将所有阀门都关闭是很危险的，绝不允许这样操作。

(8) 日常检测

① 对备用泵每班点动盘车一次，确认备用泵有效，如果液氯比较“脏”，需要增加点动盘车次数。

② 对工作的泵，每班要详细记录一套完整的运行数据，如流量、泵进口压力、泵出口压力、轴承温度、环境温度、电流、振动等，将这些参数和以前对比是否有异常，及时判断，避免设备大的损坏，特别是运行电流对比很有意义。

③ 在正常工作情况下，应每年评估输送泵的运行情况并进行拆解，检查滑动轴承磨损情况。在干摩擦及气蚀状态下运行后，应立即拆解泵检查滑动轴承磨损情况。在正常工作情况下，发生振动、较大的噪声及功率增长，说明轴承发生磨损（润滑不足)，应立即拆解检查。

(9) 监测装置

① 为了保证屏蔽泵运行的安全性和可靠性，还应该分别在屏蔽泵的进口管道上安装液位监视器，在电机尾部安装温度监视器。当液氯屏蔽泵进口没有液氯或者发生气蚀的情况下，液位监视器就会发出信号使泵停止运转。

② 当泵出现干运转、大流量超载、轴承轴向磨损、造成电机发热时，温度监视器就会发出信号使泵停止运转。

③ 当屏蔽套损坏后，液氯将进入电机定子腔内，在腐蚀线圈同时产生若干氯化物，轻者烧毁电机，重者后果不可想象，所以，电机定子腔一定要有监测装置，监测屏蔽套是否有泄漏，是否有液氯及氯气进入定子腔。目前大多数液氯屏蔽泵无此监测，希望引起重视。屏蔽泵生产厂家在设计时，可以在电机外壳上增加一个压力传感器或压力表接口，以便接上压力表或压力传感器，对定子腔压力进行监测。正常无压，当有泄漏时将有压力显示，最低是泵入口压力。

④ 泵出口要安装流量计，对泵输出瞬时流量进行检测，避免超流量将泵损坏。

（10）问题、原因及解决方法 问题、原因及解决方法如表 4-3 所示。

表 4-3 液氯屏蔽泵问题、原因及解决方法

问题	原因	解决方法
抽不上液体	正吸入压头过低，产生气蚀现象	在入口处提高液位、提高吸入压头，即增加贮罐液位高度
	入口或出口管路阀门关闭	打开阀门
	吸入管路或泵腔存在气体	排净吸入管路或泵腔中的气体
	泵反转	调整转向
	入口过滤网堵塞	清洗过滤网
流量太小	泵中仍存在气体	充分排净气体
	入口管路阀门未完全打开	完全打开阀门
	管路、泵堵塞结垢	充分清洗
	转向错误	改变电机接线方式
	吸入压头太低	提高吸入压头
	口环磨损	更换口环
	电机转子断条或瘦条	更换转子
流量太大	出口阀门开启过大	关小出口阀门
电机温升过高	流量过大	关小出口阀门
	流体的密度高	泵必须配较大功率的电机
	转子与屏蔽套有摩擦	检查轴承磨损情况或转子组件
	过滤网堵塞	清洗过滤网
	电机中淤积、轴孔堵塞	清洗轴孔、保证流动畅通
泵工作不稳定	吸入压头过低、气蚀或抽空	在入口处提高液位、提高吸入压头，即增加倒灌高度
	泵及整机组装中的问题	拆卸、组装、检查、清洗
	轴承磨损、功率增长	检查轴承间隙、更换轴承
	泵灌注和排气不充分	重新灌注和排气

续表

问题	原因	解决方法
泵工作不稳定	气蚀以及无噪声的“隐藏”气蚀	消除引起气蚀的各种原因
	流量过大或过小、转子水力平衡不好	调整出口阀门
	一开一备同时运转	必须停其中一台泵
电机不工作	接线断路	检查接线
	无电压、电压过低或电压不稳	检查电压
	开阀启动电流过高	关闭出口阀逐渐开启
	转子部件磨损、电流波动大	检查转子组件

(11) 液氯屏蔽泵维修

① 关闭液氯泵与外界连接所有阀门。

② 打开抽真空管路阀门，抽净液氯泵中液氯。

③ 确认液氯泵中无液氯及氯气。

④ 在液氯泵及液氯中间罐与外界连接所有阀门处安装盲板，将液氯泵及液氯中间罐与外界连接完全隔离。

⑤ 松开液氯泵与管路法兰螺栓。此时还要确认液氯泵中无液氯及氯气。

⑥ 将液氯泵吊出，放到指定位置。

⑦ 检查电机线圈绝缘性，如果需要将电机接线盒整体拆下，首先应该打开定子腔排气孔排气泄压，然后再将电机接线盒整体拆下。因为有时屏蔽套微量泄漏，介质进入定子腔，此时定子腔有一定残余压力，若不先泄压，则有可能对维修人员造成伤害。

⑧ 松开泵体泵盖螺栓，将泵体拆下。

⑨ 松开叶轮螺母，将叶轮拆下。

⑩ 将前滑动轴承体、耐磨板及滑动轴承组件整体拆下。之后松开相应螺钉，将耐磨板及滑动轴承组件拆下。

⑪ 将电机转子由前端整体拉出。

⑫ 从转子上将前端轴套、滑动轴承套及推力盘拆下。

⑬ 松开转子后端轴螺母，将后端轴套、滑动轴承套、推力盘及辅助叶轮拆下。

⑭ 松开后轴承体螺栓，将后轴承体拆下。

⑮ 松开螺钉，将滑动轴承组件从后轴承体上拆下。

⑯ 清洗各零部件，有结垢、结晶的地方要铲除。

⑰ 检查各零部件磨损情况及轴的跳动。

⑱ 更换已损坏零部件。

⑲ 如果定子烧毁、定子屏蔽套损坏，需要返厂维修。

组装按拆卸相反的程序进行。更换损坏的零部件后，密封垫片及O形圈也要全部换新的。组装好后，从叶轮入口处盘车检查是否灵活。如果有条件，组装后可用氮气检查泵的密封性能。

4.2.2.3 卧式液氯磁力泵

卧式液氯磁力泵（图4-5）的应用比液氯屏蔽泵晚几年，主要用来替代液氯屏蔽泵。其优点在于不需要干气密封，可实现完全无泄漏，能耗低、体积小、维修方便；缺点是泵气蚀余量高，泵需要安装在地坑中。目前的新建项目也很少采用，使用单位大部分是早期项目。

图4-5　卧式液氯磁力泵

(1) 磁力泵工作原理　磁力泵由泵头、磁力耦合器、轴承架、轴承体、滑动轴承、滚动轴承和电动机等构成。关键部件磁力耦合器由外磁驱动、内磁转子以及隔离套构成。当电动机带动外磁驱动旋转时，磁场穿透隔离套，带动与叶轮相连接的内磁转子同步旋转，实现动力的无接触传递。叶轮安装在泵轴与内磁转子的共用轴上，介质充满泵腔和内磁转子，介质在隔离套与内磁转子腔体内循环，带走磁涡流产生的热量，同时润滑滑动轴承。

(2) 卧式液氯磁力泵安装位置　安装在比液氯贮罐水平标高低的地坑内。

(3) 卧式液氯磁力泵结构特点（图4-6）

① 磁力泵同屏蔽泵一样，也属于完全无泄漏泵，可以避免液氯的泄漏。

② 磁性材料采用钐钴（Sm_2Co_{17}），具有较高的磁能积和可靠的矫顽力、磁稳定性和耐腐蚀性。

③ 在外磁钢和内磁钢间有隔离套，实现完全无泄漏。

④ 采用双隔离套结构，实现双重静密封，确保安全性。在内、外隔离套间设置压力表或压力传感器接口，监测第一层隔离套的有效性。

⑤ 转子部件通过滑动轴承支承，滑动轴承由泵所输送的液氯进行润滑。

⑥ 轴向力由水力自动平衡，推动盘只在泵启动和停车时承受瞬时的轴向推力作用。泵在出厂前均做过轴向力检测试验，现场不需要再作任何调整。

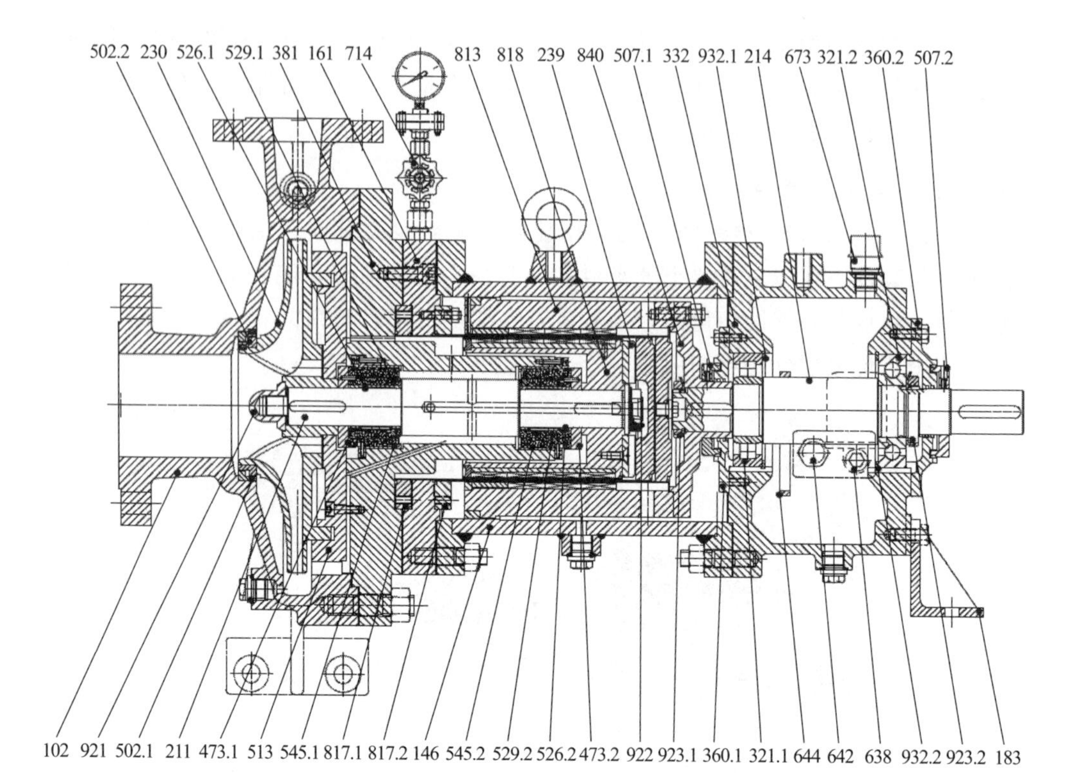

零件表

零件号	名称	零件号	名称	零件号	名称	零件号	名称
102	泵体	360.1	轴承压盖	526.2	衬套	817.1	隔离套组件(内)
146	连接体	360.2	轴承压盖	529.1	滑动轴承套	817.2	隔离套组件(外)
161	隔离套法兰压盖	381	轴承体	529.2	滑动轴承套	818	内磁钢体组件
183	支脚	473.1	推力盘组件	545.1	滑动轴承组件	840	联轴节
211	泵轴	473.2	推力盘组件	545.2	滑动轴承组件	921	叶轮螺母
214	驱动轴	502.1	体口环	638	恒位油杯	922	螺母
230	叶轮	502.2	叶轮口环	642	油窗	923.1	圆螺母
239	辅助叶轮	507.1	折流盘	644	溅油环	923.2	圆螺母
321.1	圆柱滚子轴承	507.2	折流盘	673	油气分离器	932.1	孔用弹性挡圈
321.2	深沟球轴承	513	盖板	714	报警管组件	932.2	孔用弹性挡圈
332	轴承架	526.1	衬套	813	外磁钢体组件		

图 4-6 卧式液氯磁力泵剖面图

⑦ 卧式磁力泵一般是 2 极转速，所以泵气蚀余量较高。

(4) 液氯磁力泵结构及材料安全要求

① 隔离套结构要求 磁力泵有单层隔离套和双层隔离套两种结构，用在对液氯输送的磁力泵应该选用双层隔离套结构。若采用单层隔离套，即使后面增加各种辅助动态密封都是不可靠的，因为各种动态密封不能将液氯及氯气完全密封，

另外，辅助密封只是在隔离套损坏时对泄漏的液氯及氯气进行密封，所以平时无法考证是否损坏和有效。双层隔离套结构在内、外隔离套间设置压力表或压力传感器接口，监测第一层隔离套的有效性。

② 隔离套材质要求　隔离套是磁力泵最关键的密封部件，要求有较高的承压能力、耐腐蚀性及较低的磁涡流能量损失，所以哈氏合金 C-276 是最佳选择。各种非金属隔离套不建议选用。

③ 对滑动轴承材质要求　滑动轴承对液氯磁力泵长期安全运行非常重要，要有一定的弹性、韧性、耐磨性及耐腐蚀性，所以无压烧结碳化硅（SSIC）是最佳选择。

④ 对磁性材料的要求　要有较高的磁能积和可靠的矫顽力、磁稳定性和耐腐蚀性，钐钴（Sm2Co17）是最佳选择。

（5）卧式液氯磁力泵的安装（图 4-7）

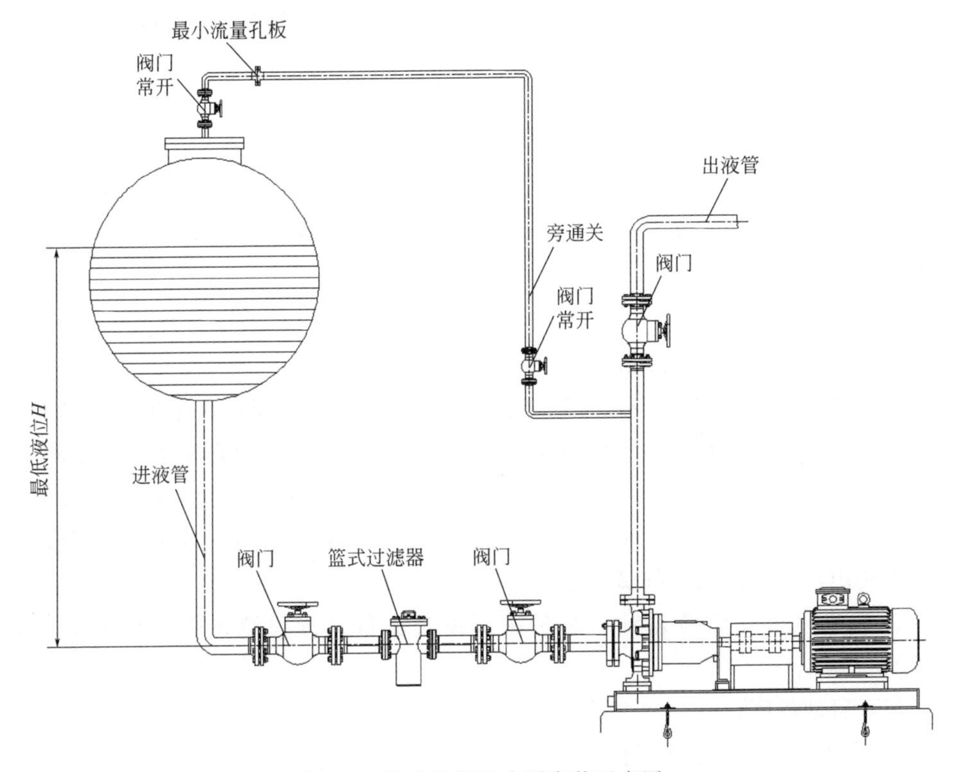

图 4-7　卧式液氯磁力泵安装示意图

① 泵与液氯贮罐间的液相进液管路建议采用 DN100 以上的口径（为了减小阻力）。

② 最低倒灌高度 H 的确定同干气气囊密封液氯液下泵。

液氯屏蔽泵一般是 2 极转速，泵气蚀余量较高，大约 2～3m，所以最低倒灌高度一般大于 4m。

由于泵气蚀余量高这一特点，如果液氯贮罐距离地面低，卧式液氯磁力泵需要安装在较深的地坑内，而地坑内要有相应的排风措施。

③ 需要安装支路回流管路。连接时，从泵和泵出口阀门之间接出，不要从阀门后面接出，然后垂直向上高于液氯贮罐后再横向连接到液氯贮罐气相。此管路上推荐安装最小流量孔板，此孔板由泵制造厂家计算给出，此回流量可以保证泵在无液氯输出情况下能连续安全运转。

说明：支路回流管路从泵和泵出口阀门之间接出是为了实现泵自动排气，也是为了安全需要，避免错误操作将泵出口阀门关闭，泵在无液氯输出的情况下长期运转会产生危险。

④ 泵配有底座，在出厂前已完成了其组装及校准。直连式结构不需重新校正，而电机和泵为分体式结构的需要对联轴器重新对中找正。

⑤ 泵的出口管路应有支撑，以防止传递给泵额外的载荷，泵不能作为管路中的受力点。

⑥ 出口管路应安装一调节阀，以调节泵的流量和扬程。

⑦ 整个管路系统以及辅助管路均应仔细清洗，以防止铁屑、焊渣或其他异物进入泵中。对于新建的管路系统，如果物料有杂质，建议泵入口前应装有过滤器（30 目或 40 目）。过滤器只能过滤固体杂质，酸泥是过滤不掉的，必须从源头解决。

⑧ 泵必须在指定的流量范围内工作。

⑨ 低温输送需要对管路和泵保温。

⑩ 泵出口要安装压力表，而且要装在泵出口及阀门之间，这才是泵出口实际压力。可以在泵出口阀门后装压力表，但出口阀门前面的压力表是不可缺少的。

⑪ 安装完毕后，在开车前，泵腔内不允许用氯气检漏，因为泵腔内空气中含有水分，接触氯气后产生严重腐蚀及生锈，叶轮口环间隙很小，会使泵锈死，导致无法使用，建议使用氮气试压检漏。

⑫ 泵出口要安装流量计，对泵输出瞬时流量进行检测，避免超流量将泵损坏。

（6）启动程序

① 手动盘车检查是否灵活。

② 打开支路回流管路中所有阀门，让氯气进入泵腔，同时检查各连接处密封性能。

③ 确认各连接处密封正常、无泄漏，再打开液氯贮罐到泵之间管路上所有阀门，同时检查各连接处密封性能。此时液氯将进入泵腔，氯气将通过支路回流自动排气。

④ 再次手动盘车检查是否灵活。

⑤ 大约经过 5min 后，通过点动的方式检查电机转向，如果电机转向错误，需要调整任意两根电源接线，然后再重新点动转向。

⑥ 按下启动电钮启动电机。缓慢打开泵出口阀门，直到规定的流量和出口压力。

为使泵正常运转，应使泵在其允许的范围内工作。绝对不允许泵的流量超过所规定的流量，否则将引起气蚀损坏；建议对泵出口瞬时流量增加控制（如增加流量计），避免超流量；建议用变频器对压力和流量进行控制；以上是初次开车程序，如果泵腔内有液氯，只要检查液位、阀门等是否达到规定要求，手动盘车无问题后，即可启动电机开泵。磁力泵严禁在泵腔内无液的情况下工作或试验泵的转向，以免滑动轴承由于干摩擦而磨损，使泵损坏。磁力泵装有滑动轴承，适合连续运转，尽量减少频繁启停，每小时启动次数不得超过 10 次，这样才能减轻启动和停车时对滑动轴承的磨损，延长使用寿命。

（7）液氯泵出口压力和流量调节　同前述液氯泵出口压力和流量调节的描述。

（8）停泵　泵出口阀门是否需要关闭根据现场需要，可以选择关闭或不关闭，对泵没有影响。

关闭电机电源停泵后，液氯磁力泵在液氯中长期放置一般不会出现问题，但每天要手动盘车一次，如果液氯比较“脏”，需要增加点动盘车次数。若泵腔的液氯抽空，则泵不能长期放置，需要充氮气保护，但还是建议将泵拆解清洗组装后才能放置或继续使用。

泵长期浸泡在液氯中是没有问题的，但如果泵腔内只有氯气，泵将在数小时甚至更短的时间内锈死（当然也有液氯中杂质的沉淀作用），将导致泵不能再次启动，需要拆解检修清洗才能使用。所以，对备用泵而言，泵入口阀门一定要常开。备用泵入口阀门全开，也是安全需要。当泵腔内充满液氯时，如果将所有阀门关闭是很危险的，绝不允许这样操作。

（9）日常检测

① 对备用泵，每班手动盘车一次，确认备用泵有效，如果液氯比较“脏”，需要增加手动盘车次数。

② 对工作泵，每班要详细记录一套完整的运行数据，如流量、泵进口压力、泵出口压力、轴承温度、环境温度、电流、振动等，将这些参数和以前对比，及时判断是否有异常，避免设备大的损坏，特别是运行电流对比很有效。

③ 在正常工作情况下，应每年评估输送泵的运行情况，并检查滑动轴承磨损情况。

④ 在干摩擦及气蚀状态下运行，应立即检查滑动轴承磨损情况。

⑤ 在正常工作情况下，发生振动、较大的噪声及功率增长，说明轴承发生磨损（润滑不足），应立即拆解检查。

⑥ 内外隔离套间压力监测，在正常情况下其压力为零，若隔离套被磨损泄漏，此压力表的压力将升高，说明第一层隔离套已经损坏，需要检修。

（10）监测装置

① 监测液氯贮罐的液位，避免液位过低（不得小于规定值），以免使泵在气蚀及干摩擦下运行，最终导致损坏。

② 设置电机过载、欠载保护继电器。此项设置必须在开车正常以后再进行。最小电流的精确设置（防止气蚀）：在输送液氯时将出口阀门关闭并测量此时的电流值，将此电流值减去 1A 的数值设为最小电流。最大电流的精确设置（防止过载或过大流量使泵气蚀）：在输送液氯时将出口阀门逐渐打开，使流量达到所需要的最大值，当然，不能超过合同（铭牌）确认的最大流量，并测量此时的电流值，将此电流值加上 1A 的数值设为最大电流。

③ 隔离套泄漏监测压力表或压力传感器阀门要常开，在正常情况下其压力为零，若隔离套被磨损泄漏，此压力表的压力将升高，说明第一层隔离套已经损坏，需要检修。

④ 泵出口要安装流量计，对泵输出瞬时流量进行检测，避免超流量将泵损坏。

（11）问题、原因及解决方法　问题、原因及解决方法如表 4-4 所示。

表 4-4　卧式液氯磁力泵问题、原因及解决方法

问题	原因	解决方法
抽不上液体	泵反转	调整转向
	入口过滤网堵塞	清洗过滤网
	正吸入压头过低	在入口处提高液位、提高吸入压头，即增加贮罐液位高度
	入口或出口管路阀门关闭	打开阀门
	泵腔内存在气体	排除泵腔中的气体
流量太小	口环磨损	更换口环
	泵中仍存在气体	充分排净气体
	泵出口压力不足	同制造商联系
	管路、泵堵塞结垢	充分清洗
	转向错误	改变电机接线方式
	吸入压头太低	提高最低液位或同制造商联系
流量太大	出口阀门开启过大	关小出口阀门

续表

问题	原因	解决方法
消耗功率过大、电机过载	流量过大	关小出口阀门
	流体的密度高	泵必须装备较大的电机
电机不工作	无电压、电压过低或电压不稳	检查电压
	接线断路	检查接线
泵工作不稳定	吸入压头过低	提高液位
	泵及整机组装中的问题	拆卸、组装、检查、清洗
	轴承磨损、功率增长	检查轴承间隙、更换轴承
	泵灌注和排气不充分	重新灌注和排气
	气蚀以及无噪声的“隐藏”气蚀	消除引起气蚀的各种原因

（12）液氯磁力泵维修

① 关闭液氯泵与外界连接所有阀门。

② 打开抽真空管路阀门，抽净液氯泵中液氯。

③ 确认液氯泵中无液氯及氯气。

④ 在液氯泵及液氯中间罐与外界连接所有阀门处安装盲板，将液氯泵及液氯中间罐与外界连接完全隔离。

⑤ 松开液氯泵与管路法兰螺栓。此时还要确认液氯泵中无液氯及氯气。

⑥ 将液氯泵吊出，放到指定位置。

⑦ 松开螺栓，将联轴器和轴承架拆下。

⑧ 松开螺栓，将泵盖及内外隔离套整体拆下。

⑨ 松开螺钉，拆卸内、外隔离套。

⑩ 松开泵体和滑动轴承螺栓，将泵体拆下。

⑪ 松开叶轮螺母，将叶轮拆下。

⑫ 松开螺钉，将耐磨板拆下。

⑬ 拆卸叶轮后面的轴套和推力盘（前）。

⑭ 将内磁钢、轴、推力盘（后）、滑动轴承套从后端整体拉出。

⑮ 松开轴螺母，拆卸内磁钢、推力盘（后）、滑动轴承套及轴套。

⑯ 松开螺钉，从滑动轴承体上拆下滑动轴承组件。

⑰ 清洗各零部件，有结垢、结晶的地方要铲除。

⑱ 检查各零部件磨损情况及轴的跳动。

⑲ 更换已损坏零部件。

⑳ 组装按拆卸相反的程序进行。更换所有已损坏零部件，密封垫片及 O 形圈要全部换新的。组装好后，盘车检查是否灵活。如果有条件，组装后用氮气检

查泵的密封性能。

4.2.2.4 液氯液下磁力泵

液氯液下磁力泵（图 4-8），主要用来替代干气气囊密封液氯液下泵，在双壳体液氯磁力泵诞生之前是主流产品，主要用于替换干气气囊密封液氯液下泵。此泵不需要干气密封，可实现完全无泄漏，能耗低、安全可靠；缺点是体积大，需要安装在液氯中间罐上，建设成本高，维修不方便。目前的新建项目也很少采用，使用单位大部分是早期项目。

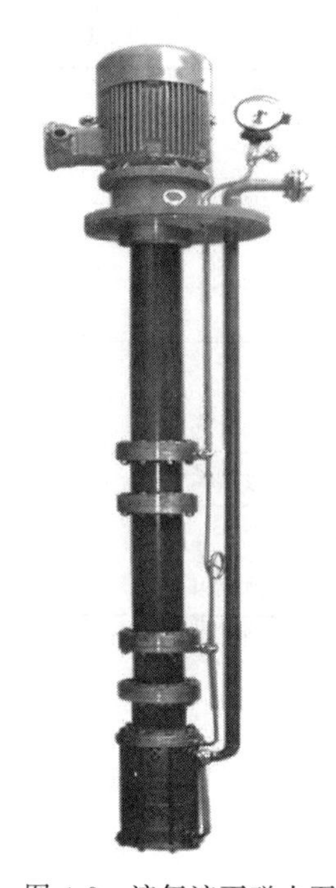
图 4-8 液氯液下磁力泵

（1）磁力泵工作原理 同其他磁力泵工作原理。

（2）液氯液下磁力泵安装位置 此液下泵安装在液氯中间罐的上端法兰开口处。

（3）液氯液下磁力泵结构特点（图 4-9）

① 立式长轴结构。

② 单吸、单级或多级结构。

③ 属于完全无泄漏泵，可以避免液氯的泄漏。

④ 支撑管部件采用密封垫片完全密封，保证滚动轴承、传动轴及驱动轴不接触液氯和氯气。

⑤ 磁性材料采用钐钴（Sm2Co17），具有较高的磁能积和可靠的矫顽力、磁稳定性和耐腐蚀性。

⑥ 在外磁钢和内磁钢间有隔离套，实现完全无泄漏。

⑦ 采用双隔离套结构，实现双重静密封，确保安全性。在内、外隔离套间设置压力表或压力传感器接口，监测第一层隔离套的有效性。

⑧ 叶轮转子部件通过滑动轴承支承，滑动轴承由泵所输送的液氯进行润滑。

⑨ 轴向力由水力自动平衡，推动盘只在泵启动和停车时承受瞬时的轴向推力作用。泵在出厂前均做过轴向力检测试验，现场不需要再做任何调整。

⑩ 液氯液下磁力泵一般是 4 极转速，所以泵的气蚀余量较低。

（4）液氯液下磁力泵结构及材料安全要求

① 隔离套结构要求 磁力泵有单层隔离套和双层隔离套两种结构，用在对液氯输送的磁力泵还应该选用双层隔离套结构。若采用单层隔离套，即使后面增加各种辅助动态密封都是不可靠的，因为各种动态密封不能将液氯及氯气完全密封，另外，辅助密封只是在隔离套损坏时对泄漏的液氯及氯气进行密封，所以平时无法考证是否损坏和有效。

虽然双隔离套安装有层间压力监测，但有多种原因可能使报警和联锁失效，

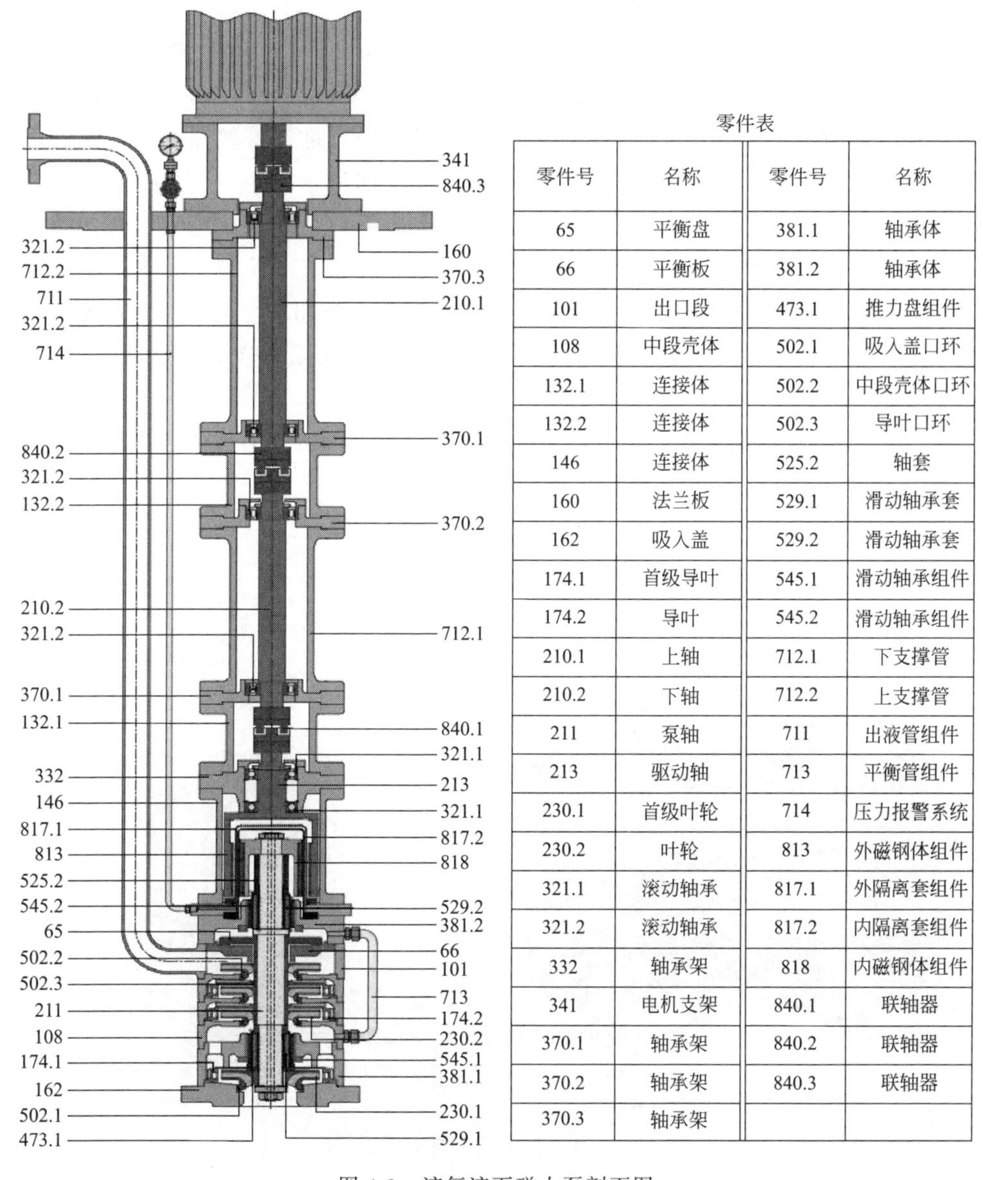

零件表

零件号	名称	零件号	名称
65	平衡盘	381.1	轴承体
66	平衡板	381.2	轴承体
101	出口段	473.1	推力盘组件
108	中段壳体	502.1	吸入盖口环
132.1	连接体	502.2	中段壳体口环
132.2	连接体	502.3	导叶口环
146	连接体	525.2	轴套
160	法兰板	529.1	滑动轴承套
162	吸入盖	529.2	滑动轴承套
174.1	首级导叶	545.1	滑动轴承组件
174.2	导叶	545.2	滑动轴承组件
210.1	上轴	712.1	下支撑管
210.2	下轴	712.2	上支撑管
211	泵轴	711	出液管组件
213	驱动轴	713	平衡管组件
230.1	首级叶轮	714	压力报警系统
230.2	叶轮	813	外磁钢体组件
321.1	滚动轴承	817.1	外隔离套组件
321.2	滚动轴承	817.2	内隔离套组件
332	轴承架	818	内磁钢体组件
341	电机支架	840.1	联轴器
370.1	轴承架	840.2	联轴器
370.2	轴承架	840.3	联轴器
370.3	轴承架		

图 4-9 液氯液下磁力泵剖面图

造成短时间内双层隔离套均密封失效。所以，为以防万一，液氯磁力泵设计有二次密封是十分必要的。它可使安全性得到提升。二次密封可有多种形式，例如通过安装一组干气机械密封，可实现再密封。再外接高压氮气（压力高于氯气压力），通过二次密封壳内的氮气压力监测，可准确判断隔离套密封的密封状态。泵内部需设置最小回流装置，不仅有利于泵自动排气，更是安全需要，当泵出口阀门关闭或无流量输出情况下保证泵能连续运转没有问题。

② 隔离套材质要求　隔离套是磁力泵最关键的密封部件，要求有较高的承压能力、耐腐蚀性及较低的磁涡流能量损失，所以哈氏合金 C-276 是最佳选择。

当然，非金属复合材料隔离套，没有涡流损耗，机组效率高。因为无需进行冷却冲洗，故不存在冲洗管路阻塞的问题。此外，没有冲洗液换热温升，泵的最小限制热控流量更小，一般不需要旁通管路回流或回流量很小。非金属隔离套的液氯泵已有十多年的成功应用案例，因此，非金属隔离套在承压能力适合的条件下，也具有一定的优点。应审慎选用。

③ 对滑动轴承材质要求　滑动轴承对液氯磁力泵长期安全运行非常重要，其材质要有一定的弹性、韧性、耐磨性及耐腐蚀性，所以无压烧结碳化硅（SSIC）是最佳选择。

④ 对磁性材料的要求　要有较高的磁能积和可靠的矫顽力、磁稳定性和耐腐蚀性，钐钴（Sm2Co17）是最佳选择。

（5）液氯液下磁力泵安装（图 4-10）

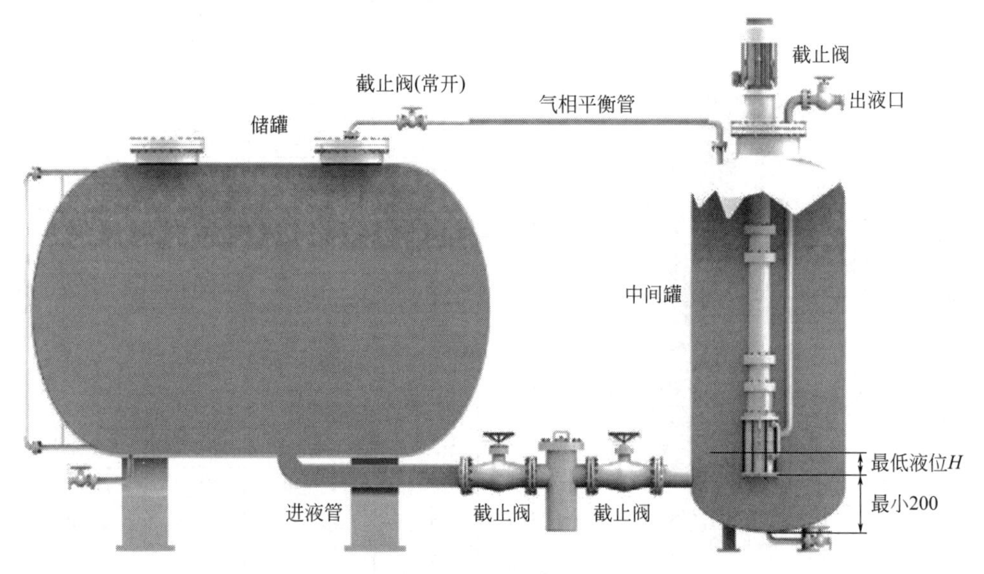

图 4-10　液氯液下磁力泵安装示意图

① 液氯液下磁力泵在安装之前必须检查在运输过程中可能发生的损坏；检查有无异物进入泵中；检查各管接头是否拧紧，避免泄漏。

② 中间罐与液氯贮罐间的液相进液管路建议采用 DN100 以上的口径（为了减小阻力）。

③ 中间罐与各大贮罐间气相、液相在管路布置上通过阀门控制应实现独立操作。

④ 最低倒灌高度 H 的确定同干气气囊密封液氯液下泵。

液氯液下磁力泵一般是4极转速，泵气蚀余量较低，大约0.5m左右，所以最低倒灌高度一般在1.5m左右即可。

⑤ 泵配有电动机，联轴器及底板，在出厂前已完成了其组装及校准。不需重新校正。

⑥ 泵的出口管路应有支撑，以防止传递给泵额外的载荷，泵不能作为管路中的受力点。

⑦ 出口管路应安装一调节阀，以调节泵的流量和扬程。

⑧ 整个管路系统以及辅助管路均应仔细清洗，以防止铁屑、焊渣或其他异物进入泵中。对于新建的管路系统，如果物料有杂质，建议泵入口前应装有过滤器（30目或40目）。过滤器只能过滤固体杂质，酸泥是过滤不掉的，必须从源头解决。

⑨ 管路设计应考虑到液氯中间罐的排气，气相管应与液氯贮罐气相相联，并保持常开状态。有的厂家与尾气连接，尾气压力波动将影响液氯中间罐液位的保持，如果尾气压力高，液氯中间罐进不去液氯，导致泵干磨损坏。

⑩ 泵必须在指定的流量范围内工作。

⑪ 低温输送对管路和液氯中间罐需要保温。

⑫ 原则上液氯中间罐顶部与液氯贮罐顶部应该在同一高度，可避免液氯中间罐满罐无气相，产生危险。如果液氯中间罐低于液氯贮罐，需要通过入口调节阀控制液氯中间罐的液氯，这种情况操作比较麻烦，尽量避免。

⑬ 安装完毕后，在开车前，泵腔内不允许用氯气检漏，因为液氯中间罐及泵腔内空气中含有水分，接触氯气后产生严重腐蚀及生锈，叶轮口环间隙很小，会使泵锈死盘不动车，导致无法使用，建议使用氮气试压检漏。

⑭ 泵出口要安装压力表，而且要装在泵出口及阀门之间，这才是泵出口实际压力。可以在泵出口阀门后装压力表，但出口阀门前面的压力表是不可缺少的。

⑮泵出口要安装流量计，对泵输出瞬时流量进行检测，避免超流量将泵损坏。

⑯ 支路回流管路（适用于较早的液氯液下磁力泵）连接方法：从泵和泵出口阀门之间接出，不要从阀门后面接出，然后垂直向上高于液氯贮罐后再横向连接到液氯贮罐气相。此管路上推荐安装最小流量孔板，此孔板流量由泵制造厂家计算给出，此回流量可以保证泵在无液氯输出情况下能连续安全运转。

说明：支路回流管路从泵和泵出口阀门之间接出是为了实现泵自动排气，另外，也是为了安全需要，避免错误操作将泵出口阀门关闭，泵在无液氯输出的情况下长期运转产生危险。泵内部已经设置了最小回流装置的可以无此支路回流管路（图4-10）。

（6）启动程序

① 手动盘泵，检查是否正常。

② 打开液氯中间罐和液氯贮罐之间气相平衡管阀门，向液氯中间罐及泵腔内充氯气，此时要伴随手动盘车，因为液氯中间罐及泵腔内空气中有少量水分，接触氯气后可产生次氯酸腐蚀及生锈，叶轮口环间隙很小，会使泵锈死盘不动车。

③ 检查各法兰接口密封性。如果有泄漏点，需要将中间罐及泵腔内氯气通过抽空的方式排净，及时维修泄漏点，因为泵已经接触氯气，此时最好向中间罐及泵腔内充氮气保护泵，避免泵锈死，并伴随手动盘车。

④ 打开进液阀门，向液氯中间罐进液氯，此时要伴随手动盘车。

⑤ 液氯中间罐达到规定液位后，用点动方式检查电机转向，要与泵转向箭头相符。转向改变可以通过交换电机接线中的任意两根来完成。

⑥ 启动电机。

⑦ 缓慢打开泵出口阀门，直到规定的流量和出口压力。

为使泵正常运转，应使泵在其允许的范围内工作。绝对不允许泵的流量超过所规定的流量，否则将发生气蚀损坏；建议对泵出口瞬时流量加以控制（如增加流量计），避免超流量；建议用变频器对压力和流量进行控制。

以上是初次开车程序，如果液氯中间罐有液氯，只要检查液位、阀门等达到规定要求，手动盘车无问题后，即可启动电机开泵。

磁力泵严禁在泵腔内无液的情况下工作或试验泵的转向，以免滑动轴承由于干摩擦而磨损，使泵损坏。

磁力泵装有滑动轴承，适合连续运转，尽量减少频繁启动，每小时启动次数不得超过 10 次，这样才能减轻启动和停车时对滑动轴承的磨损，延长使用寿命。

（7）液氯泵出口压力和流量调节　同上面液氯泵出口压力和流量调节的描述。

（8）停泵　泵出口阀门是否需要关闭根据现场需要，可以选择关闭或不关闭，对泵没有影响。

关闭电机电源停泵后，液氯液下磁力泵在液氯中长期放置一般不会出现问题，但每天要手动盘车一次，如果液氯比较“脏”，需要增加手动盘车次数。若泵腔的液氯抽空，则泵不能长期放置，需要充氮气保护，但还是建议将泵拆解清洗组装后才能放置或继续使用。

泵长期浸泡在液氯中是没有问题的，但如果泵腔内只有氯气，泵将在数小时甚至更短的时间内锈死（当然也有液氯中杂质的沉淀作用），将导致泵不能再次启动，需要拆解检修清洗才能使用。所以，对备用泵而言，入口阀门及液氯中间罐到液氯贮罐间气相平衡管一定要常开，保证液氯中间罐中有一定液位的液氯。

（9）日常检测

① 对备用泵每班点动盘车一次，确认备用泵有效，如果液氯比较“脏”，需要增加手动盘车次数。

② 内外隔离套间压力监测，在正常情况下其压力为零，若隔离套被磨损泄漏，此压力表的压力将升高，说明第一层隔离套已经损坏，需要检修。

③ 对工作泵，每班要详细记录一套完整的运行数据，如流量、泵进口压力、泵出口压力、轴承温度、环境温度、电流、振动等，将这些参数和以前对比，及时判断是否有异常，避免设备大的损坏，特别是运行电流对比很有效。

④ 在正常工作情况下，应每年评估输送泵的运行情况，并检查滑动轴承磨损情况。

⑤ 在干摩擦及气蚀状态下运行，应立即检查滑动轴承磨损情况。

⑥ 在正常工作情况下，发生振动、较大的噪音及功率增长，说明轴承发生磨损（润滑不足），应立即拆解检查。

（10）监测装置

① 监测液氯贮罐的液位，避免液位过低（不得小于规定值），以免使泵在气蚀及干摩擦下运行，最终导致损坏。

② 设置电机过载、欠载保护继电器。此项设置必须在开车正常以后再进行。最小电流的精确设置（防止气蚀）：在输送液氯时将出口阀门关闭并测量此时的电流值，将此电流值减去 1A 的数值设为最小电流。最大电流的精确设置（防止过载或过大流量使泵气蚀）：在输送液氯时将出口阀门逐渐打开，使流量达到所需要的最大值，当然，不能超过合同（铭牌）确认的最大流量，并测量此时的电流值，将此电流值加上 1A 的数值设为最大电流。

③ 隔离套泄漏监测压力表或压力传感器阀门要常开，在正常情况下其压力为零，若隔离套被磨损泄漏，此压力表的压力将升高，说明第一层隔离套已经损坏，需要检修。

④ 泵出口要安装流量计，对泵输出瞬时流量进行检测，避免超流量将泵损坏。

（11）问题、原因及解决方法 问题、原因及解决方法如表 4-5 所示。

表 4-5 液氯液下磁力泵问题、原因及解决方法

问题	原因	解决方法
抽不上液体	泵反转	调整转向
	入口过滤网堵塞	清洗过滤网
	正吸入压头过低	在入口处提高液位、提高吸入压头，即增加贮罐液位高度
	入口或出口管路阀门关闭	打开阀门
	泵腔内存在气体	排除泵腔中的气体

续表

问题	原因	解决方法
流量太小	口环磨损	更换口环
	泵中仍存在气体	充分排净气体
	泵出口压力不足	同制造商联系
	管路、泵堵塞结垢	充分清洗
	转向错误	改变电机接线方式
	吸入压头太低	提高贮罐液位或同制造商联系
流量太大	出口阀门开启过大	关小出口阀门
消耗功率过大、电机过载	流量过大	关小出口阀门
	流体的密度高	泵必须装备较大的电机
电机不工作	无电压、电压过低或电压不稳	检查电压
	接线断路	检查接线
泵工作不稳定	吸入压头过低	提高贮罐液位
	泵及整机组装中的问题	拆卸、组装、检查、清洗
	轴承磨损、功率增长	检查轴承间隙、更换轴承
	泵灌注和排气不充分	重新灌注和排气
	气蚀以及无噪声的“隐藏”气蚀	消除引起气蚀的各种原因

（12）检修

① 关闭液氯泵及液氯中间罐与外界连接所有阀门。

② 打开抽真空管路阀门，抽净液氯泵及液氯中间罐中液氯。

③ 确认液氯泵及液氯中间罐中无液氯及氯气。

④ 在液氯泵及液氯中间罐与外界连接所有阀门处安装盲板，将液氯泵及液氯中间罐与外界连接完全隔离。

⑤ 松开液氯泵与液氯中间罐及管路法兰螺栓。此时还要确认液氯泵及液氯中间罐中无液氯及氯气。

⑥ 将液氯泵吊出，放到指定位置。

⑦ 松开穿杠螺母，拆下泵吸入盖。

⑧ 松开叶轮螺母，拆下首级叶轮和首级导叶。

⑨ 拆下推力盘。

⑩ 将滑动轴承体（下）和滑动轴承组件（下）整体拆下，然后松开螺钉拆下滑动轴承组件（下）。

⑪ 依次拆下各级中段壳体、叶轮及导叶。

⑫ 松开出口段与出液管间螺帽，再松开螺钉，将出口段拆下。

⑬ 松开螺钉，拆下平衡盘和平衡板。

⑭ 松开螺钉，将滑动轴承体（上）和滑动轴承组件（上）整体拆下，然后松开螺钉拆下滑动轴承组件（上）。

⑮ 将轴和内磁钢体组件整体从前端拉出。

⑯ 松开轴螺母，拆下内磁钢体组件、滑动轴承套及轴套。

⑰ 松开螺母，将隔离套法兰压盖及内、外隔离套组件整体拆下。

⑱ 松开螺钉，拆卸内、外隔离套组件。

⑲ 松开螺栓，拆卸连接体、轴承架。

⑳ 松开螺钉，拆卸连轴节和轴承压盖。

㉑ 松开轴承螺母，向前端方向，将驱动轴和外磁钢体组件整体拆下。

㉒ 松开螺钉，拆下外磁钢体组件。

㉓ 松开螺栓，将各段支撑管整体拆下。

㉔ 松开螺钉拆卸各连轴节。

㉕ 松开轴承体和轴承压盖内六角螺钉，再松开滚动轴承螺母，向前端方向将轴移出。

㉖ 清洗各零部件，有结垢、结晶的地方要铲除。

㉗ 检查各零部件磨损情况及轴的跳动。

㉘ 更换已损坏零部件。

㉙ 组装按拆卸相反的程序进行。更换所有已损坏零部件，密封垫片及 O 形圈要全部换新的。组装好后，盘车检查是否灵活。如果有条件，组装后用氮气检查泵的密封性能，见图 4-10。

4.2.2.5　双壳体液氯磁力泵

双壳体液氯磁力泵（图 4-11）诞生于 2007 年，之后得到广泛应用，此泵不需要干气密封，可实现完全无泄漏，能耗低、安全可靠、检修方便；电机采用 4 极转速，气蚀余量低，（新建项目，可以适当增加液氯贮罐高度）不需要在液氯贮罐下面挖深坑，泵和外壳体整体提供，不需要液氯中间罐，减少总投资，有效解决液氯泵容易气蚀的问题，在设计上已经考虑各种存在安全隐患的边界条件，目前已经广泛应用于新建项目和对液氯输送、包装及对老式液氯泵的替换。

图 4-11　双壳体液氯磁力泵

（1）磁力泵工作原理　同其他磁力泵工作原理。

（2）双壳体液氯磁力泵安装位置　比液氯贮罐水平标高低的位置。

（3）双壳体液氯磁力泵结构特点（图 4-12）

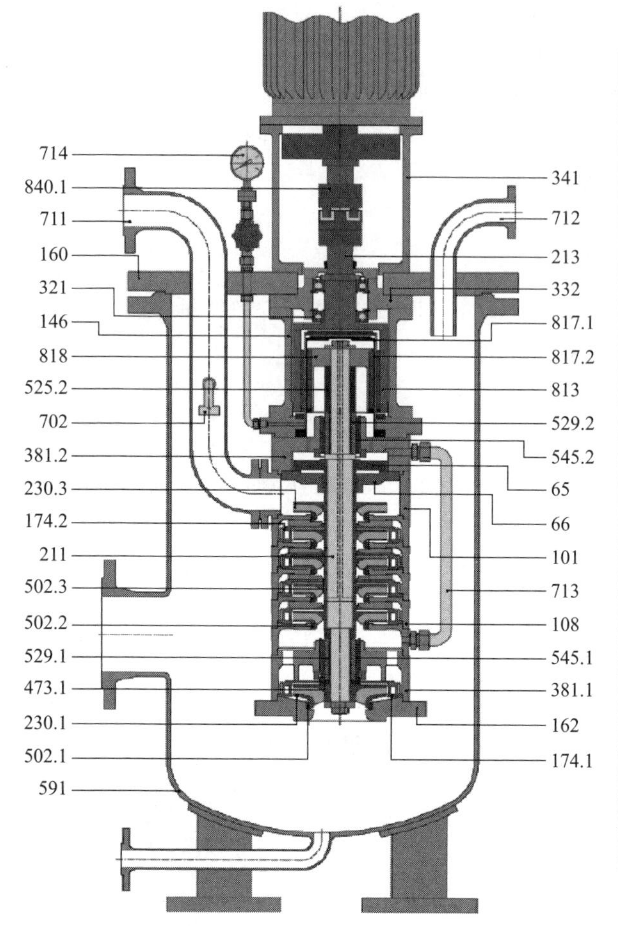

零件表

零件号	名称	零件号	名称
65	平衡盘	502.1	吸入盖口环
66	平衡板	502.2	中段壳体口环
101	出口段	502.3	导叶口环
108	中段壳体	525.2	轴套
146	连接体	529.1	滑动轴承套
160	法兰板	529.2	滑动轴承套
162	吸入盖	545.1	滑动轴承组件
174.1	首级导叶	545.2	滑动轴承组件
174.2	导叶	591	外壳体
211	泵轴	702	最小流量管路
213	驱动轴	711	出液管组件
230.1	首级叶轮	712	平衡管、吹扫管
230.3	叶轮	713	平衡管组件
321	滚动轴承	714	报警管组件
332	轴承架	813	外磁钢体组件
341	电机支架	817.1	外隔离套组件
381.1	轴承体	817.2	内隔离套组件
381.2	轴承体	818	内磁钢体组件
473.1	推力盘组件	840.1	联轴器

图 4-12　双壳体液氯磁力泵结构示意

① 立式双壳体结构。

② 单吸、单级或多级结构。

③ 属于完全无泄漏泵，可以避免液氯的泄漏。

④ 滚动轴承部件采用密封垫片完全密封，保证滚动轴承及驱动轴不接触液氯和氯气。

⑤ 磁性材料采用钐钴（Sm2Co17），具有较高的磁能积和可靠的矫顽力、磁稳定性和耐腐蚀性。

⑥ 在外磁钢和内磁钢间有隔离套，实现完全无泄漏。

⑦ 采用双隔离套结构，实现双重静密封，确保安全性。在内、外隔离套间设置压力表或压力传感器接口，监测第一层隔离套的有效性。

⑧ 叶轮转子部件通过滑动轴承支承，滑动轴承由泵所输送的液氯进行润滑。

⑨ 轴向力由水力自动平衡，推动盘只在泵启动和停车时承受瞬时的轴向推力作用。泵在出厂前均做过轴向力检测试验，现场不需要再做任何调整。

⑩ 液氯液下磁力泵一般是4极转速，所以泵的气蚀余量较低。

(4) 双壳体液氯磁力泵结构及材料安全要求

① 隔离套结构要求　磁力泵有单层隔离套和双层隔离套两种结构，用在对液氯输送的磁力泵还应该选用双层隔离套结构。若采用单层隔离套，即使后面增加各种辅助动态密封都是不可靠的，因为各种动态密封不能将液氯及氯气完全密封，另外，辅助密封只是在隔离套损坏时对泄漏的液氯及氯气进行密封，所以平时无法考证是否损坏和有效。

泵内部需设置最小回流装置，不仅有利于泵自动排气，更是安全需要，当泵出口阀门关闭或无流量输出情况下保证泵能连续运转没有问题。

气相平衡管在泵内部设置要科学合理，保证泵在工作和非工作状态下，泵外壳体上部都要自动留出安全的气相空间，这一点非常重要。

在内、外隔离套间设置压力表或压力传感器接口，监测第一层隔离套的有效性。

② 隔离套材质要求　隔离套是磁力泵最关键的密封部件，要求有较高的承压能力、耐腐蚀性及较低的磁涡流能量损失，所以哈氏合金C-276是最佳选择。各种非金属隔离套不建议选用。

③ 对滑动轴承材质要求　滑动轴承对液氯磁力泵长期安全运行非常重要，其材质要有一定的弹性、韧性、耐磨性及耐腐蚀性，所以无压烧结碳化硅（SSIC）是最佳选择。

④ 对磁性材料的要求　要有较高的磁能积和可靠的矫顽力、磁稳定性和耐腐蚀性，钐钴（Sm2Co17）是最佳选择。

外壳体必须符合《压力容器》（GB 150—2011）、《钢制低温压力容器技术要求》（HG/T 20585—2011）及《固定式压力容器安全技术监察规程》（TSG 21—2016）标准的要求。外壳体常用材质为16MnDR。

(5) 双壳体液氯磁力泵安装（图4-13）

① 泵与液氯贮罐间的液相进液管路建议采用DN100以上的口径（为了减小阻力）。

② 泵与各大贮罐间气相、液相在管路布置上通过阀门控制应实现独立操作。

③ 最低倒灌高度H的确定同干气密封液氯液下泵。

液氯液下磁力泵一般是4极转速，泵气蚀余量较低，大约0.5m左右，所以最低倒灌高度一般在1.5m左右即可。

④ 泵配有电动机，联轴器及底板，在出厂前已完成了其组装及校准。不需重新校正。

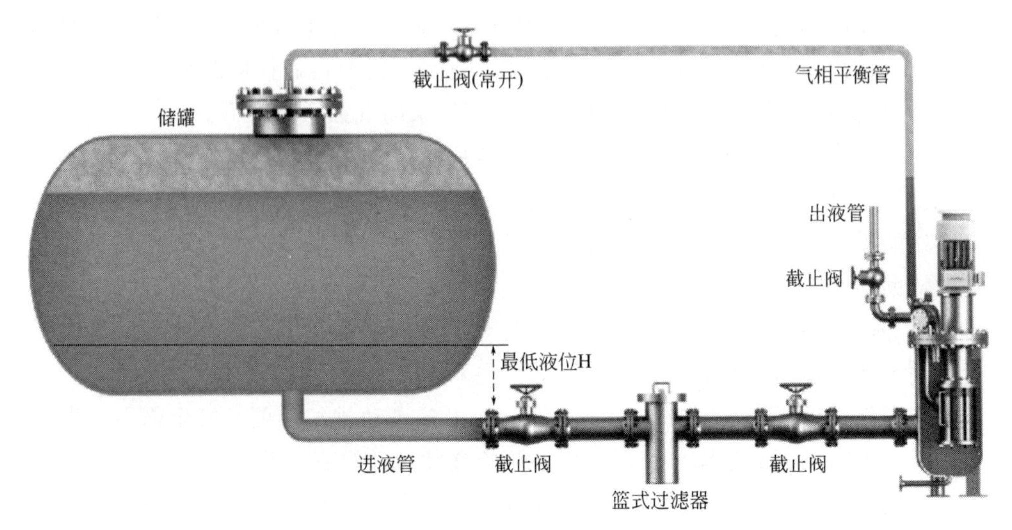

图 4-13 双壳体液氯磁力泵安装示意图（泵内部已设置自动回流装置）

⑤ 泵的出口管路应有支撑，以防止传递给泵额外的载荷，泵不能作为管路中的受力点。

⑥ 出口管路应安装一调节阀，以调节泵的流量和扬程。

⑦ 整个管路系统以及辅助管路均应仔细清洗，以防止铁屑、焊渣或其他异物进入泵中。对于新建的管路系统，如果物料有杂质建议泵入口前应装有过滤器（30 目或 40 目）。过滤器只能过滤固体杂质，酸泥是过滤不掉的，必须从源头解决。

⑧ 气相平衡管路设计应考虑到泵的排气，气相平衡管应与液氯贮罐气相连接。连接方法：从泵气相平衡口垂直向上，至高于液氯贮罐后再横向连接到液氯贮罐气相。

⑨ 泵必须在指定的流量范围内工作。

⑩ 低温输送对管路和泵需要保温。

⑪ 安装完毕后，在开车前，泵腔内不允许用氯气检漏，因为液氯中间罐及泵腔内空气中含有水分，接触氯气后产生严重腐蚀及生锈，叶轮口环间隙很小，会使泵锈死盘不动车，导致无法使用，建议使用氮气试压检漏。

⑫ 泵出口要安装压力表，而且要装在泵出口及阀门之间，这才是泵出口实际压力。可以在泵出口阀门后装压力表，但出口阀门前面的压力表是不可缺少的。

⑬ 泵出口要安装流量计，对泵输出瞬时流量进行检测，避免超流量将泵损坏。

⑭ 支路回流管路（适用于泵内部没有设置最小回流装置的双壳体液氯磁力

泵）连接方法：从泵和泵出口阀门之间接出，不要从阀门后面接出，然后垂直向上高于液氯贮罐后再横向连接到液氯贮罐气相。此管路上推荐安装最小流量孔板，此孔板流量由泵制造厂家计算给出，此回流量可以保证泵在无液氯输出情况下能连续安全运转。

说明：支路回流管路从泵和泵出口阀门之间接出是为了实现泵自动排气，另外，也是为了安全需要，避免错误操作将泵出口阀门关闭，泵在无液氯输出的情况下长期运转产生危险。泵内部已经设置了最小回流装置的可以无此支路回流管路。当然，增加支路回流也很好。

（6）启动程序

① 手动盘泵，检查是否正常。

② 打开泵和液氯贮罐之间气相平衡管阀门，向泵腔内充氯气，此时要伴随手动盘车，因为液氯中间罐及泵腔内空气中有少量水分，接触氯气后可产生次氯酸腐蚀及生锈，叶轮口环间隙很小，会使泵锈死盘不动车。

③ 检查各法兰接口密封性。如果有泄漏点，需要将泵腔内氯气通过抽空的方式排净，及时维修泄漏点，因为泵已经接触氯气，此时最好向泵腔内充氮气保护泵，避免泵锈死，并伴随手动盘车。

④ 打开进液阀门，向泵腔内进液氯，此时要伴随手动盘车。

⑤ 液氯进入泵腔后，用点动方式检查电机转向，要与泵转向箭头相符。转向改变可以通过交换电机接线中的任意两根来完成。

⑥ 启动电机。

⑦ 缓慢打开泵出口阀门，直到规定的流量和出口压力。

为使泵正常运转，应使泵在其允许的范围内工作。绝对不允许泵的流量超过所规定的流量，否则将发生气蚀损坏；建议对泵出口瞬时流量加以控制（如增加流量计），避免超流量；建议用变频器对压力和流量进行控制。

以上是初次开车程序，如果泵腔内有液氯，只要检查液氯贮罐液位、阀门等达到规定要求，手动盘车无问题后，即可启动电机开泵。

磁力泵严禁在泵腔内无液氯的情况下工作或试验泵的转向，以免滑动轴承由于干摩擦而磨损，使泵损坏。

磁力泵装有滑动轴承，适合连续运转，尽量减少频繁启动，每小时启动次数不得超过 10 次，这样才能减轻启动和停车时对滑动轴承的磨损，延长使用寿命。

（7）液氯泵出口压力和流量调节　同前述液氯泵出口压力和流量调节的描述。

（8）停泵　泵出口阀门是否需要关闭根据现场需要，可以选择关闭或不关闭，对泵没有影响。

关闭电机电源停泵后，双壳体液氯磁力泵在液氯中长期放置一般不会出现问题，但每天要手动盘车一次，如果液氯比较脏，需要增加点动盘车次数，若泵腔的液氯抽空，则泵不能长期放置，需要充氮气保护，但还是建议将泵拆解清洗组装后才能放置或继续使用。

泵长期浸泡在液氯中是没有问题的，但如果泵腔内只有氯气，泵将在数小时甚至更短的时间内锈死（当然也有液氯中杂质的沉淀作用），将导致泵不能再次启动，需要拆解检修清洗才能使用。所以，对备用泵而言，泵入口阀门及泵到液氯贮罐间气相平衡管一定要常开，保证液氯泵中有一定的液氯。

(9) 日常检测

① 对备用泵每班手动盘车一次，确认备用泵有效，如果液氯比较脏，需要增加手动盘车次数。

② 内、外隔离套间压力监测，在正常情况下其压力为零，若隔离套被磨损泄漏，此压力表的压力将升高，说明第一层隔离套已经损坏，需要检修。

③ 对工作泵，每班要详细记录一套完整的运行数据，如流量、泵进口压力、泵出口压力、轴承温度、环境温度、电流、振动等，将这些参数和以前对比，及时判断是否有异常，避免设备大的损坏，特别是运行电流对比很有效。

④ 在正常工作情况下，应每年评估输送泵的运行情况，并检查滑动轴承磨损情况。

⑤ 在干摩擦及气蚀状态下运行，应立即检查滑动轴承磨损情况。

⑥ 在正常工作情况下，发生振动、较大的噪音及功率增长，说明轴承发生磨损（润滑不足），应立即拆解检查。

(10) 监测装置

① 监测液氯贮罐的液位，避免液位过低（不得小于规定值），以免使泵在气蚀及干摩擦下运行，最终导致损坏。

② 设置电机过载、欠载保护继电器。此项设置必须在开车正常以后再进行。最小电流的精确设置（防止气蚀）：在输送液氯时将出口阀门关闭并测量此时的电流值，将此电流值减去 1A 的数值设为最小电流。最大电流的精确设置（防止过载或过大流量使泵气蚀）：在输送液氯时将出口阀门逐渐打开，使流量达到所需要的最大值，当然，不能超过合同（铭牌）确认的最大流量，并测量此时的电流值，将此电流值加上 1A 的数值设为最大电流。

③ 内外隔离套间压力监测，在正常情况下其压力为零，若隔离套被磨损泄漏，此压力表的压力将升高，说明第一层隔离套已经损坏，需要检修。

④ 泵出口要安装流量计，对泵输出瞬时流量进行检测，避免超流量将泵损坏。

(11) 问题、原因及解决方法　问题、原因及解决方法如表 4-6 所示。

表 4-6　双壳体液氯磁力泵问题、原因及解决方法

问题	原因	解决方法
抽不上液体	泵反转	调整转向
	入口过滤网堵塞	清洗过滤网
	正吸入压头过低	在入口处提高液位、提高吸入压头，即增加贮罐液位高度
	入口或出口管路阀门关闭	打开阀门
	气相平衡管阀门未打开	打开气相平衡管阀门
	气相平衡管连接不正确	按要求更改气相平衡管连接
流量太小	口环磨损	更换口环
	泵中仍存在气体	充分排净气体
	泵出口压力不足	同制造商联系
	管路、泵堵塞结垢	充分清洗
	转向错误	改变电机接线方式
	吸入压头太低	提高贮罐液位或同制造商联系
流量太大	出口阀门开启过大	关小出口阀门
消耗功率过大、电机过载	流量过大	关小出口阀门
	流体的密度高	泵必须装备较大的电机
电机不工作	无电压、电压过低或电压不稳	检查电压
	接线断路	检查接线
泵工作不稳定	吸入压头过低	提高液位
	泵及整机组装中的问题	拆卸、组装、检查、清洗
	轴承磨损、功率增长	检查轴承间隙、更换轴承
	泵灌注和排气不充分	重新灌注和排气
	气蚀以及无噪声的“隐藏”气蚀	消除引起气蚀的各种原因

（12）检修

① 关闭液氯泵与外界连接所有阀门。

② 打开抽真空管路阀门，抽净液氯泵中液氯。

③ 确认液氯泵中无液氯及氯气。

④ 在液氯泵及液氯中间罐与外界连接所有阀门处安装盲板，将液氯泵及液氯中间罐与外界连接完全隔离。

⑤ 松开液氯泵与液氯泵外壳体及各管路连接法兰螺栓。此时还要确认液氯泵中无液氯及氯气。

⑥ 将液氯泵吊出，放到指定位置。

⑦ 松开穿杠螺母，拆下泵吸入盖。

⑧ 松开叶轮螺母，拆下首级叶轮和首级导叶。

⑨ 拆下推力盘。

⑩ 将滑动轴承体（下）和滑动轴承组件（下）整体拆下，然后松开螺钉拆下滑动轴承组件（下）。

⑪ 依次拆下各级中段壳体、叶轮及导叶。

⑫ 松开出口段与出液管间螺帽，再松开螺钉，将出口段拆下。

⑬ 松开螺钉，拆下平衡盘和平衡板。

⑭ 松开螺钉，将滑动轴承体（上）和滑动轴承组件（上）整体拆下，然后松开螺钉拆下滑动轴承组件（上）。

⑮ 将轴和内磁钢体组件整体从前端拉出。

⑯ 松开轴螺母，拆下内磁钢体组件、滑动轴承套及轴套。

⑰ 松开螺母，将隔离套法兰压盖及内、外隔离套组件整体拆下。

⑱ 松开螺钉，拆卸内、外隔离套组件。

⑲ 松开螺栓，拆卸连接体、轴承架。

⑳ 松开螺钉，拆卸连轴节和轴承压盖。

㉑ 松开轴承螺母，向前端方向，将驱动轴和外磁钢体组件整体拆下。

㉒ 松开螺钉，拆下外磁钢体组件。

㉓ 清洗各零部件，有结垢、结晶的地方要铲除。

㉔ 检查各零部件磨损情况及轴的跳动。

㉕ 更换已损坏零部件。

㉖ 组装按拆卸相反的程序进行。更换所有已损坏零部件，密封垫片及O形圈要全部换新的。组装好后，盘车检查是否灵活。如果有条件，组装后用氮气检查泵的密封性能。

4.2.3 各种液氯泵对比表

各类型液氯泵区别如表4-7所示。

表4-7 各类型液氯泵对比表

项目	双壳体液氯磁力泵	液氯液下磁力泵	卧式液氯磁力泵	液氯屏蔽泵	干气气囊密封液氯液下泵
密封部件	隔离套	隔离套	隔离套	屏蔽套	干气气囊
密封部件结构	双层隔离套静密封	双层隔离套静密封	双层隔离套静密封	单层屏蔽套静密封	气囊动态密封
密封性能	完全无泄漏	完全无泄漏	完全无泄漏	完全无泄漏	干气压力不稳，容易泄漏
干气消耗	无	无	无	无	很大

续表

项目	双壳体液氯磁力泵	液氯液下磁力泵	卧式液氯磁力泵	液氯屏蔽泵	干气气囊密封液氯液下泵
尾气	无	无	无	无	很多
泄漏二次保护	第二层隔离套完全密封	第二层隔离套完全密封	第二层隔离套完全密封	屏蔽电机外壳	无
密封部件材质	哈氏合金 C-276	哈氏合金 C-276	哈氏合金 C-276	哈氏合金 C-276	聚四氟乙烯填料
密封部件失效后果	泄漏到第二层隔离套，仍然实现完全密封	泄漏到第二层隔离套，仍然实现完全密封	泄漏到第二层隔离套，仍然实现完全密封	漏到定子腔，液氯会腐蚀电机线圈，产生多种危险氯化物，存在安全隐患	泄漏到大气环境及干气系统中，存在危险
结构形式	立式双壳体结构	立式液下长轴结构	卧式悬臂结构	卧式或立式悬臂结构	立式液下长轴结构
支撑轴承	滚动轴承＋滑动轴承	滚动轴承＋滑动轴承	滚动轴承＋滑动轴承	滑动轴承	滚动轴承＋滑动轴承
配带电机	标准电机	标准电机	标准电机	专用屏蔽电机	标准电机
转速	一般 4 极电机，1450r/min	一般 4 极电机，1450r/min	一般 2 极电机，2900r/min	一般 2 极电机，2900r/min	一般 4 极电机，1450r/min
泵气蚀余量	低	低	高	高	低
抗气蚀能力	强	强	一般	较差	强
安装位置	液氯贮罐下面，一般在地坑中	液氯中间罐上	液氯贮罐下面一般在地坑中	液氯贮罐下面一般在地坑中	液氯中间罐上
液氯贮罐液位高度	低	低	高	高	低
维修	简单	较复杂	简单	简单，但屏蔽套损坏需要返厂维修	很复杂
轴	刚性轴	刚性轴	刚性轴	刚性轴	柔性轴
泵内部自动回流安全装置	有	有	无	无	无
安全气相空间	泵腔自动留有安全气相空间	通过中间罐液位控制实现	无	无	通过中间罐液位控制实现
安全性	非常高	非常高	非常高	一般	一般
手动盘车	可以手动盘车日常检查	可以手动盘车日常检查	可以手动盘车日常检查	手动无法盘车	可以手动盘车日常检查
使用寿命	长	较长	一般	一般	短
操作	简单	简单	简单	一般	很复杂
技术方案先进性	非常先进，应用广泛	较先进，可改造老式液下泵	一般，使用极少	一般，已经淘汰	落后，已经淘汰

4.3 液氯充装作业条件

4.3.1 基本条件

（1）按照法律法规要求取得危化品生产企业安全生产许可证或者危化品使用许可证，以及移动式压力容器充装许可证。若对外销售则还需取得危化品经营许可证，液氯贮罐罐体产权单位必须取得使用登记证。

（2）移动式压力容器产权单位、使用单位按照法律法规要求建立健全安全管理制度开展日常安全管理工作。

（3）液氯充装单位必须建立充装站，按照法律法规要求编制《移动式压力容器充装质量管理手册》，遵照管理手册要求开展日常安全管理运行工作。

（4）配备与移动式压力容器充装工作相适应的，符合有关安全技术规范要求的管理人员和作业人员。

（5）具有与充装介质类别相适应的充装设备、贮存设备、检测手段、场地（厂房）和安全设施，以及自动采集、保存充装记录的信息化平台。

（6）建立健全质量保证体系和适应充装工作需要的事故应急预案，并且能够有效实施。

（7）充装活动符合有关安全技术规范的要求，能够保证充装工作质量。

（8）能够对使用者安全使用移动式压力容器提供指导和服务。

（9）特种设备管理必须符合《特种设备使用管理规则》（TSG 08—2017），建立健全安全管理制度。

4.3.2 管理人员和作业人员

需配备以下相关管理人员。

4.3.2.1 主要负责人

主要负责人是指特种设备使用单位的实际最高管理者，对其单位所使用的特种设备安全等负主要责任。

4.3.2.2 安全管理人员

（1）单位安全管理负责人（或者站长）　特种设备使用单位应当配备安全管理负责人（或者站长）。特种设备安全管理负责人对充装安全负责，了解移动式压力容器充装相关的法律、法规、规章、安全技术规范及相关标准，以及充装工艺特点和充装安全管理的必备知识。

（2）安全管理员　特种设备安全管理员是指具体负责特种设备使用安全管理

的人员。特种设备使用单位应当根据本单位特种设备的数量、特性等配备适当数量的安全管理员。按照本规则要求设置安全管理机构的使用单位以及符合下列条件之一的特种设备使用单位，应当配备专职安全管理员，并且取得相应的特种设备安全管理人员资格证书。

① 使用5台以上（含5台）第Ⅲ类固定式压力容器的。

② 从事移动式压力容器或者气瓶充装的。

③ 使用移动式压力容器充装的。

除前款规定以外的使用单位可以配备兼职安全管理员，也可以委托具有特种设备安全管理人员资格的人员负责使用管理，但是特种设备安全使用的责任主体仍然是使用单位。

(3) 液氯充装站技术负责人

① 具有工程师职称和移动式压力容器充装管理经验。

② 熟悉移动式压力容器充装相关的法律、法规、规章、安全技术规范及相关标准要求。

③ 掌握充装介质的专业技术知识与压力容器的一般知识。

④ 熟悉充装工艺过程，掌握移动式压力容器充装相关要求。

⑤ 熟悉充装单位安全管理制度，具有组织、协调、处理一般技术问题的能力。

⑥ 熟悉充装单位事故应急预案。

(4) 液氯充装站特种设备安全管理人员

(5) 充装人员　危化品从业人员必须具备高中及以上文化程度方可从事危化品生产、使用等工作。配备充装人员不少于4人，并且每班不少于2人。充装人员应当符合以下要求。

① 取得移动式压力容器充装作业人员资格。

② 了解移动式压力容器介质充装相关的法律、法规、规章、安全技术规范及相关标准。

③ 掌握充装介质的基本知识，了解移动式压力容器基础知识，掌握各种移动式压力容器充装量规定。

④ 熟悉充装设备性能及其安全操作方法，掌握移动式压力容器充装技能。

⑤ 掌握移动式压力容器充装一般事故的处理方法。

(6) 检查人员　配备检查人员不少于2人，并且每班至少1人。检查人员应当符合以下要求：

① 取得移动式压力容器充装作业人员资格。

② 了解移动式压力容器介质充装相关的法律、法规、规章、安全技术规范及相关标准。

③ 掌握充装介质的基本知识与移动式压力容器基础知识。

④ 熟练掌握移动式压力容器充装前后检查要点和方法，正确使用检查工具。

(7) 化验人员　有关安全技术规范及相关标准对充装介质要求的，充装单位应当配备与充装介质相适应的化验人员。化验人员应当能够熟练化验、分析介质组分，经过培训上岗。

(8) 人员兼职　安全管理人员不得兼任充装人员，同一工作班次中检查人员不得兼任充装人员。

4.3.3 充装场所基本条件

4.3.3.1 基本条件

(1) 充装单位取得政府规划、消防等有关部门的批准，符合相关法律、法规、规章、安全技术规范及相关标准的要求。

(2) 具有专用的移动式压力容器充装前后安全检查的场地，安全检查场地应当设置在充装站区内，并且有必要的维修、安全设施和应急设备。

(3) 具有专用的移动式压力容器充装场地。

(4) 充装场地有良好的通风条件或者设有足够能力的换气通风装置，以避免形成危险的毒性气体，出现缺氧等环境；根据充装气体的危险特性，还需要增加如充装场地环境温度控制等安全措施。

(5) 设置安全出口，周围设置安全标志，安全标志的使用符合《安全标志及其使用导则》(GB 2894—2008) 的有关规定。

4.3.3.2 铁路罐车充装场所专项条件

铁路罐车充装场地除满足上述基本条件外，还应符合以下专项条件要求。

(1) 具有专用铁路装卸线，其设计、建设与运行除符合有关规范及相关标准外，还需符合国务院铁路运输主管部门的有关规定。

(2) 分别设置充装线和行走线，充装栈台应当装设安全扶梯。

(3) 根据介质充装单位划定危险区域边界线，无关人员不得进入危险区域。

4.3.3.3 其他移动式压力容器充装场所专项条件

汽车罐车、罐式集装箱罐、长管拖车和管束式集装箱充装场地除满足上述基本条件外，还应当符合以下专项条件要求。

(1) 能够满足车辆回转半径和停靠位置的要求。

(2) 充装场地除有车辆的正常通道外，还需要至少 1 条应急通道。

(3) 不同物化性质的危险介质贮存区之间，以及充装场地与机房、泵房之间的防火间距和隔离应当符合消防安全的要求。

4.3.4 充装设备和工艺装备

液氯充装工艺和设备必须符合《特种设备安全技术规范》(TSG 08—2017)、《氯气安全规程》(GB 11984—2008)、《烧碱装置安全设计标准》(T/HGJ 10600—2019)、《承压设备安全泄放装置选用与安装》(GB/T 37816—2019)、《石油化工可燃气体和有毒气体检测报警设计标准》(GB 50493—2019)、《烧碱、聚氯乙烯工业污染物排放标准》(GB 15581—2016) 的相关规定要求。

(1) 充装系统应当调试合格后方可投运。

(2) 贮罐应当设置防超装(超压)、超限装置或者其他报警装置。

(3) 具备复核充装量的能力与装置。

(4) 具有对液氯超装移动式压力容器进行有效处理的设施。

(5) 充装液氯等有毒介质的充装区域,应当设有监视录像系统。

(6) 充装系统应当具有紧急切断、紧急停车等应急功能,紧急切断、紧急停车的远控系统,应当设置在有人场所(如值班室)的安全位置。

(7) 充装液氯的管路系统的液相管道和气相管道应当装设紧急切断装置。

(8) 充装液氯应当在安全泄放装置出口装设导管,将排放介质引导到尾气吸收塔处理。

(9) 充装液氯应当装设废气处理装置,并在充装区配备碱液喷淋装置。

(10) 阀门之间的液相封闭管段应当装设管道安全泄放装置。

4.4 液氯充装安全管理制度

4.4.1 各类岗位安全责任制

(1) 站长岗位安全责任制。

(2) 副站长岗位安全责任制。

(3) 技术负责人岗位安全责任制。

(4) 安全员岗位安全责任制。

(5) 生产班组长安全责任制。

(6) 班组安全员的安全责任制。

(7) 液氯罐式集装箱罐车充灌前人员岗位安全责任制。

(8) 液氯罐式集装箱罐车充装人员岗位安全责任制。

(9) 液氯罐式集装箱罐车充灌后人员岗位安全责任制。

(10) 质量检验人员岗位安全责任制。

(11) 设备管理负责人岗位安全责任制。

（12）工艺管理人员岗位安全责任制。

4.4.1.1 液氯罐式集装箱罐车充灌前人员安全岗位责任制

充装前的液氯罐式集装箱罐车应由充装操作人员负责检查，检查内容至少包括以下内容。

（1）移动式压力容器罐式集装箱罐车是否是由具有“移动式压力容器制造许可证”的单位生产的。

（2）首次投入使用或检验后首次使用的罐式集装箱罐车，应提供置换合格分析报告单或证明文件。

（3）首次来厂充装或罐式集装箱罐车部分大、中修后首次使用的液氯罐式集装箱罐车，应由发包单位进行初检，合格后通知充装部门液氯装卸站组织协调职能部门或装置人员进行复检，然后作出是否允许充装的决定。

（4）液氯罐式集装箱罐车内有无余量，并确定其余量。

（5）罐式集装箱罐车是否在规定的检验期限内。

4.4.1.2 液氯罐式集装箱罐车充装人员岗位安全责任制

（1）移动式压力容器罐式集装箱罐车充装系统用的压力表，精度应不低于1.5级，表盘直径应不小于100mm，压力表量程应为最高工作压力的1.5～3.0倍，压力表应按规定定期进行校验。

（2）气体中的杂质含量符合相应气体标准的要求。

（3）移动式压力容器罐式集装箱罐车充装气体时，必须严格遵守下列各项规范。

① 充气前，必须检查确认液氯罐式集装箱罐车是否是经过检查合格或妥善处理的。

② 开启阀门时应缓慢操作，并应注意监听罐式集装箱罐车内有无异常声响。

③ 充装液氯的操作过程中，禁止用扳手等金属器具敲击阀门或管道。

④ 在罐内液氯量达到规定充装量三分之一以前，应检查各连接处有无泄漏。发现异常时应及时妥善处理。

⑤ 罐式集装箱罐车的充装速度不得大于8m^3/h，充装时间不少于30min。

（4）罐式集装箱罐车的充装量应严格控制，其充装系数为1.2kg/L，严禁超装。

4.4.1.3 液氯罐式集装箱罐车充灌后人员岗位安全责任制

（1）充装后的移动式压力容器罐式集装箱罐车，应有专人负责检查。不符合要求时，应及时进行妥善处理，检查内容如下。

① 移动式压力容器罐式集装箱罐车内压力是否在规定范围内。

② 阀门及法兰连接的密封是否良好。

③ 移动式压力容器罐式集装箱罐车充装后是否有泄漏等严重缺陷。

④ 移动式压力容器罐式集装箱罐车的温度是否有异常升高的迹象。

⑤ 确认灌装后的灌装量不超过规定充装量。

（2）各充装组应有专人负责填写罐式集装箱罐车充装记录，记录表内容至少包括充装日期、车号、罐车罐体编号、室温（或储气罐内气体实测温度）、充装压力、充装起止时间、有无发现异常情况等。

（3）各充装组作业结束后，充装人员、称重人员、检查人员经仔细确认作业是否完成且符合离场条件后签字。并应妥善保管罐式集装箱罐车充装记录。保存时间不应少于 1 年。

4.4.2　安全工作管理制度

需要建立液氯包装工作相关的安全管理制度。

（1）安全教育制度、培训制度

（2）液氯罐式集装箱罐车充装安全管理制度

（3）安全监督制度

① 劳动保护

a. 操作人员上岗必须穿戴必需的劳防用品，配置防毒面具。

b. 在操作现场配置足够数量的有效的应急处置防毒面具。

c. 在操作现场配置足够数量的消防器材。

② 微量氯气检测仪　通过控制室的屏幕、现场毒害气体检测仪、手持式检测仪等途径可知氯气泄漏点的位置，操作人员能及时切断泄漏源，有效地防止事态的进一步发展。

（4）压力容器、压力管道等特种设备使用管理和检验制度

① 压力容器、压力管道的使用管理　参照《压力容器安全技术监察规程》《特种设备安全监察条例》《移动式压力容器安全技术监察规程》（TSG R0005—2011/XG1—2014/XG2—2017）、《特种设备生产和充装单位许可规则》（TSG 07—2019）、《特种设备使用管理规则》（TSG 08—2017）、《气瓶安全监察规定》《气瓶充装站安全技术条件》（GB 27550—2011）、《液化气体汽车罐车》（GB/T 19905—2017）、《承压设备安全泄放装置选用与安装》（GB/T 37816—2019）、《承压设备安全附件及仪表应用导则》（GB/T 38109—2019）、《液化气体罐式集装箱》（NB/T 47057—2017）、《氯气安全规程》（GB 11984—2008）等进行管理。

a. 建立压力容器技术档案

（a）要求记录压力容器名称、制造单位和制造日期、工作压力、检验日期和下次检验日期，以及附件和安全装置的名称等。

（b）压力容器使用情况记录包括运行情况记录和维修记录内容。

（c）压力容器管理责任制。

（d）设备负责人必须对压力容器的安全技术负责，专门管理压力容器的安全技术工作，能掌握一般的压力容器检查和维修工作。

b. 压力容器的安全操作规程

（a）要求作业人员严格按照生产工艺流程和各种压力容器的安全操作规程作业。

（b）了解容器的性能，包括最高工作压力、温度等技术指标，以便发生异常情况时能采取正确措施。

② 压力容器的定期检查　按照特种设备管理法律法规要求开展特种设备日常管理、检查等工作。对在用的压力容器主要是进行外部检查。

a. 受压容器的防腐层有无裂纹、变形。

b. 接管焊缝、受压元件有无泄漏。

c. 安全附件是否齐全、灵敏、可靠。

d. 紧固螺栓是否完好。

e. 基础有无下沉、倾斜等异常情况。

f. 受压管道的泄漏检查。

g. 管道的法兰接口、焊缝的泄漏情况。

h. 阀门和仪表接口处的泄漏情况。

i. 对压力容器和受压管道的外部检查至少一年一次。

③ 建立装卸鹤管（装卸臂）的定期检查耐压试验规程，定期对装卸臂管线的管壁进行测厚，并予以记录留存。进行耐压试验时，检验人员应对装卸用管的所有接头和连接部位进行检查，并做好确认、记录工作。

（5）计量器具与仪表仪器校验制度

① 检测仪器和计量器具包括与充装介质相适应的介质分析检测、压力计量、温度或湿度计量、称重衡器和气体浓度报警仪器等，均应当灵敏可靠，布局合理。

② 按规定按检验期限将以上仪器和器具分别送有资质部门校验，对超过校验期限仪表和器具禁止使用或停用。

③ 计量器具和仪表仪器由计量员专人管理，使用者在使用过程中发现问题应及时与计量员联系解决。

④ 做好计量检测器具的登记工作。

（6）设备维护保养制度

（7）交接班制度

（8）液氯充装自动切断阀管理制度

（9）巡回检查制度

（10）资料保管制度　工艺技术文件或资料保管管理根据相关法律法规和安全评价或取证见证材料要求等开展保存管理建档。

（11）事故上报制度　根据《国务院关于特大安全事故行政责任追究的规定》《企业职工伤亡事故报告和处理规定》制定事故上报制度。

（12）事故应急救援预案管理制度　《危险化学品管理条例》《中华人民共和国特种设备安全法》等法律法规要求编写应急预案，开展应急处置预案的演练。

（13）信息追踪和质量服务管理制度　根据《国务院办公厅关于加快推进重要产品追溯体系建设的意见》要求，登录国家市场监督管理总局"移动式压力容器公共信息服务平台"及时对充装信息上传管理。按照《特种设备安全技术规范》（TSG 08—2017）C3移动式压力容器充装许可条件要求进行信息追踪和质量服务。

（14）用户宣传教育及服务制度　走访用户，收集质量服务信息反馈并进行管理、提高。

（15）档案管理制度　建立充装单位资料、档案管理制度。

4.5 液氯充装作业安全管理

液氯充装作业是一项高风险作业过程，加强前期安全管理至关重要。严格按照法律法规及管理手册要求开展充装前车辆、罐体、安全设施、充装设备等检查，确保充装各项条件符合要求。

4.5.1 充装前检查

（1）各充装阀门处于关闭状态。对充装设施、装卸臂、阀门、压力表、流量计、紧急切断阀、联锁装置投运情况等进行检查确认。

（2）装车前应对罐式集装箱罐车专人检查，并负责记录，填写充装原始记录表，一车一份，随罐式集装箱罐车到达装卸站，充装车辆进入装卸站的检查内容应该包括：查验道路运输许可证、提货单、牵引车车况、罐体金属二维码（电子铭牌）和随车电子合格证（Ukey，简称"U盾"）。驾驶员证、押运员证，同时检查罐车警示灯具、标志、罐体告示牌、颜色、环表色带和罐体外观损伤情况、劳防用品、应急处置器材等。运用扫描仪对罐体二维码进行扫描，登录国家市场监督管理总局的"移动式压力容器公共服务信息平台"，对罐体检验日期、使用登记等情况进行检查核实，符合要求后方可开展下一工序作业。

（3）罐车按指定位置停车，关闭汽车发动机并用手闸制动。有滑动可能的应加防滑板。汽车钥匙放到现场保管箱内。

（4）打开罐式集装箱罐车上充装阀门保护箱盖，对压力表、接管阀门，液位计、紧急切断阀、液相阀、气相阀及抽空阀等仪表阀门进行检查，确认完好。

（5）首次投入使用或检验后首次使用的罐式集装箱罐车，应提供置换合格分析报告单或证明文件。

（6）首次投入使用的罐式集装箱罐车使用前须将车载罐车贮槽抽空至－0.05～－0.03MPa，并保持30min以上，然后进行分析检测确认符合灌装要求后予以充装。

（7）了解车载罐式集装箱罐车贮槽内液氯余量，确认车载罐式集装箱罐车贮槽内留有不少于最大充装量的0.5%或100kg以上的液氯余量，其压力不低于0.1MPa。

（8）确认车载罐式集装箱罐车贮槽安全附件、阀门无异常情况。

（9）有下列任何一种情况不能进行灌装。

① 罐式集装箱罐车使用证或准运证已超过使用期。

② 车载罐式集装箱罐车贮槽未按规定进行定期检验。

③ 车载罐式集装箱罐车贮槽漆色或标志不符合要求。

④ 检修工具和备品、备件没有随车携带。

⑤ 余氯量未达到规定量。

⑥ 罐式集装箱罐车罐体外观检查有缺陷，不能保证安全使用或附件、阀门有跑、冒、滴、漏。

⑦ 安全防火装置、防毒器材及安全附件不全、损坏、失灵或不符合规定。

充装单位应建立“危险化学品车辆安全检查表”和“充装单位移动式罐车充装（卸载）检查表”。

4.5.2 充装作业过程

4.5.2.1 充装设施

（1）充装设施、液氯罐体首次进行装载前，所有管道、管件等都经过试压、氮气捉漏，氮气干燥到露点＜－40℃。操作平台上除了仪表根阀打开外，其余阀门处于关闭状态。

（2）罐体初次充装要经过取样检测分析，经气体组分、含水量检测合格后方可开展下一工序作业。

4.5.2.2 充装人员

（1）上岗人员均需接受生产安全知识教育，取得《特种设备作业人员证》后方能上岗，严格按岗位操作法进行操作规程。

（2）严格按操作法进行充装前的检查。

（3）严格按规定充装量进行充装，杜绝超装现象发生。

(4) 充装结束或充装中断时，必须将液氯管内的液氯处理干净，防止跑漏事故发生。

(5) 操作人员应及时、准确、如实地填写充装操作记录。

充装人员按照检查人员对充装车辆、罐体检查确认合格后开展充装作业，严格按照编制的液氯充装规程开展作业。司押人员、检查人员、充装人员按照移动式压力容器充装作业规程要求各司其职，合理站位监控和充装监护，期间不间断进行检查和记录充装压力、流量、液位、质量等，确保作业过程安全。

4.5.2.3 充装过程的检查

(1) 充装过程中，罐式集装箱罐车押运员，司机，检查人员、操作人员均不能离开现场，每个充装位都应有专人监护，密切关注整个装车过程，现场应配备好相应的抢险工具。

(2) 操作人员每10min监测液氯槽车液位，记录液氯管线及罐车的压力、输送流量的累计值；中控操作人员密切关注流量的累计值、各管线的压力、装车的流量等。现场操作人员及中控操作人员保持密切的联系。罐体充装量不得大于80%罐体容积，液氯气瓶的充装系数为1.25 kg/L，不应超装。

(3) 如液氯管线压力过高，可以适当开大罐车的气相阀向尾气或废气吸收系统的阀开度，或者可以稍微降低液氯充装的流量。

4.5.3 充装后检查

液氯充装结束后，充装作业人员要开展安全检查。

(1) 检查罐体上气液相阀门是否关闭并安装盲板与大气进行隔离，螺栓紧固可靠。

(2) 槽车压力、温度是否正常。

(3) 罐体各安全附件、装卸附件是否处于正常状态。

(4) 车辆轮胎、载重情况是否正常。

(5) 确保槽车和装卸台的所有连接已分离。

(6) 充装完成后，复核充装量，如有超装，必须立即卸载，否则严禁车辆驶离充装现场。

4.5.4 充装后放行

液氯充装结束，经充装人员检查确认、计量符合充装要求并同意后，归还汽车启动钥匙，罐式集装箱罐车驶离充装现场。

当液氯充装量超过允许充装最大量，罐式集装箱罐车不能放行，需进入卸载程序。

4.5.5 充装作业异常的应急措施

（1）充装作业应急处理操作（参考） 充装作业异常原因及应急措施如表4-8所示。

表4-8 充装作业异常原因及应急措施（参考）

序号	原因	处理方法
1	液氯贮槽内的压力偏高，大于工艺控制指标	打开去废气吸收塔阀门，调节压力至符合工艺控制指标
2	液氯装卸管线压力偏高	打开去废气吸收塔阀门，缓慢调节压力或减少充装流量
3	液氯槽车充装量超允许最大充装量以上	不能放行、要求槽车进入液氯槽车卸载程序
4	槽车气液相管线和输液臂气液相管线连接错误	马上停止充装或卸载，经置换、评估后重新连接
5	液氯输送泵的负载电流偏高	调整负荷

（2）罐体、管道、鹤管失效泄漏 充装单位按照编制的危化品泄漏、特种设备失效泄漏应急处置预案开展处置。

（3）废气吸收塔故障 停止充装作业或者开启备用废气吸收塔。

（4）作业人员违章操作 叫停充装作业，按照工艺纪律管理制度进行教育纠正。

（5）计量设施故障 停止充装作业，待修复后再重新开始。

（6）超装处理 进行卸载操作，并做好超装处理记录，如表4-9所示。

表4-9 液氯罐式集装箱罐车超装处理记录表

液氯罐式集装箱罐车超装处理记录	
主车号	
挂车号	
液氯罐车罐体（铭牌）编号	
充装日期	
允许充装量（t）	
实际充装量（t）	
处理日期	

4.5.6 充装区安全管理

（1）建议充装区域封闭或半封闭管理。

（2）充装作业区应安装毒害气体报警仪，定期校验。

（3）充装作业区配备四周水幕喷淋设施，用于隔离或稀释可能发生泄漏的氯气，防止扩散污染环境。

（4）现场配备应急抢险器材和带压堵漏工具。

（5）现场应设事故水收集池和碱罐。

（6）现场充装作业区应设置道路交通行驶标志和应急通道及出口。

（7）管道标识齐全。

（8）紧急切断阀控制设施应安装在安全区域。

（9）作业人员必须佩戴好个人防护用品后开展作业。

（10）风向标等安全设施配置齐全完好。

（11）现场应对各类作业程序和规程在现场告知。

（12）现场应设移动式吸风装置，一旦氯气泄漏便于吸收防止扩散。

（13）充装现场加强安全管理，无关人员不得进入。

（14）充装现场作业人员按照各自职责开展作业。

参考文献

[1] 杨森，何冠平，王 正. 几种液氯输送方式比较. 氯碱工业，2009，45（3）：24-27.

[2] 杨志猛. 双壳体磁力驱动液氯泵运行总结. 氯碱工业，2019，55（9）：32-35.

[3] 许明，李金枝，姚志国. 液氯液下泵安全稳定运行技术探讨. 内蒙古石油化工，2013，（12）：118-119.

[4] 宋胜利，任 峰，王海军. 液氯输送技术探讨. 中国氯碱，2007（12）：23-25.

[5] 赵克中. 磁力驱动技术与设备. 北京：化工工业出版社，2003.

[6] 关醒凡. 现代泵理论与设计. 北京：中国宇航出版社，2011.

[7] TSG 08—2017 特种设备使用管理规则.

[8] TSG 07—2019 特种设备生产和充装单位许可规则.

[9] GB 11984—2008 氯气安全规程.

[10] T/HGJ 10600—2019 烧碱装置安全设计标准.

[11] GB/T 37816—2019 承压设备安全泄放装置选用与安装.

[12] GB 50493—2019 石油化工可燃气体和有毒气体检测报警设计标准.

[13] TSG R0005—2011 移动式压力容器安全技术监察规程（2014 年修改版）.

第5章 液氯气化器与安全

5.1 液氯气化器的设计技术规范

液氯气化可以采用换热器，根据其特点，在设计过程中涉及的标准包括了材料、设计、制造、检验等各个环节的规范。

液氯气化器的设计过程中所采用的标准有《热交换器》(GB/T 151—2014)、《压力容器》(GB 150—2011)、《钢制化工容器结构设计规定》(HG/T 20583—2011)、《钢制低温压力容器技术规定》(HG/T 20585—2011)。

相关的材料与制造检验标准如下。

5.1.1 板材标准

相关标准主要有《锅炉和压力容器用钢板》(GB 713—2014)、《低温压力容器用钢板》(GB 3531—2014)。

5.1.2 钢管标准

相关标准主要有《石油裂化用无缝钢管》(GB 9948—2013)、《化肥设备用高压无缝钢管》(GB 6479—2013)、《高压锅炉用无缝钢管》(GB/T 5310—2017)。

5.1.3 锻件标准

相关标准主要有《承压设备用碳素钢和低合金钢锻件》(NB/T 47008—2017)、《低温承压设备用低合金钢锻件》(NB/T 47009—2017)。

5.1.4 焊接材料

相关标准主要有《承压设备用钢焊条技术条件》(JB/T 4747—2007)、《非合金钢及细晶粒钢焊条》（GB/T 5117—2012）、《热强钢焊条》（GB/T 5118—2012）。

5.1.5　制造检验标准

相关标准主要有《承压设备焊接工艺评定》（NB/T 47014—2011）、《压力容器焊接规程》（NB/T 47015—2011）、《承压设备产品焊接试板的力学性能检验》（NB/T 47016—2011）、《钢制化工容器制造技术要求》（HG/T 20584—2011）。

5.2　液氯气化器

气化器按型式可以分为釜式气化器、列管式气化器、盘管式气化器和套管式气化器。按加热介质可以分为热水气化和蒸汽气化两种。

5.2.1　釜式气化器

5.2.1.1　釜式气化器的结构

釜式气化器主要由釜体、釜盖、夹套和连接管等部件组成。通常液氯釜式气化器夹套不包底。釜式气化器结构如图 5-1 所示。釜式气化器包含壳程和管程。管程的介质为热水，下面的接管为热水进口，上部的接管为热水出口。壳程介质为液氯，液氯为水平进入换热器内，经过热水加热后，形成氯气，氯气由上部接管排出。为了收集不凝结的气体，壳程最高处有排气口。在壳体最低处有放净

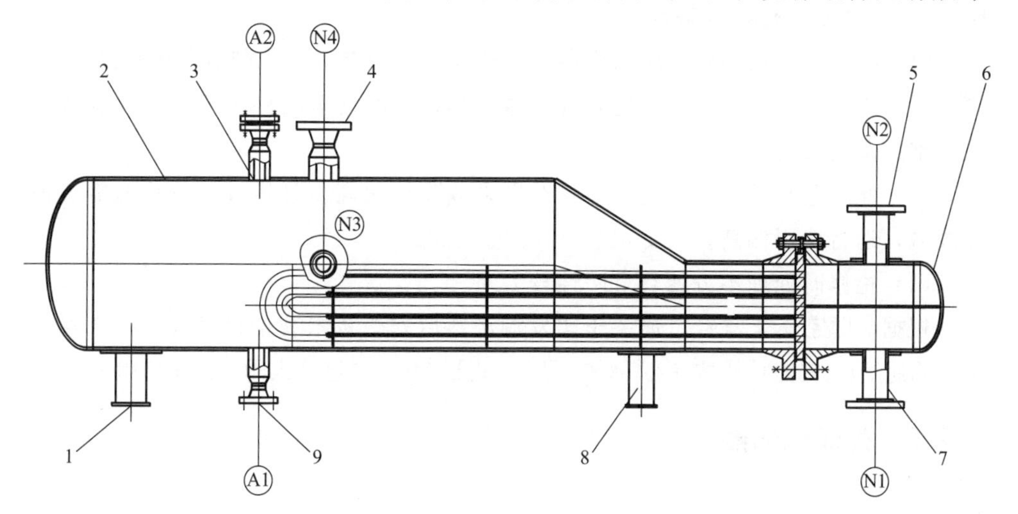

图 5-1　釜式气化器结构图

1—固定支座；2—换热器壳体；3—放空口；4（N4）—氯气出口；5（N2）—热水出口；6—管箱；7（N1）—热水进口；8—滑动支座；9（A1）—放净口；A2—备用口；N3—观察口

口，便于排除液体，有利于减少液体对壳体的腐蚀。

5.2.1.2 釜式气化器工作原理

用热水进行加热，使液氯蒸发为气体存在于壳体的上部空间。再通过管道收集起来作为下一工段应用。这种换热器的结构，实际上是一种U形管换热器。U形管换热器的好处在于壳体不会产生由于温差造成的热应力。所以做成釜式，就是为了形成体积比较大的上部空间。当然这种釜式换热器的管束也可以做成固定管板列管形式。但是要求计算管程与壳程的金属温差来决定是否需要膨胀节。

5.2.1.3 釜式气化器使用安全事项

(1) 气化热源一般采用热水，液氯在釜式气化器釜体内吸收夹套热水的热量而气化，热水出口温度一般控制在40～45℃范围内。

(2) 使用时应安装压力表、安全阀、温度计、液位计等安全设施。这些安全设施应按照有关规定进行定期检验或校验。

(3) 夹套水压力应低于釜体内压力。

(4) 釜式气化器极易产生三氯化氮的富集积聚，因此釜式气化器的底部需设置排污口。使用釜式气化器需定期进行排污，分析釜内液氯中的三氯化氮的含量，严禁三氯化氮超标。且严禁将釜内液氯全部气化，应保持部分液氯随残液一起排到液氯排污器进行处理。

(5) 釜式气化器为压力容器，应严格执行有关压力容器的安全规定。

(6) 使用循环热水，最好使用脱离子水。

5.2.1.4 釜式气化器优缺点

(1) 因釜式气化器属于压力容器，制造要求、制造工艺、制造费用较高。

(2) 应按压力容器相关规定对气化器及其附属的安全附件进行定期检验或校验，维护费用较高。

(3) 此工艺易积聚三氯化氮，相对来讲危险性偏高。且排放三氯化氮需要消耗液碱，运行费用偏高。

(4) 检修时处理不方便且危险性较大。

根据《国家安全监管总局关于印发淘汰落后安全技术装备目录（2015年第一批）的通知》（安监总科技〔2015〕75号），釜式气化工艺已列入淘汰禁止使用范围。

5.2.2 列管气化器

5.2.2.1 列管气化器的结构

列管气化器主要由壳体、管束（换热管）、管板（又称花板）、顶盖（又称封头）和连接管等部件组成。壳体内装有管束，管束是由许多无缝钢管两端固定在管板上组成的，固定的方法可用胀接法，也可用焊接法。列管式气化器结构如图 5-2 所示。结构为立式换热器，壳程介质为热水，管程介质为液氯和氯气。设备采用了双管板形式，在管束中间还设置了一个直径比较大的中心管。

5.2.2.2　列管气化器的工作原理

用热水进行加热，使液氯蒸发为气体存在于管程的上部空间。热水进入壳程，液氯进入管程，经过热水加热，蒸发变成气体，气体聚集在管程的顶部空间，由接管排出供下面的工段应用。由于液氯和氯气处于管程，为了防止管程的液氯和氯气从换热管与管板之间的连接接头泄漏到设备的壳程内，设计中采用了双管板。对于双管板的防护，也设置了顶部排空和底部放净等接管。由结构可以看出，上部空间由于有气体存在，容积就要求比下部空间大很多。另外管束中心的中心管直径比较大，这是因为这个空间中既有液氯，也有氯气的缘故。这种结构也有做成单管板的，就是没有壳程的两个管板。但是要求换热管与管板的连接接头不能泄漏。

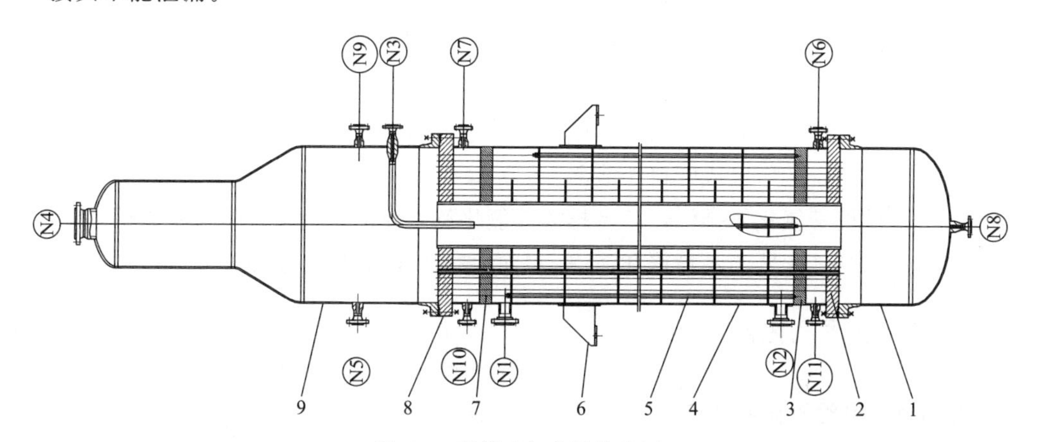

图 5-2　列管式气化器结构图

1—液氯下封头；2—外管板（1）；3—内管板；4—壳体；5—定距管；6—支座；7—管束；8—外管板（2）；9—上封头；N1—热水出口；N2—热水进口；N3—平衡口；N4—气氯出口；N5—压力表口；N6、N11—底部放净；N7、N10—顶部排空；N8—液氯出口；N9—安全附件

5.2.2.3　列管气化器的使用及安全事项

（1）列管式液氯气化器一般采用单管程列管气化器，竖立安装。一般液氯通过管内流动，其行程称为管程，热水或蒸汽在壳体与管束间的空隙流动，其行程称为壳程。为提高壳程的流体流速，增大壳程侧的对流传热系数，常在壳程安装折流挡板，常见的折流挡板有圆缺形（或称弓形）和圆盘形两种，前者应用较为广泛。

（2）列管式气化器底部封头容积应尽可能小，以防三氯化氮聚集。出口应设置分离罐，以防止液氯夹带给后续工艺带来问题。氯气分离罐应采用夹套式，夹套内通热水保温加热，使带入的液氯完全气化，分离罐要定期排污，以防三氯化氮聚集。

（3）列管液氯气化器需设置排污口，定期检测气化器内三氯化氮的含量并及时排放，严禁三氯化氮超标。

（4）列管式液氯气化器为压力容器，应严格执行有关压力容器的安全规定。采用双管板气化器，双管板间检漏阀门应定期打开检查是否内漏，如有氯气或水漏出，应立即停运处理。

（5）列管式氯气气化器热水（低压蒸汽）侧压力不得高于氯气系统的压力。热水出口采用无压回水方式。若使用低压蒸汽作为热源，必须保证蒸汽温度低于125℃，以防止氯气与碳钢因高温反应燃烧。

（6）气化器出口可安装氯内含水在线检测报警仪，热水出口需安装 pH 仪和 ORP 在线仪。

（7）使用循环热水，最好使用脱离子水。

5.2.2.4 列管气化器的优缺点

（1）列管气化器属于压力容器，制造要求、制造工艺、制造费用较高；但适应性强，气化量大。

（2）管板管口大多数采用焊接或胀接工艺，由于种种原因经常会造成管口腐蚀、应力裂纹，从而造成管口处泄漏。

（3）需设三氯化氮排污口，且排放三氯化氮需要消耗液碱，运行费用偏高。

（4）列管气化器不易检修和清洗；温度差较大时，应考虑热补偿。

5.2.3 盘管气化器

5.2.3.1 盘管气化器结构

简单来说，盘管气化器是由一根或几根管子螺旋盘绕而成的设备，又叫蛇管式气化器，使用时一般分为沉浸式和喷淋式，即将其置于水罐中或用热水喷淋。盘管气化器机构如图 5-3 所示。

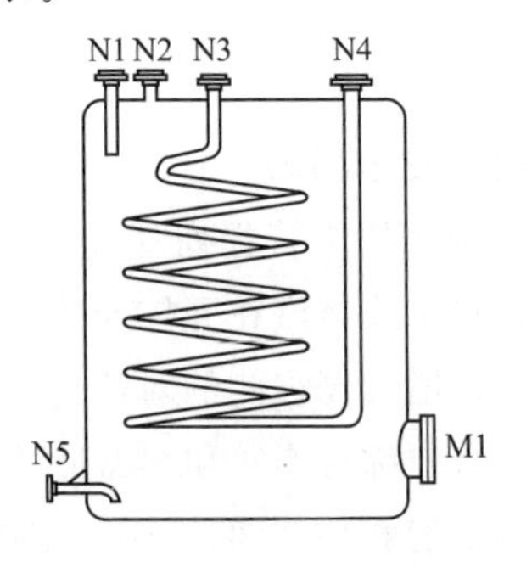

图 5-3 盘管气化器结构图

N1—注水口；N2—溢流口；N3—液氯进口；N4—气氯出口；N5—排净口；M1—人孔

5.2.3.2　盘管气化器使用及安全事项

（1）若将其置于水箱中，水箱水压力不得高于盘管内氯气压力，建议采用无压回水，采用无压回水，回水需设置 pH、ORP 在线检测仪。

（2）符合压力容器条件的，按压力容器相关要求进行制造、安装、检修和维护保养，定期检验。

（3）应定期进行检查，发现腐蚀较重应及时更换或维修。

（4）使用时，流量不应高于设计气化量。

（5）使用循环热水，最好使用脱离子水。

5.2.3.3　盘管气化器优缺点

（1）结构简单，价格低廉，便于检修、清洗和防腐蚀，能承受高压。

（2）该工艺是中国氯碱工业协会推荐使用的安全技术，属于管道气化器，其最大优点是不积聚三氯化氮，无需排污，危险性和运行费用低。

（3）水温要求不严格，可使用温度较高的热水。

（4）因回水设计有 pH、ORP 在线检测，出现泄漏时能够及时监测发现。

（5）沉浸式蛇管换热器的缺点是对流换热系数较小，传热系数 K 值也较小。相对来讲喷淋式蛇管换热器传热效果较好，但存在喷淋不均匀现象。

5.2.4　套管式气化器

5.2.4.1　套管式气化器结构

套管式气化器其结构比较简单，一般是由若干个带套的管段外加弯管和接管组成。套管式气化器结构如图 5-4 所示。

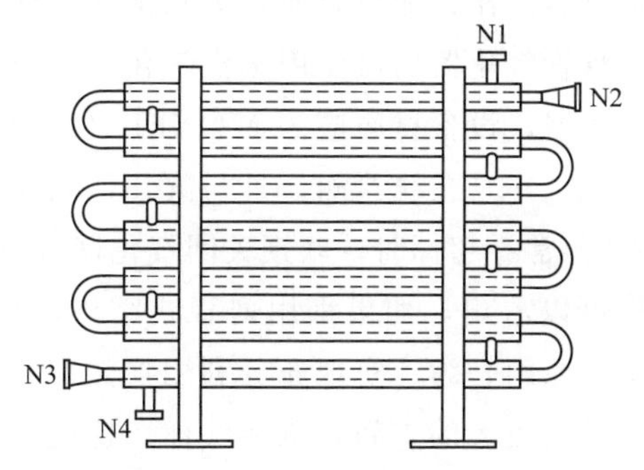

图 5-4　套管式气化器结构图

N1—出水口；N2—气氯出口；N3—液氯进口；N4—进水口

5.2.4.2　套管式气化器使用及安全事项

（1）管道内走液（气）氯，套管内走蒸汽或热水。

（2）套管式液氯气化器对水温要求不严格，可使用温度较高的热水或蒸汽。

5.2.4.3 套管式气化器优缺点

（1）套管式气化器构造较简单，价格低廉，能耐高压，液（气）氯的流速可较大；传热面积较小；严格的逆流，有利于传热。

（2）该工艺同盘管式气化器相同，其最大优点就是不积聚三氯化氮，无需排污。

（3）该气化器接头较多，易发生泄漏。

5.3 液氯气化方式

液氯气化有热水气化和蒸汽气化两种形式。热水气化和蒸汽气化是通过加热介质分类的。只要是加热介质是热水的，就可以归为热水气化。同样只要加热介质是蒸汽的，就可以归为蒸汽气化。

5.3.1 液氯热水气化

热水气化器，就是将热水作为加热介质，加热液氯，使其变为氯气。如上述介绍的盘管气化器、列管式气化器、釜式气化器均可使用热水气化。热水可以循环使用，但回水需设置 pH、ORP 在线检测，且与气化器入口进料自控阀联锁，当回水检测 pH 值或 ORP 异常、超标时，联锁关闭气化器入口进料自控阀。

5.3.2 液氯蒸汽气化

蒸汽气化器，就是将蒸汽作为加热介质，加热液氯，使其变为氯气。如上述介绍的列管式气化器、盘管气化器均可使用蒸汽气化，但蒸汽加热的压力容器等级高，也被称为特种气化器，设备材质应为 MONEL（蒙乃尔）合金。气化后的凝液排放管线需设置 pH、ORP 在线检测，且与气化器入口进料自控阀联锁，当凝液检测 pH 值或 ORP 异常、超标时，联锁关闭气化器入口进料自控阀。

综合上述几种结构可以看出，如果采用列管式结构，加热介质应该在壳程，而液氯和氯气要在管程。原因是为了实现充分利用换热面积，列管要求排布比较紧密，不容易在壳程形成比较大的空间来承装气体。这就需要把气体空间放在管程一侧，这样做比较容易实现比较大的气体空间。盘管式结构，管内通液氯、氯气，加热介质在盘管外。作为液氯气化器，一定要保证换热管与管板连接接头的密封性能。如果质量出现问题，由于密封而导致液氯或氯气泄漏到加热介质一侧，液氯和氯气就会和水反应生成次氯酸或盐酸，这种介质会对设备产生严重的腐蚀，导致设备在短时间内因腐蚀而发生泄漏。为了有效减少热水或蒸汽泄漏而与液氯或氯气接触，盘管结构应更可靠。

本设备十分重要，且介质危害性为极度，在设计、制造、检验（包括材料的检验）、运行过程中，要求严格遵循相关标准。

根据《关于氯气安全设施和应急技术的指导意见》，禁止液氯＞1000kg 的容器直接液氯气化，禁止液氯贮槽、罐车或半挂车槽罐直接作为液氯气化器使用；严禁使用明火、蒸汽直接加热钢瓶。不论采用哪种形式的气化设备，气化设备都应该装有温度计和压力计。运行人员操作的时候，要通过调整加热介质的流量和液氯的流量来控制气化设备加热介质侧和液氯一侧的温度和压力，使得设备处于稳定可靠的运行状态。

参考文献

[1] GB 11984—2008 氯气安全规程.

[2] T/HGJ 10600—2019 烧碱装置安全设计标准.

[3] DB32/T 3617—2019 液氯使用安全技术规范.

[4] GB 5138—2006 工业用液氯.

[5] AQ 3014—2008 液氯使用安全技术要求.

[6] 淘汰落后安全技术装备目录（2015 年第一批）.

[7] GB/T 151—2014 热交换器.

[8] GB 150.1～4—2011 压力容器.

[9] HG/T 20583—2011 钢制化工容器结构设计规定.

[10] HG/T 20585—2011 钢制低温压力容器技术要求.

[11] GB 713—2014 锅炉和压力容器用钢板.

[12] GB 3531—2014 低温压力容器用钢板.

[13] GB/T 8163—2018 输送流体用无缝钢管.

[14] GB/T 5310—2017 高压锅炉用无缝钢管.

[15] NB/T 47009—2017 低温承压设备用合金钢锻件.

[16] NB/T 47018.1～5—2017，NB/T47018.6～7—2011 承压设备用焊接材料订货技术条件.

[17] GB/T 5117—2012 非合金钢及细晶粒钢焊条.

[18] GB/T 5118—2012 热强钢焊条.

[19] NB/T 47015—2011 压力容器焊接规程.

[20] HG/T 20584—2011 钢制化工容器制造技术要求.

第6章 液氯管道输送安全管理

6.1 液氯管道的设计技术规范

液氯相关管道设计技术规范见表6-1。

表6-1 液氯管道的设计技术规范

序号	标准名称	标准号
1	《建筑设计防火规范（2018年版）》	GB 50016—2014
2	《氯气安全规程》	GB 11984—2008
3	《工业设备及管道绝热工程设计规范》	GB 50264—2013
4	《石油化工企业设计防火标准》	GB 50160—2008（2018年版）
5	《石油化工可燃气体和有毒气体检测报警设计标准》	GB 50493—2019
6	《工业金属管道设计规范》	GB 50316—2000（2008年版）
7	《压力容器》	GB 150—2011
8	《压力管道规范工业管道 第1部分：总则》	GB/T 20801.1—2020
9	《特种设备生产和充装单位许可规则》	TSG 07—2019
10	《职业性接触毒物危害程度分级》	GBZ/T 230—2010
11	《化工装置设备布置设计规定》	HG/T 20546—2009
12	《化工企业静电接地设计规程》	HG/T 20675—1990
13	《工程建设标准强制性条文》（石油和化工建设工程部分）2013年版	
14	《化工设备、管道外防腐设计规范（附条文说明）》	HG/T 20679—2014
15	《化工工艺设计施工图内容和深度统一规定》	HG/T 20519—2009
16	《化工装置管道材料设计规定》	HG/T 20646.1～5—1999
17	《化工装置管道布置设计规定》	HG/T 20549—1998

续表

序号	标准名称	标准号
18	《特种设备安全监察条例》	
19	《危险化学品建设项目安全监督管理办法》	
20	《危险化学品重大危险源监督管理暂行规定》	

6.2 概述

若能满足适当的设计条件，不论是气态还是液态的氯气都能够通过长管道安全地输送。为规范氯碱生产企业液氯、氯气长输管道的安全管理，从工艺设计、安装、调试到正常运行管理，应从本质安全考虑，提高自动化管理水平，更好地进行日常维护保养，才能确保液氯、氯气长输管道预防措施的落实和正常稳定运行。

6.2.1 液相管道

液相管道的设计和操作需考虑以下因素。

（1）输送泵可能达到的最大的输送压力。

（2）管道进口和出口的液氯温度和压力，以保证相连续。

（3）线速度最大值，以及可能发生的液锤的影响。

（4）总压降，管道两端应设压力检测点。

（5）液氯可能达到的最高温度下的液氯气液相平衡。

（6）管道里所含有的液氯流量可能会对社区和社会产生的风险影响。

这些因素决定了一个管道体系的长度和通气量，同时要考虑泵站的位置最好要避免在氯气生产或使用厂区的界限之外。欧洲在液相管道输送方面有多年经验，其长度最长达到 8km，进口绝对压力达到约 3MPa。

6.2.2 气相管道

气相管道的设计和操作需考虑以下因素。

（1）管道可能达到的最大的进口压力。

（2）管道进口和出口的氯气温度和压力，以保证相连续。

（3）总压降，管道两端应设压力检测点。

（4）管道里所含有的氯气流量可能会对社区和社会产生的风险影响。

欧洲在气相管道输送方面也有多年经验，其管道长度达到 4km，进口绝对压力达到约 0.5MPa。

6.2.3 相的选择

相的选择是由使用装置的要求和安全原则来决定的。在氯气长距离管道输送中，液相输送的标准和要求要高于气相。

6.3 液相管道输送

6.3.1 液氯长输管道定义

液氯输送通常涉及长距离管道运输，一般来说，管道长度大于1000m，经过氯气生产方和氯气使用方厂区范围以外的管道，可称为液氯长输管道。

6.3.2 基本的设计和安装

（1）液氯（或氯气）长输管道不应穿（跨）越厂区（包括化工园区、工业园区）以外的公共区域。

（2）液氯（或氯气）长输管道设计和安全防护应符合压力管道相关规定。

（3）液氯（或氯气）长输管道宜水平布置，管道膨胀节、管架支座应耐受因物料气液相变（气锤）和温度交变产生的机械冲击。

（4）液氯（或氯气）长输管道与设备防腐绝热设计应符合《低温管道与设备防腐保冷技术规范》的规定。

（5）液氯（或氯气）长输管道应设置氯气泄漏在线监测报警系统。

（6）液氯（或氯气）管道严禁埋地安装，也不宜安装在地下管沟。必须在厂区内走地下管沟时，进入管沟的管道必须采用双层套管（外套管）。化工园区厂区间的管道不得走地下管沟。

6.3.3 液氯输送管道的设计技术方案

厂区间液氯输送系统可以分为三部分，第一部分为氯碱工厂界区内液氯外送动力单元，第二部分为氯碱工厂和用氯企业厂区之间的液氯输送管道单元，第三部分为用氯企业界区内的液氯接受单元。本章主要介绍厂区间液氯输送管道单元的设计技术。

6.3.3.1 液氯输送管道的系统图

液氯输送管道的系统图主要由液氯输送管道系统、管道开停车系统、管道吹扫置换系统、管道监测报警系统等组成。液氯输送管道的系统简图见图6-1。

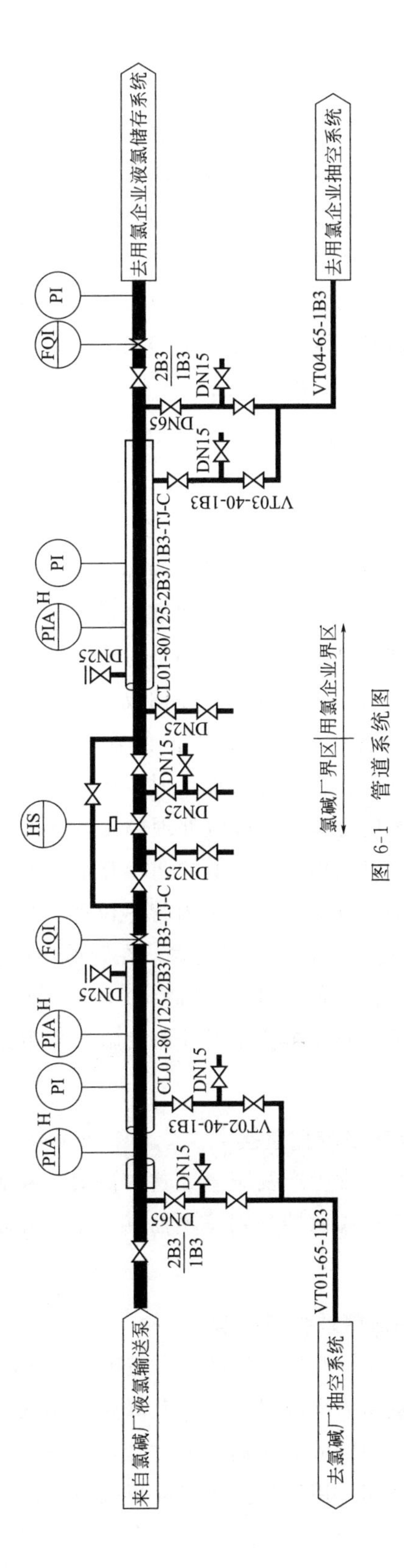
来自氯碱厂液氯输送泵
去用氯企业液氯储存系统
去氯碱厂抽空系统
去用氯企业抽空系统
VT01-65-1B3
VT02-40-1B3
VT03-40-1B3
VT04-65-1B3
CL01-80/125-2B3/1B3-TJ-C
2B3
1B3
DN65
DN15
DN25
PIA
PI
FQI
HS
H
氯碱厂界区
用氯企业界区

图 6-1 管道系统图

6.3.3.2 液氯输送管道布置

氯碱工厂和用氯企业之间的距离或远或近，有的甚至是长距离的输送。在液氯输送管道沿线的环境条件比较复杂，如需要穿越道路、河道等，液氯输送管道的布置应设计在相对安全的区域，不能穿越易燃易爆场所，并且要保证布置在防火防爆区域范围以外，以防止火灾爆炸事故对液氯输送管道产生重大影响。

为了防止过往车辆、船只等对液氯输送管道造成影响，液氯输送管道在跨越公共道路、河流处时应保证跨路、跨河处的管架净空高度，公共道路管架净空高度一般应在6m左右，厂内跨路处、跨河处管架净空高度应不低于5m。

6.3.3.3 液氯输送管道外套管设置

在化工园区、化工集聚区内的化工企业众多，可能涉及的腐蚀性介质种类多、成分复杂，可能存在HCl、SO_2、Cl_2、H_2S等，特别是HCl对金属材料的腐蚀性很强。液氯输送管道长时间处于存在腐蚀的环境中，可能会引起管道表面严重腐蚀而引起泄漏。同时对于化工园区厂区间液氯输送管道，一般需要跨越公共道路、河流及其他公共区域等复杂环境，特别是对于一些管径较大、管道较长的液氯输送管道，其管道内所滞存的液氯量已经构成了重大危险源，所以在设计时可考虑全程加设外套管进行保护，以防止因液氯管道泄漏而对过往车辆、船只、人员以及周边环境造成危害。在外套管设计时，还应设置压力高限报警系统和泄漏氯的回收系统，回收氯应送事故氯吸收处理单元进行相应处理。

液氯输送管道外套管材料可选用成本较低的20#碳钢无缝钢管，夹套管内管应采用定位板定位，定位板安装方位不应影响内管热位移，相邻定位板间距不应大于4m。套管外每间隔6m也应在管架上做支撑。在管道物料进口出口附近、管道改变走向附近的套管上方下方，各预留一个口径DN100的检查口，供压力管道年检时夹套管内管检查检测用（有些单位未设计该设施，采用数字化X射线成像系统进行压力管道检测）。

6.3.3.4 液氯输送管道开停车及吹扫置换

为了氯碱工厂和用氯企业正常生产及应急处置的需要，液氯输送管道在设计时应考虑设置遥控阀，并在遥控阀两端分别设置抽真空系统和吹扫系统，以满足开停车及检维修的需要。

6.3.3.5 液氯输送管道监测报警系统的设置

在液氯输送管道上设置流量计，用于氯碱工厂与用氯企业厂间的液氯计量。

在液氯输送主管道上设置压力高限报警装置及联锁控制仪表，用于避免液氯因温度升高气化产生超压，而导致液氯输送管道物理爆炸事故的发生。在液氯输送主管道上设置手动遥控切断阀，用于当液氯泄漏事故发生时能迅速地切断液氯管道系统。

在液氯输送管道的外套管上设置压力高限报警装置及就地压力指示仪表，用于液氯管道泄漏的检测报警。

在法兰、阀门等固有泄漏点集中区域设置氯气泄漏自动检测报警仪。

液氯输送管道相关泄漏自动检测报警信号接入DCS控制系统，以便于出现异常情况及报警时能够及时进行紧急处置。

6.3.3.6　设计压力

整个管道体系应以最大的操作压力来设计，同时要考虑氯在气相压力之上的安全系数，例如以下因素。

（1）输送泵可能达到的最大的输送压力。

（2）管道末端压力要求。

（3）液氯可能达到的最高温度下的液氯、气氯平衡压力。

（4）可能发生的液锤影响。

（5）加料槽里的最大压力。

（6）管道两端应设压力检测点。

6.3.3.7　设计温度

设计温度要考虑到任何情况下的可以预料到的最苛刻的温度——工作时最高的和最低的温度。所选的最小设计温度应该低于最低操作温度，小于常压下氯气的沸点（即－34.05℃）。

在常压时，液氯的沸点－34.05℃，管道泄压、通过惰性气体置换或者清空时温度可能会达到－40℃以下。

管道两端应设温度检测点。

6.3.3.8　液体速度

（1）管道里的液氯的速度应该限制在2m/s以内，这是避免保护膜因氯化铁的腐蚀而被破坏的最大值。对于非常长的管道，可以选择低速率（如1m/s）来减少泵输送时的能量消耗。

（2）管道两端应设流量检测装置。

（3）液氯管道设计流量应与用氯装置相匹配，根据流量、流速确定液氯管道管径，不应设计过高的余量。

（4）应保证液氯流量最大时管道末端压力高于此时管道中液氯气液平衡压力。

（5）应保证液氯流量最小时，管道末端温度低于末端液氯压力下的气液平衡温度。

6.3.3.9 管道工程材料

管道工程材料包含管道、阀门、法兰、螺母和螺栓、垫片。

液氯管道属 GC1 管道，选择的建设管道工程的钢材要保证其质量，细晶粒钢很容易焊接，并且根据所使用的标准，焊接后在－40℃的情况下，也会有较好的抗冲强度。管道和法兰应进行全密封焊接，法兰、螺母和螺栓的材料应该和管道选用相同的材质。

液氯管道应采用焊接后不需进行应力处理的钢材；腐蚀裕量建议选为 2mm；法兰选用带颈对焊凹凸面法兰（WN/MFM）；垫片采用聚四氟乙烯垫片（不可采用改性四氟乙烯材质）；液氯外管 π 形补偿器的弯头建议采用 3～4D 的大弯；阀门选用符合液氯介质特性的液氯专用阀，应保证能在设计温度条件下使用；所有压力管道元件，应采用经国务院特种设备安全监督管理部门许可，获得相关制造许可证的单位生产的产品。

6.3.3.10 应急收集槽

任何管道要始终通过固定的贮存系统供料。管道不能直接与液化系统或移动槽罐连接。

（1）放料　为了放空液相管道，需要在生产方设置一个足够大的容器接收管道里的全部液氯，但最好是在管道两端都有。万一发生异常或清空管道，能够通过重力放空管道，也可以通过气压或者使用清理器来清空管道，最好是用负压使管道迅速减压。

（2）置换　要有足够数量和压力的惰性干燥气体（露点低于－40℃）长期供应，在排放到大气之前，要经过吸收装置以消除氯气。

6.3.3.11 保温

为了避免液氯管道外部水凝结，结霜或者可能发生的火灾、辐射等的影响，管道外部应做冷保温处理。

使用的保冷绝热材料需满足以下要求：材料的燃烧性能应符合《建筑材料燃烧性能分级方法》B1 级难燃性材料规定，其氧指数不应小于 30；保温绝热结构由绝热层、防潮层和保护层组成；考虑到液压锤的影响，应采用保冷管托，避免管托支撑架结霜，管托要固定在基础上；保冷应保证环境温度最高、液氯流量最小时，管道末端液氯不气化；防机械冲击。

一般来说，符合这些要求的材料是延伸硅土、硅藻土、泡沫玻璃以及气密聚氨酯（不易燃或自熄）。防止湿空气进入需要选择闭合空隙结构材料，或者选择高品质的外部气密包装。

6.3.3.12 温度补偿

根据最高工作温度及抽空时可能达到的最低温度计算出 π 形补偿器的布置及

尺寸；管道支撑应满足温度变化时的移动。

6.3.3.13　外管防撞

跨过道路的管架应设防撞装置，如防撞墩、限高栏杆。限高栏杆应有限高标识并与管架保持一定的安全距离；管道或管道附近应设警示标识。标识上内容应包括：介质、流向、毒性及应急救援电话。

6.3.3.14　紧急切断阀

（1）液氯管道输送、接受两端应设衬氟紧急切断阀并提供远程操作。

（2）跨道路的外管管架两端应设衬氟紧急切断阀。

（3）管道较长时，管道上应适当考虑分段设衬氟切断阀，以控制管道中的液氯量不至太多。

（4）两只切断阀间应设安全阀或其他超压泄压装置，泄压装置排气管应接入事故氯系统，不得直接排往大气。

紧急切断阀可采用液氯专用（V 形）偏心切断球阀，如图 6-2～图 6-4 所示。其采用衬氟 V 形偏心半球固定式结构，杜绝浮动球因移位造成的泄漏风险，使阀门达到零泄漏。该形式机械稳定性能高，密封性能好，启动扭矩小，保证了阀门具有极好的灵敏度和感应速度。其特点如下。

图 6-2　氯用（V 形）偏心切断球阀

① 可靠（安全）性高　阀体为一个整体，采用全衬可熔性聚四氟乙烯（PFA）材质，耐强腐蚀，操作不受管道压力影响，并可避免阀体及密封的内外渗漏。

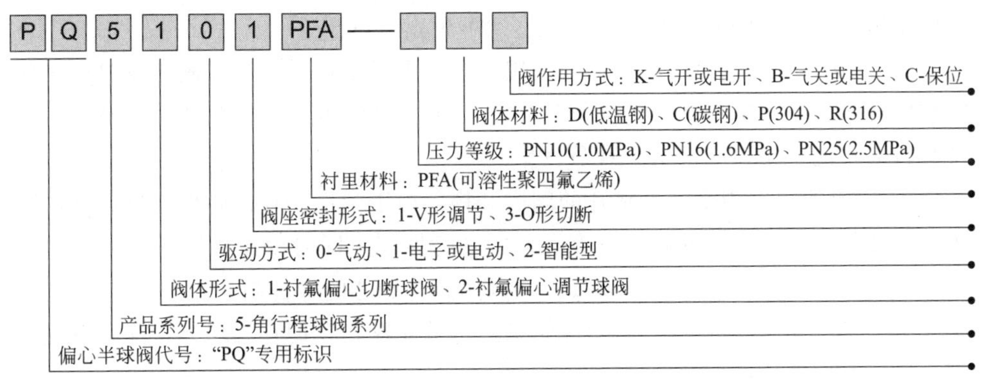

图 6-3　氯用（V 形）偏心切断球阀型号标注

② 切断阀工艺要求高　所有衬里层均采用 PFA，要求衬里层厚度 DN15～50 为 0.3mm，DN65～100 为 0.35mm，DN125～150 为 0.45mm，DN200～300 为 0.6mm，必须采用高温模压衬氟工艺，禁用注塑工艺（因注塑工艺受压力、强度

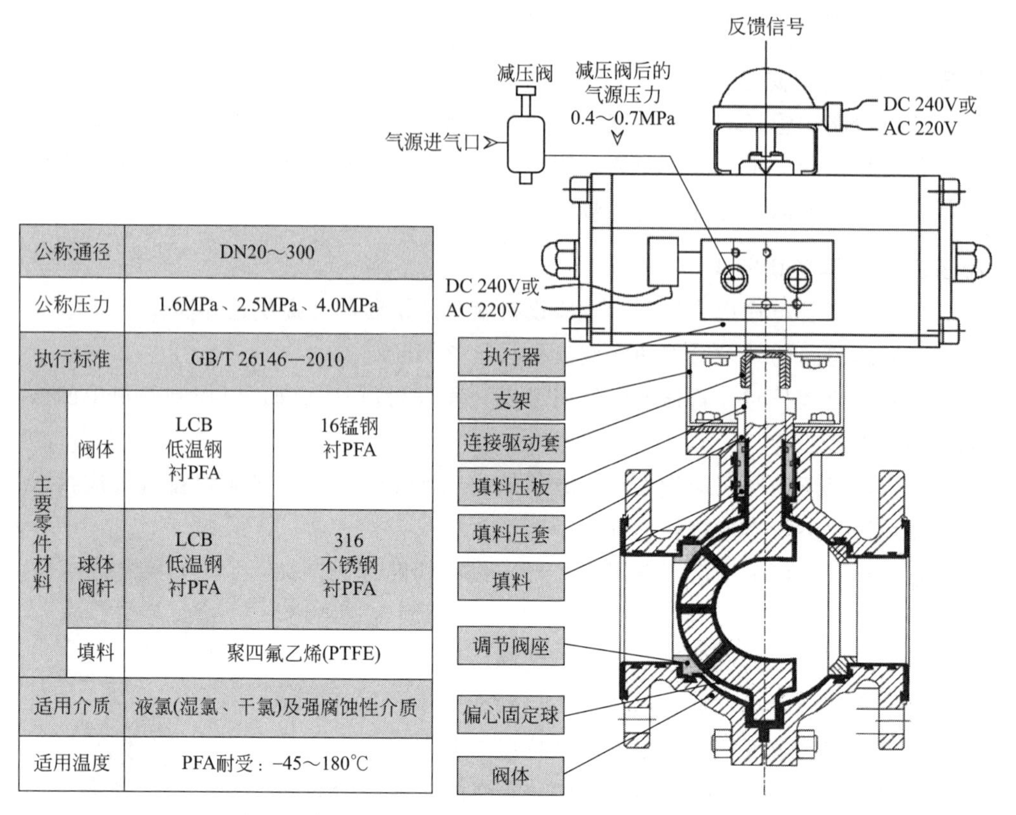

公称通径		DN20～300	
公称压力		1.6MPa、2.5MPa、4.0MPa	
执行标准		GB/T 26146—2010	
主要零件材料	阀体	LCB 低温钢 衬PFA	16锰钢 衬PFA
	球体 阀杆	LCB 低温钢 衬PFA	316 不锈钢 衬PFA
	填料	聚四氟乙烯(PTFE)	
适用介质		液氯(湿氯、干氯)及强腐蚀性介质	
适用温度		PFA耐受：-45～180℃	

图 6-4 氯用（V 形）偏心切断球阀主要零部件及材质

所限，存在衬里层厚度不够、强度不牢固、易剥离等问题），为防止衬里层剥离和脱落，阀体及内构件必须有梯形燕尾槽，所有衬 PFA 材料必须进行二次高温模压，增加衬里层的密度及牢固度，达到可耐真空负压。

③ 超强的剪切能力 V 形球阀采用非金属密封结构，V 形球阀芯及 PTFE 阀座在回转过程中，V 形缺口与阀座产生一个强大的剪切力能切断纤维等杂质，并具有自洁功能，避免阀门卡死现象发生。

④ V 形球阀采用带弹性垫片的阀座结构，由于弹性垫片的弹性恢复力推动阀座，可使球芯与阀座之间长期具有良好的密封性能，同时由于阀座采用弹性垫片加载的活动结构，可使阀座自动校正，以达到与球芯的最佳吻合。

⑤ 阀座的优越密封性 V 形球阀采用可动阀座，自助补偿功能，并具有优越密封性能及超长的使用寿命。

（5）若采用全衬氟波纹管氯用安全阀，如图 6-5 和图 6-6 所示，应符合下列要求。

① 耐腐蚀性能 阀体内腔、阀芯、阀瓣、阀杆均采用 LCB 低温钢全衬 3～6mm 厚的 PFA，能耐液氯、氯气、盐酸等强腐蚀性介质。

规范名称	技术参照规范
产品设计要求	GB/T 12241—2005、GB/T 12242—2005、GB/T 12243—2005
结构形式要求	GB/T 12243—2005、JB/T 308—2004
检测和检验	GB/T 12243—2005、GB/T 13927—2008、HG 20536
供货要求按	JB/T 7928—2014(结合供需说明)
法兰端面形式	RF(突面)、FM(凹面)、MF(凸面)
适用介质范围	液氯(湿氯、干氯)等化工领域强腐蚀性介质

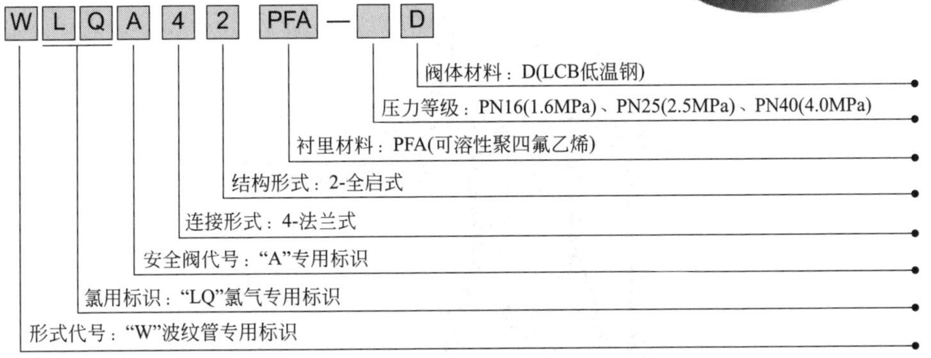

图 6-5　衬氟波纹管氯用安全阀技术规范标准和衬氟波纹管氯用安全阀型号标注

② 防外泄性能　该全衬氟波纹管氯用安全阀为防外泄漏事故的发生，采用了耐氯离子腐蚀的 PFA 波纹管和氟橡胶 O 形圈的双重密封，并装有防阀帽外泄漏的 PTFE 背压密封装置，确保零泄漏。

③ 密封性能　由于阀芯阀座采用了全衬 PFA 软密封性能结构，故密封性高于Ⅵ级泄漏标准。

④ 安全阀宜采用衬氟波纹管形式，防止介质通过导向杆进入阀盖部分腐蚀弹簧，造成安全阀失灵。

⑤ 选用衬氟氯用安全阀不必在阀前加装爆破片装置。爆破片的作用是为防止介质对阀瓣和阀座产生腐蚀而无法开启，普通安全阀一旦爆破片爆破，阀门必须重新检测。衬氟波纹管氯用安全阀的介质对阀瓣和阀座无腐蚀作用，PFA 波纹管疲劳寿命长，安全阀可连续泄压、回座达 5000 次，因此安装全衬氟波纹管氯用安全阀无需加装爆破片。

⑥ 背压要求高于泄压侧压力。

⑦ 两只切断阀间应设压力传感器。

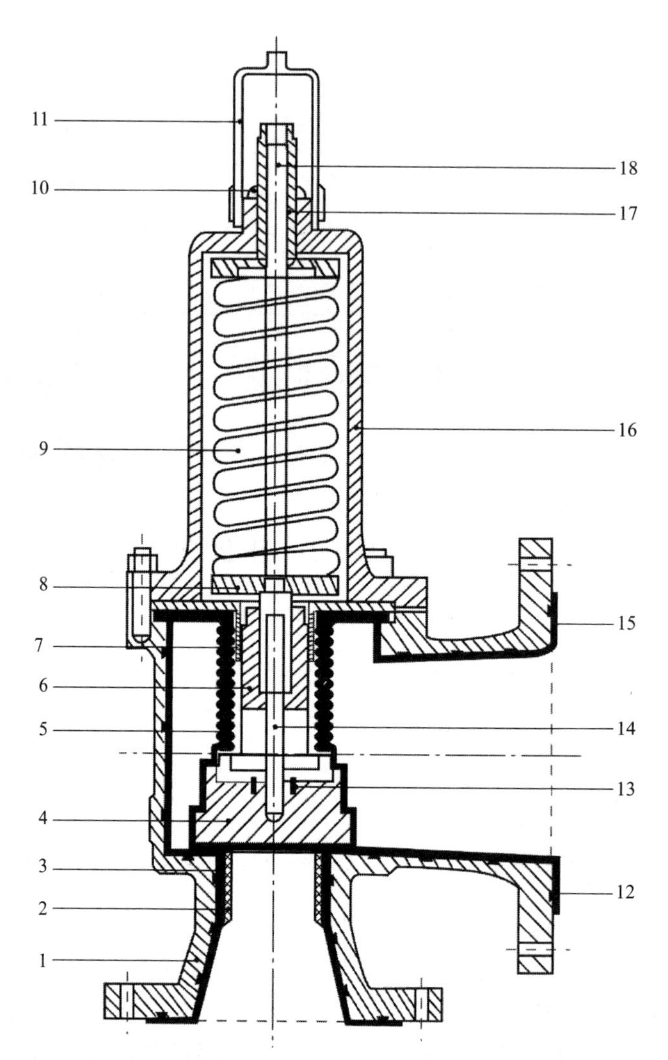

编号	名称	材质	编号	名称	材质	编号	名称	材质
1	阀体	LCB衬PFA	7	导向套	304	13	销轴	316
2	阀座	PFA氟材料	8	弹簧座	304	14	阀杆	304
3	衬里层	PFA氟材料	9	弹簧	304	15	法兰面	LCB衬PFA
4	阀瓣	316衬PFA	10	锁紧螺母	A105/304	16	上阀盖	LCB
5	波纹管	PFA氟材料	11	阀帽	A105/WCB	17	调节螺套	304
6	锁紧螺杆	304	12	梯形槽	PFA氟材料	18	调节螺杆	304

注：1.PFA材料为可溶性聚四氟乙烯，适用温度-45～150℃。

2.LCB材料为低温碳素钢，适用温度-46～340℃。

图 6-6　衬氟波纹管氯用安全阀

⑧ 各切断阀附近安装有毒气体检测仪、声光报警器、照明设施。

⑨ 切断阀组下应设检修平台、爬梯。

6.3.3.15 放空、排尽等

液氯管道上不得有放空、排尽等与大气相通的阀门或接口。

6.3.3.16 测量和监控

（1）在进出口处设置压力和温度的测量和记录装置。

（2）液氯外管压力、温度、流量、有毒气体检测等信号应接入DCS，并根据工艺要求设置高、低限报警。

（3）所有液氯切断阀应接入DCS，能够实现远程控制，并与压力、流量等信号建立联锁关系。

（4）所有仪表信号应在DCS内保留一个月以上运行记录（趋势图）。

（5）压力检测应采用法兰式变送器，不用螺纹连接的导压管式的变送器。

（6）切断阀应设为慢关型式，防止关闭过快产生“液锤”。

（7）管道两端流量设流量差联锁。正常输送时，接收点流量较输送点流量低时，联锁关闭输送源切断阀（需考虑适当延时）。

（8）为提高事故防范能力，须配套氯气吸收循环系统。

6.3.4 施工

6.3.4.1 施工应遵循的规范

主要有《工业金属管道工程施工规范》（GB 50235—2010）、《现场设备、工业管道焊接工程施工规范》（GB 50236—2010）、《工业设备及管道防腐蚀工程施工质量验收规范》（GB 50727—2011）、《工业设备及管道绝热工程施工规范》（GB 50126—2008）、《工业设备及管道 绝热工程施工质量验收标准》（GB/T 50185—2019）、《工业管道的基本识别色、识别符号和安全标识》（GB 7231—2003）、《工业金属管道工程施工质量验收规范》（GB 50184—2011）。

6.3.4.2 管道材料

必须严格地按设计要求订货，并按照设计文件中器材规格表注明的相应标准验收。配管材料的测试非常重要，材料的化学成分、物理机械性能和供货状态等应符合设计要求，不得降低要求。

6.3.4.3 安装单位和人员资质

压力管道安装单位必须具有相应压力等级管道的压力管道安装许可证，焊工必须持有锅炉压力容器压力管道特种设备操作人员资格证。

6.3.4.4 管道安装前应具备的条件

（1）与管道安装有关的建、构筑物等工程施工完毕，经检验合格，满足安装要求，并办理交接手续。

（2）管道、管件及阀件应具有出厂检验合格证，管件材质也应符合设计要求。

（3）管道、管件及阀件内部清洁，不存杂物。

（4）必须在管道安装前完成的工序（如除锈等）已进行完毕。

6.3.4.5 材料、工艺变更

管道安装应按设计文件要求进行，任何工艺变更、材料代用（包括材质变更或标准更换）必须由设计单位出具正式变更。

6.3.4.6 防腐涂漆

（1）碳钢管道、设备及钢平台均需涂漆。

（2）焊缝涂漆应在系统试压、试漏合格后进行。

（3）管材表面锈蚀等级和除锈等级，应与《涂覆涂料前钢材表面处理 表面清洁度的目视评定 第1部分：未涂覆过的钢材表面和全面清除原有涂层后的钢材表面的锈蚀等级和处理等级》（GB/T 8923.1—2011）中典型样板照片对比确定。

6.3.4.7 探伤要求

按《石油化工有毒、可燃介质钢制管道工程施工及验收规范》（SH 3501—2011）和《工业金属管道工程施工规范》（GB 50235—2010）的规定执行。液氯管道焊缝100% X射线探伤。

6.3.4.8 验收

设备安装验收按《现场设备、工业管道焊接工程施工规范》（GB 50236—2011）等有关条款执行。

管道安装验收按《工业金属管道工程施工规范》（GB 50235—2010）、《工业金属管道工程质量验收规范》（GB 50184—2011）中有关条款执行。

整个管道系统安装过程需经检验机构监督检验合格，安装完毕、试验合格后，报请主管部门组织竣工验收，由主管部门确认验收合格后，方可投入使用。

6.3.5 管道密封性试验

6.3.5.1 管道系统压力试验的条件确认

管道系统的试压、吹扫等试验是管道工程的最终试验程序，在进行之前必须对系统的条件加以确认，系统确认应在该系统全部管道（除涂漆及绝热外）施工

工作已按设计图纸及变更单要求全部结束后进行，并应有如下见证材料。

（1）全部管道工程的组成件，材料的规格、型号、材质已经过核实无误，且合格证齐全。

（2）全部管线焊口的X射线探伤工作已结束，X射线探伤报告数量足够且焊口返修工作已经结束，应检查该系统内各管段图（单线图）、焊口总量与已出X射线探伤报告总量是否符合设计及规范要求，且有可追溯性。

（3）本系统全部管道的支架、托架、吊架等施工已结束。

（4）管道上全部仪表一次测点的开孔、焊接工作已结束（且已经过仪表专业确认）。

（5）其他施工记录齐全。

（6）系统的管道压力试验、吹扫方案已制定，并经过审核、批准。具体明确各个系统的试压、吹扫实施操作程序和要求，应包括参与系统试验的具体管道系统图、管段表、吹扫试压介质的导入口位置、吹扫口及排放口位置等。

6.3.5.2 管道系统压力试验

（1）试验介质　可选用洁净空气或氮气做气压试验。气压试验方案应由施工单位编制，经施工单位各级技术负责人审核、批准，报建设单位项目部同意后才能进行，并有相应安全措施。

（2）试验压力　按设计文件要求。

（3）现场试压措施

① 机泵、安全阀、爆破片装置不参加试压，应加盲板隔离，盲板应符合标准。

② 压力参数与管道不同的设备和仪表，应用盲板隔离。

③ 试压指示用压力表已校验合格，精度不低于1.6级，系统不得少于两块表，压力表量程应为试验压力的1.5～2倍。

④ 安全措施已落实，临时管道的等级应与试验管道相同，并且安装牢靠。

（4）气压试验时，应先进行预试验，预试验压力为0.1～0.2MPa（视试验压力高低而定）。

（5）气压试验时，应逐步缓慢升压，当升至试验压力的50%时，再次稳压全面检查，确认无异常或泄漏，随后的试验压力为10%逐级升压，每级稳压3min，直至试验压力，稳压10min，再将压力降至设计压力，涂刷中性发泡剂对系统进行仔细检查，无泄漏为合格。

（6）管道试验合格后，应缓慢降压，试验介质排放至合适地点，排放时应考虑反冲作用力及安全环保要求。

（7）使用的临时盲板应全部编号并记录，试验合格后，及时恢复，并应有专人检查并记录。

6.3.5.3 管道系统吹扫

（1）管道吹扫，原则上在气压试验合格后进行，吹扫介质为洁净空气或氮气。

（2）吹扫应逐个按系统编制吹扫方案，应包括系统内通过的设备表、管道表，明确吹扫路线及各吹扫口，包括吹扫用临时管线，临时阀门，方案应按程序审查批准。

（3）吹扫介质压力不得超过管线或容器设备的设计压力。

（4）管道吹扫时，流速不得小于20m/s。

（5）管道吹扫前应进行检查，且符合下列要求。

①管道上不应安装各类仪表件，法兰连接的调节阀、节流阀应拆除，用连接短管代之。

②安全阀不参与吹扫，同时不参与系统吹扫的设备及管道系统，应与吹扫系统可靠隔离。

③ 管道支架应牢固（包括临时管道），必要时加固。

（6）吹扫的顺序应按主管、支管逐次进行。吹出脏物不得进入设备和其他管道系统，必须通过的阀门一般应先在阀前吹净，然后阀门全开后通过。

（7）吹扫排出口无明显可见烟尘后，用贴有白布或涂刷白色涂料的木制靶板进行检验。吹扫5min后靶板上无铁锈、尘土、水分及其他杂物为合格。

（8）吹扫合格后，及时填报试验记录，管道及时恢复原状，尤其要注意临时管道、盲板、垫片的恢复。

6.3.5.4 管道系统气体泄漏性试验

（1）泄漏性试验，应在吹扫试验结束后进行，介质为空气。

（2）系统应包括设备、仪表、安全阀、管道系统的全部密封口，泄漏性试验压力按设计文件执行。

（3）泄漏性试验检查重点应为阀门填料函、法兰结合面、焊缝等全部静密封面。

（4）经气压试验合格后，且试验后未经拆卸的管道密封口，可不进行气体泄漏性试验。

（5）泄漏性试验检查，用中性发泡试剂检查，检查方法应实行责任制，按设备、管段号、仪表等对口负责检查，检查人对所负责检查区段记录签字负责。

6.3.5.5 试压吹扫安全措施

（1）经审核、批准的方案，对实施人要进行详细交底。

（2）试验区，特别是吹出口，要设置警戒线。操作人员不得站在吹出口前方，并要佩戴必要的个人防护用具。

（3）配备必要的通讯联络设备，如对讲机等，原则上由吹出口指挥吹入口控制处。

（4）升降压要慢，不得带压处理漏点，卸压后才能进行处理。

（5）现场严格禁止无方案、无文字，口头通知式操作。

6.3.6 试车操作

（1）试车方案应由液氯供应单位与使用单位共同编制。

（2）试车方案应报上级主管部门备案，并同意按方案执行。

（3）运行前的清洁和干燥　管道运行前，容器和所有的设备要脱脂、清洁及干燥。如果实施液压试验，有必要在测试后更换垫圈，否则系统就会很难干燥。干燥要在干燥惰性气体的帮助下进行干燥，以确保在管道的出口处露点低于−40℃（1 个大气压下）。不能使用甲醇或烃类干燥，否则，当通入氯气时有引发爆炸的危险，也可以使用真空干燥。由于设备内部的润滑脂可能会接触到氯气，故只有和氯气能兼容的润滑脂才能被使用（氟氯化物润滑脂）。

（4）检漏试验　在管道运行前，除了“6.3.5”中所介绍的测试程序之外，所有阀门和其他的配件都要被测试，以保证在任何运作条件下的密封性。可以使用以下方法测试。

① 在 0.2MPa 气压下用氯气做净压试验，氯气品质：纯度≥98%（体积分数），含水≤0.04%（体积分数），在氨的帮助下对连接系统进行测试。

② 在高于最大操作压力但低于设计压力下进行气压测试，使用含有发泡剂的水来检测泄漏。

（5）试车

① 引进氯气的质量检测，氯气应是干燥清洁的，并且 NCl_3 的含量要符合 GB/T 5138—2006，不包含能和氯发生反应的有机物质。

② 在加压前用氯气置换管道内的惰性物，并用吸收装置将置换氯气吸收，置换标准应满足后续工艺要求。

③ 对所有配件进一步检查气密性和运行情况是否良好。

④ 在氯气压力下，液氯被引入管道，但液氯在引入管道前要进行预冷。

⑤ 逐步投入运行直到达到设计的生产能力。

⑥ 系统的最终检测。

6.3.7 液氯管道输送操作

6.3.7.1 液氯管道预冷

空管道直接用液氯输送泵对其进行充氯时会形成液锤，因为低温液氯与常温管壁接触时会快速气化，在管道内形成快速流动的气柱，在管道弯头处产生极大冲击，可能导致管道破裂；随着管道内压力的上升，当其值超过当前温度下的饱和蒸气压时，管道内的气泡（柱）又骤然破裂，导致液体猛烈冲击气泡核心，使管道发生颤振。

要避免产生液锤，首先，物料在管内流速要慢，不超过 2T/h；其次，降低物料与管壁之间的温差。因此，每次空管开始输送液氯时都必须先预冷管道；最后，分级升压。分级升压可使预冷好的管道内的液氯沿着管道输送方向温度递增，通过分级升压可使管道内液氯中的气泡沿着管道输送方向逐渐破裂。

（1）预冷方式

① 用液氯贮罐静压力对管道进行先预冷，再开液氯输送泵进行预冷，此方式用于管道被清空过的情况。

② 直接开液氯输送泵进行预冷。

不论选择何种方式进行预冷，都要控制预冷流量小于 2T/h。

（2）预冷时间　预冷时间根据管径大小和管道长度不同而定，可从几十分钟到数小时不等。

（3）预冷期间压力控制　预冷期间严格执行分级升压的原则，且压力波动必须小于 100kPa，否则停送液氯。

6.3.7.2 正常输送注意事项

（1）压力控制　输送过程中一定要确保压力稳定，波动不能大，尽可能控制在 20kPa 内，最高波动不超过 50kPa。

（2）流量控制　输送过程升降负荷时一定要缓慢，波动不能大，尽可能控制在 2T/h 内，最大不允许超过 3T/h。

（3）如果用氯单位无法确保输送过程中管道压力及流量的波动量，一定要进行处理，直至能满足控制需要。

（4）工艺参数　及时查看液氯管线上流量、压力、温度及其趋势，有异常需及时沟通，共同查找确认。

（5）液氯品质　纯度≥99.6%（体积分数），含水≤0.03%（体积分数）；执行标准 GB 5138—2006 一等品及以上；氯气纯度≥98%（体积分数），含水≤0.04%（体积分数）。

6.3.7.3 应急处理注意事项

（1）液氯管道停止输送期间，管道压力不允许超过 0.5MPa，如果压力超过 0.5MPa，必须进行处理。

（2）当停止输送时间超过 16h，或管道内氯气温度超过 30℃，应对管道进行清空处理，此时按正常步骤清空管道。若管道断裂发生大量泄漏必须紧急清空管道。

（3）正常清空　如果管道上有轻微渗漏，经采取一定措施后泄漏得到了控制，根据具体情况可以先按正常清空步骤进行清空，然后根据检修需要由一方将管道中氯气抽尽。

（4）紧急清空　当管道或其他部件发生泄漏后，无法采取措施或采取措施后，泄漏无法得到控制时（如管道断裂、阀门破裂），应立即联系对方，由供需双方共同进行紧急清空处理，在通知对方时尽可能将情况讲清楚，以便供需双方更好、更快地进行处理。

（5）根据双方约定，建议正常清空时以供方负责为主。双方应制定应急预案，以便在紧急情况下，进行应急处理。

（6）如果用氯单位液氯瞬时流量下降（或不变），液氯管线压力下降，供方液氯瞬时流量上升，则可判断为管道发生泄漏，应立即进行紧急清空，并通知相关负责人。

6.3.7.4　停车期间管道管理

（1）管道清空后，管道应密闭，避免有空气（或其他物质）进入管道，对管道造成腐蚀或产生其他危害。

（2）管道清空后，必须定时对管道压力、流量计进行检查，避免因阀门内漏（或其他原因）造成管道中有液氯。

（3）管道清空密闭后，禁止对管道进行任何操作，若要进行操作，必须经供氯、用氯双方确认并办理好相关手续后方可作业。

（4）设备、管线更新和检修程序应按《压力容器、压力管道管理制度》执行。

（5）若管道进行检修，必须对管道进行充氮保护，避免空气进入，且检修结束需充氮干燥，并检测合格。

6.3.7.5　湿气入侵或其他反应物的防范措施

要采取所有必要的措施避免湿气入侵或其他物料进入管道。此外，使用惰性气体置换氯气，这些气体的露点在大气压下要低于−40℃，气体的压力至少要比管道压力大0.15～0.2MPa。

6.4　气相管道输送

6.4.1　基本的设计与安装

同液氯部分。

6.4.2 设计

6.4.2.1 设计压力

管道的最小设计压力应以最大操作压力的1.5倍来设计。

6.4.2.2 设计温度

整个系统应按最高温度进行设计，并且能够承受0℃和可能达到的最低温度。

6.4.2.3 管道工程材料

同液氯部分。

6.4.2.4 缓冲罐

长输管道的进、出口应设合适的缓冲罐来缓冲氯气压力的波动，保障氯气长期稳定供给，缓冲罐可定期排放中和吸收，同时要一根足够数量和压力的惰性干燥气体源（露点低于−40℃）和真空管与之相联，便于管道吹扫和排空。

6.4.2.5 保温

为了防止氯气液化或者可能发生的火灾、辐射等的影响，管道外部应做保温处理。

使用的保温绝热材料需满足以下要求。

（1）材料的燃烧性能应符合《建筑材料燃烧性能分级方法》B1级难燃性材料规定，其氧指数不应小于30。

（2）保温绝热结构由绝热层、防潮层和保护层组成。

（3）保温应采用保温管托，管托要固定在基础上。

（4）防机械冲击。

一般来说，符合这些要求的材料是延伸硅土、硅藻土、泡沫玻璃以及气密聚氨酯（不易燃或自熄）。还应选择防止湿空气进入的闭合空隙结构材料，或者选择高品质的外部气密包装。

注意：在运用保温防止湿空气腐蚀时，暴露的管道（碳钢）要进行涂层防腐。

6.4.2.6 伴热

为了防止氯气液化的危险，可选用加热保温的方式。加热保温由操作压力、管道长度及外界条件等要求来决定。加热保温必须采取一切防范措施，以保证供热系统的持久稳定，避免局部过热，防止局部腐蚀或氯气/铁燃烧。防止局部过热可以通过热密度计算来避免，就像在任何时候金属温度都不能超过80℃。

（1）电伴热是首选的伴热方式，电伴热的电阻元件要附属于但绝缘于氯气管道，电阻元件要装护套，防止腐蚀和湿气入侵，选择的容量要根据热损计算，除短距离外，要避免螺旋形伴热，必须避免热电阻使用管道本身。

（2）蒸汽伴热，使用附属于但绝缘于氯气管道的伴热管道，伴热管道的连接点要绝热，防止泄漏产生的腐蚀；

（3）可以选择其他适当的加热流体伴热。

6.4.2.7　热补偿

根据最高工作温度及抽空时可能达到的最低温度计算出 π 形补偿器布置及尺寸；管道支撑应满足温度变化时的移动。

6.4.2.8　外管防撞

（1）跨过道路的管架应设防撞装置，如防撞墩、限高栏杆。限高栏杆应有限高标识并与管架保持一定的安全距离。

（2）管道或管道附近应设警示标识。标识上内容应包括介质、流向、毒性及应急救援电话。

6.4.2.9　切断阀

（1）氯气管道输送、接受两端应设切断阀并提供远程操作。

（2）跨道路的外管管架两端应设切断阀。

（3）管道较长时，管道上应适当考虑增设切断阀。

（4）两只切断阀间应设压力传感器。

（5）各切断阀附近应安装毒气体检测仪、声光报警器、照明设施等。

（6）切断阀组下应设检修平台、爬梯。

（7）氯气管道上不得有放空、排尽等与大气相通的阀门或接口。

6.4.2.10　测量和监控

（1）在进出口处设置压力和温度的测量和记录装置。

（2）氯气外管压力、温度、流量、有毒气体检测等信号应接入 DCS，并根据工艺要求设置高、低限报警。

（3）所有氯气切断阀应接入 DCS，能够实现远程控制，并与压力、流量等信号建立联锁关系。

（4）所有仪表信号应在 DCS 内保留一个月以上运行记录（做趋势图）。

（5）压力检测应采用法兰式变送器，不用螺纹连接的导压管安装方式的变送器。

（6）切断阀应设为慢关型式，防止关闭过快产生管道冲击。

（7）如果管道完全或部分因某个特殊原因是双重壁，在净化气体上（为了人员安全，最好是干燥气体）要安装检漏器（如压力警报或氯检测器）。

（8）管道两端流量建议设流量差联锁，正常输送时，接收点流量较输送点流量低时，联锁关闭输送源切断阀（需考虑适当延时）。

（9）为了防止误操作，提高防范措施，需配套一个氯气吸收循环系统。

6.4.3 施工

同液氯部分。

6.4.4 管道密封性试验

同液氯部分。

6.4.5 试车操作

同液氯部分。

6.4.6 氯气管道输送操作

氯气输送管道不需要预冷，但提升压力也不宜过快。

6.4.6.1 正常输送注意事项

（1）压力控制　输送过程中一定要确保压力稳定，波动不能大，尽可能控制在20kPa内，最高波动不超过50kPa。

（2）流量控制　输送过程升降负荷时一定要缓慢，波动不能大。

（3）如果用氯单位无法确保输送过程中管道压力及流量的波动量，一定要进行处理，直至能满足控制需要。

（4）工艺参数　及时查看氯气管线上流量、压力、温度及其趋势，有异常需及时沟通，共同查找确认。

（5）氯气品质　纯度≥98%（体积分数），含水≤0.04%（体积分数）。

6.4.6.2 应急处理注意事项

（1）氯气管道停止输送期间，管道压力不宜过高，当停止输送时间较长，或管道内氯气温度超过30℃，应对管道进行清空处理，此时按正常步骤清空管道。若管道断裂发生大量泄漏，必须紧急清空管道。

（2）正常清空　如果管道上有轻微渗漏，经采取一定措施后泄漏得到了控制，根据具体情况可以先按正常清空步骤进行清空，然后根据检修需要由一方将管道中氯气抽尽。

（3）紧急清空　当管道或其他部件发生泄漏后，无法采取措施，或采取措施后泄漏无法得到控制时（如管道断裂，阀门破裂），应立即联系对方，由供氯与用氯单位双方共同进行紧急清空处理，在通知对方时尽可能将情况讲清楚，以便双方更好、更快地进行处理。

（4）根据双方约定，建议正常清空时以供氯单位负责为主。紧急清空时必须各自进行处理。

6.4.6.3　停车期间管道管理

（1）管道清空后，管道应密闭，避免有空气（或其他物质）进入管道，对管道造成腐蚀或产生其他危害。

（2）管道清空后，必须定时对管道压力、流量计进行检查，避免因阀门内漏（或其他原因）造成管道中有氯气。

（3）管道清空密闭后，禁止对管道进行任何操作，若要进行操作，必须经供氯单位与用氯单位双方确认并办理好相关手续后方可作业。

（4）设备、管线更新和检修程序应按《压力容器、压力管道管理制度》执行。

（5）若管道进行检修，必须对管道进行充氮保护，避免空气进入，且检修结束需充氮干燥，并检测合格。

6.4.6.4　湿气入侵或其他反应物的防范措施

要采取所有必要的措施避免湿气入侵或其他物料进入管道。此外，使用惰性气体置换氯气，这些气体的露点在大气压下要低于－40℃，气体的压力至少要比管道压力大 0.15 ～0.2MPa。

6.5　液氯输送管道的安全管理

（1）建立健全液氯管道档案，见表 6-2，表 6-3 所示。

（2）液氯管道每年应定期年检，特殊区域进行管壁厚度检测。

（3）安全阀应定期校验。

（4）有毒气体检测仪应定期校验。

（5）液氯输送系统联锁应定期调试。

（6）液氯输送和接受单位应编制液氯输送巡检制度，确定巡检频率，明确巡检内容，并做好巡检记录。如每天至少一次对管线结霜，隔热保护层、管道附近出现的异常可能带来的危险，报警装置及通信系统等运行情况进行检查。

（7）应有落实巡检情况的检核手段和奖惩机制。

（8）巡检人员工作时，应随身携带便携式氯气检测仪、应急工具，如扳手、防毒器材、通信器材等。

（9）应急程序及培训

① 液氯输送和接受单位均应编制氯气泄漏应急预案，并经常对氯气泄漏应急预案组织培训和演练。如果发生紧急情况，应明确指导所有人员（包括外部服务商）如何撤离，如何处理氯气泄漏等。

表 6-2 化学品输送管道情况登记表

填报单位：　　　　　　　　　　　　　　　　　　　　　　　　　　　　填报时间：　　年　月　日

供氯单位		地址	
联系人		联系电话	
使用单位		地址	
联系人		联系电话	
输送介质		输送压力	
输送管径		输送长度	
输送方式	□地上□地下□管廊□连续□间歇		
是否标有物质名称	□是□否	是否标有流向标识	□是□否
是否制定应急预案	□是□否	是否开展联动演练	□是□否
是否签订安全协议	□是□否	是否定期开展检查	□是□否
穿越公共区域的管道地面违章建筑占压和安全距离不足的情况			
其他需要说明的情况			
有何具体建议和要求			

在位于管道两端要有处理液氯泄漏的独立回收处理装置和应急器具，并且在发生紧急情况时要随时可以获得相关信息。要在明显部位安装指示风向的风向标，以便发生事故时，可以知道气体扩散的方向。要考虑如何处置管道附近发生的火灾，管道的布置一般路线要避开电缆或易燃液体。

② 应急器具　液氯输送和接受单位应配备足够的应急器具，建议至少保证以下配置：

a. 空气呼吸器 4 套；b. 防毒面具 4 套；c. 全封闭防化服 2 套；d. 梅花扳手（M17、M19、M22、M24、M27）、活动扳手（250mm）各两把；e. DN40、DN50、DN65、DN150 规格管道抱箍及配套螺栓（母）各 1 套；f. 膨化四氟乙烯绳 2kg；g. 铝合金升降梯 1 把；h. 应急灯 1 只；i. 锯弓、老虎钳各 1 把；j. 锤子一把、锥形铅封 10 个。

表 6-3　管道履历表

类型分类：A—检查　B—检修

<table>
<tr><td rowspan="4">管道资料</td><td>管道名称</td><td colspan="2"></td><td>起点</td><td></td><td>止点</td><td></td><td>输送介质</td><td></td><td>操作压力</td><td></td><td>操作温度</td><td></td></tr>
<tr><td>管道编号</td><td colspan="2"></td><td>单线图号</td><td></td><td>管道材质</td><td></td><td>公称直径</td><td></td><td>管道壁厚</td><td></td><td>管道长度</td><td></td></tr>
<tr><td>连接方式</td><td colspan="2"></td><td>保温绝热</td><td></td><td>防腐方式</td><td></td><td>弯头数量</td><td></td><td>三通数量</td><td></td><td>法兰数量</td><td></td></tr>
<tr><td>膨胀节数量</td><td colspan="2"></td><td colspan="2">投入使用日期</td><td colspan="2"></td><td colspan="2">管道检查周期</td><td colspan="4"></td></tr>
<tr><td rowspan="10">管道检查检修记录</td><td>日期</td><td>地点</td><td>类型</td><td colspan="5">检修/检查方法</td><td colspan="2">检修/检查结果</td><td colspan="2">原因分析</td><td>经办人</td></tr>
<tr><td></td><td></td><td></td><td colspan="5"></td><td colspan="2"></td><td colspan="2"></td><td></td></tr>
<tr><td></td><td></td><td></td><td colspan="5"></td><td colspan="2"></td><td colspan="2"></td><td></td></tr>
<tr><td></td><td></td><td></td><td colspan="5"></td><td colspan="2"></td><td colspan="2"></td><td></td></tr>
<tr><td></td><td></td><td></td><td colspan="5"></td><td colspan="2"></td><td colspan="2"></td><td></td></tr>
<tr><td></td><td></td><td></td><td colspan="5"></td><td colspan="2"></td><td colspan="2"></td><td></td></tr>
<tr><td></td><td></td><td></td><td colspan="5"></td><td colspan="2"></td><td colspan="2"></td><td></td></tr>
<tr><td></td><td></td><td></td><td colspan="5"></td><td colspan="2"></td><td colspan="2"></td><td></td></tr>
<tr><td></td><td></td><td></td><td colspan="5"></td><td colspan="2"></td><td colspan="2"></td><td></td></tr>
<tr><td></td><td></td><td></td><td colspan="5"></td><td colspan="2"></td><td colspan="2"></td><td></td></tr>
</table>

参考文献

[1] 邵英，刘建新.浅谈化工园区厂区间液氯输送管道的设计.浙江化工，2017，48（4）：30-33.

[2] 朱建军，皮冬慧，徐昌勤.液氯厂间长距离管道输送系统危险性分析及安全措施研究.工业安全与环保，2012，38（12）：34-37.

[3] GB 11984—2008 氯气安全规程.

[4] GB/T 20801.1—2020 压力管道规范 工业管道 第1部分：总则.

[5] GB 30077—2013 危险化学品单位应急救援物资配备要求.

[6] GB 50184—2011 工业金属管道工程施工质量验收规范.

[7] GB 50235—2010 工业金属管道工程施工规范.

[8] GB 50236—2011 现场设备、工业管道焊接工程施工规范.

[9] GB 50264—2013 工业设备及管道绝热工程设计规范.

[10] GB 50316—2000 工业金属管道设计规范（2008年版）.

[11] GB 150.1～4—2011 压力容器.

[12] TSG D0001—2009 压力管道安全技术监察规程.

[13] TSG D3001—2009 压力管道安装许可规则.

[14] TSG 07—2019 特种设备生产和充装单位许可规则.

[15] AQ 3014—2008 液氯使用安全技术要求.

[16] SH 3501—2011 石油化工有毒可燃介质钢制管道工程施工及验收规范.

第7章

氯中三氯化氮

7.1 三氯化氮的主要理化性质

三氯化氮，分子式 NCl_3，分子量 120.38，在常温下为黄色黏稠的油状、挥发性有毒液体，结晶为斜方形晶体，有类似氯气的刺激性气味，密度 1.653kg/L，熔点－40℃，沸点 71℃，自燃爆炸温度 95℃。

三氯化氮是强氧化剂，很不稳定，对热、振动、撞击、摩擦等相当敏感，极易分解发生爆炸。三氯化氮在气体中体积分数为5%～6%时存在潜在爆炸危险，液相中大于18%（质量分数）有爆炸危险。在密闭容器中60℃时在振动或超声波条件下可分解爆炸。在日光、镁光直接照射下或碰撞能的影响下，更易爆炸。与臭氧、氧化物、油脂或有机物接触，易诱发爆炸。在容积不变的条件下爆炸，温度可达2128℃，压力可达5432个大气压，在空气中爆炸温度为1700℃。三氯化氮爆炸前没有任何迹象，都是瞬间发生。爆炸时发出巨响，有时伴有闪光，破坏性极大，并放出大量热。它的破坏力是由三氯化氮量的多少决定的。三氯化氮爆炸方程式：

$$2NCl_3 = N_2 + 3Cl_2 + 459.8kJ$$

三氯化氮在空气中易挥发，能溶解在三氯化碳、四氯化碳、苯、二硫化碳等有机溶剂中，也能溶解在液氯中，在酸、碱介质中易分解。由于它的沸点高，容易从液氯中分离，因而也容易积聚和浓缩，爆炸部位可以发生在任何三氯化氮聚集的部位，如管道、排污罐、气化器、钢瓶等处。

三氯化氮在电解槽阳极室随氯气进入后部系统并液化溶于液氯中，而液氯贮存于液氯贮罐中，后续又会用液下泵将其装入液氯钢瓶和液氯槽车。所以，当氯气中有三氯化氮存在时，应正确对三氯化氮处理以确保安全。

7.2 三氯化氮的来源

在氯气生产和使用过程中，所有和氯气接触的物质，当其中含有铵盐、氨及含铵化合物等杂质时，就可能产生三氯化氮。

7.2.1 电解过程产生

在氯碱生产过程中，在电解槽阳极室 $pH<5$ 的条件下，因原料原盐中含有铵盐、氨及含铵化合物等，这些物质随盐水进入电解槽后在直流电作用下，与氯或次氯酸钠反应产生 NCl_3，其反应式为：

$$NH_4Cl+3Cl_2 = NCl_3+4HCl$$

$$NH_3+3HClO = NCl_3+3H_2O$$

$$2(NH_4)_2CO_3+3Cl_2 = NCl_3+3NH_4Cl+2CO_2+2H_2O$$

盐水中含有铵盐、氨及含铵化合物等杂质，其中的无机铵有 NH_4Cl、$(NH_4)_2CO_3$ 等，有机铵有胺、酰胺、氨基酸等。其中的铵盐、氨及含铵化合物的来源有以下几个方面：一是原盐和卤水带入；二是化盐用水带入；三是来源于盐水精制剂和助沉淀剂。

7.2.2 冷却干燥过程产生

氯气冷却洗涤水、干燥氯气用硫酸等含有氨和某些氨基化合物，与含氯的水发生如下反应：

$$NH_3+HClO = H_2O+NH_2Cl(pH>8.5)$$

$$NH_3+2HClO = 2H_2O+NHCl_2(4.2<pH<8.5)$$

$$NH_3+3HClO = 3H_2O+NCl_3(pH<4.2)$$

这些同水的 pH 值有关，反应基本上是瞬间完成的，pH 值在 4.2～8.5 时，3 种形态的氨的氯取代物均会存在。

7.2.3 氯气液化过程产生

氯气液化时因冷却器破裂，冷冻剂混入时也会带入含铵化合物，和氯反应生成三氯化氮。这种情况较为罕见。

7.3 三氯化氮的安全监控指标

7.3.1 铵和总铵含量

在氯碱生产过程中，要确保进槽盐水无机铵小于 1mg/L，总铵小于 4mg/L，若化盐水、工业原盐、卤水中无机铵含量较高影响精盐水指标时，应首先采取除铵措施。

盐水中铵和总铵含量指标要求具体见表 7-1。

表 7-1　无机铵和总铵含量

项目 样品	无机铵	总铵
化盐水	≤0.2mg/L	≤1mg/L
工业盐	≤0.3mg/100g	≤1mg/100g
工业用卤水	≤1mg/L	≤2mg/L
进槽电解盐水	<1mg/L	<4mg/L

7.3.2　三氯化氮含量

氯产品中三氯化氮含量的指标要求见表 7-2。

表 7-2　三氯化氮含量

项目 样品	三氯化氮（质量分数）/%
气氯	企业自定
液氯	≤0.004
液氯残液（带液氯）	≤0.5

7.4　降低三氯化氮的含量和处理技术

7.4.1　盐水除铵技术

在已调节 pH>9 的盐水中加（通）入一定量的次氯酸钠、氯水或氯气，用压缩空气吹除生成的一氯氨（NH_2Cl）和二氯氨（$NHCl_2$），减少在电槽中生成三氯化氮的量。过量的 ClO^- 会腐蚀设备，要予以处理。

7.4.2　氯气中三氯化氮的处理技术

有资料报道，蒙乃尔合金可催化分解三氯化氮，国内尚未见到使用案例。

有资料报道，国外有用 26%～30%的盐酸在塔中喷淋与氯气直接接触，降低氯气中三氯化氮的含量，国内尚未见到使用案例。

国内有用氯水喷淋洗涤氯气的报道，用氯水中的次氯酸和盐酸与三氯化氮反应而降低氯气中三氯化氮的含量。

国内也有报道，使用透平压缩机，提高了氯气的温度，对降低氯气中三氯化氮含量有一定效果。

7.5 三氯化氮超标和危情现场的处置

如出现氯中三氯化氮含量超标的情况，必须迅速查明原因，安全有效地予以处理。如液氯中三氯化氮超标不严重，稍稍偏高，并不需要特别处理，在碳钢容器中放置一段时间后，便会逐步降低达标。如超标严重，出现危情，可按以下步骤来处理。

（1）由车间负责人和液氯包装负责人负责危情现场的处置工作，非抢险人员一律撤离现场。

（2）根据生产实况和现场采集相关样品的检测数据，指导安全排险。

（3）严格控制液相中三氯化氮含量小于0.5%（质量分数）后排放处理。

（4）液相中三氯化氮含量偏高，可用不和氯发生化学反应的溶剂或含三氯化氮低的液氯稀释后排放。

注意：在液氯气化器等设备内液氯中三氯化氮含量偏高的状况下，严禁用气化排氯的处置方法。

7.6 无机铵、总铵及三氯化氮的分析方法

7.6.1 无机铵含量和总铵含量的分析方法

分析中全部使用无铵水，除非另有说明，仅使用确认为分析纯的试剂。所需制剂和制品，在没有其他规定时均按GB/T 602—2002、GB/T 603—2002之规定制备。

7.6.1.1 化盐水、工业盐、工业用卤水和电解盐水中无机铵含量的分析方法

（1）原理　样品中无机铵在碱性条件下加热，以氨的形态被蒸出，用硼酸溶液吸收后，用纳氏比色法定量。反应式如下：

$$NH_4^+ + OH^- = NH_3\uparrow + H_2O$$

$$3NH_3 + H_3BO_3 = (NH_4)_3BO_4$$

$$2K_2[HgI_4] + 4OH^- + NH_4{}^+ = NH_2Hg_2OI + 4K^+ + 7I^- + 3H_2O$$

（2）试剂　300g/L 氢氧化钠溶液，20g/L 硼酸溶液，0.1g/L 铵标准溶液，

纳氏试剂。

(3) 仪器　一般的实验室仪器，50mL 标准具塞比色管，721 型分光光度计或同类仪器。分流装置和消化装置分别见图 7-1 和图 7-2。

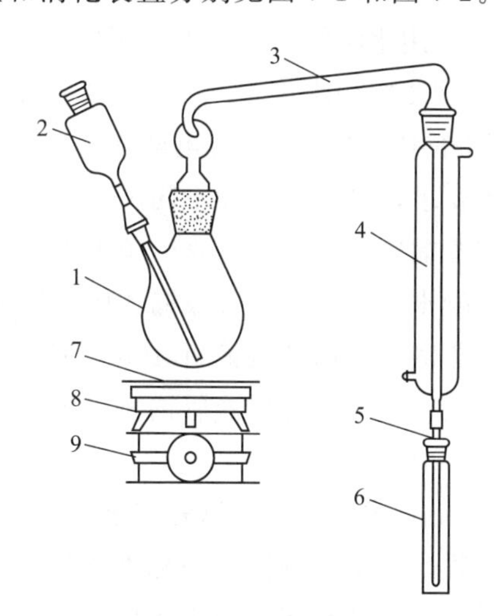

图 7-1　蒸馏装置

1—蒸馏瓶；2—碱式分液漏斗；3—带安全球的蒸馏弯管；4—冷凝管；5—接液管；6—比色管；7—石棉网；8—电炉；9—通用升降架

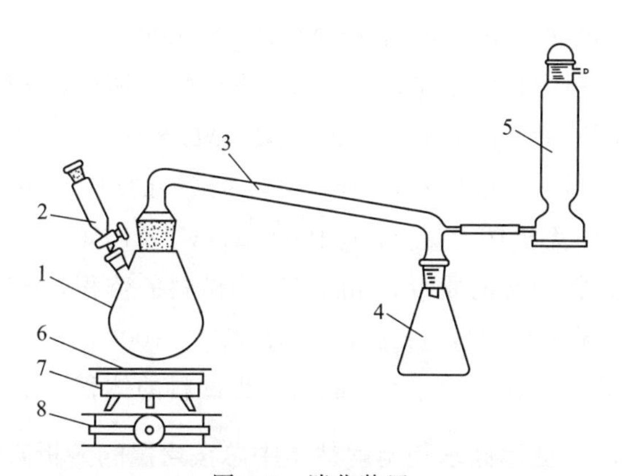

图 7-2　消化装置

1—消化瓶；2—酸式分液漏斗；3—消化弯管；4—接液瓶；5—酸处理瓶（内装生石灰块）；6—石棉网（中间打一小孔）；7—电炉；8—通用升降架

(4) 分析步骤

① 标准曲线绘制　依次吸取 0.0mL、0.2mL、0.4mL、0.6mL、0.8mL、1.0mL 铵标准溶液置于 6 支 50mL 标准具塞比色管中，用水稀释至刻度，分别加入 1mL 氢氧化钠溶液和 1mL 纳氏试剂，摇匀，静置 10min。将分光光度计波长调节到 420nm，用 2cm 比色皿，以空白溶液校零，分别测定各管溶液的吸光度。

② 以铵含量（mg）为横坐标，对应的吸光度为纵坐标绘制标准曲线。

（5）试料

① 化盐水　将150mL化盐水放入蒸馏瓶中。

② 工业盐　在蒸馏瓶中用水溶解15g工业盐稀释至150mL。

③ 工业用卤水　在蒸馏瓶中用水将10～50mL工业用卤水稀释至150mL。

④ 电解盐水　在蒸馏瓶中用水将50mL电解盐水稀释至150mL。

（6）蒸馏　根据检测要求，可分别蒸馏不同试料。

装好蒸馏装置，承接蒸馏冷凝液的比色管内预先加入5mL硼酸溶液接液管的下端插入溶液中，开启冷凝水，通过碱式分液漏斗向蒸馏瓶内加入2mL氢氧化钠溶液摇匀，开启电炉加热蒸馏，蒸馏冷凝液近45mL时，放低比色管使接液管管口脱离液面，继续蒸馏，以冷凝液冲洗接液管内壁，同时用少量水冲洗接液管外壁，关闭电炉，停止加热，取出比色管。

（7）空白实验　用150mL水，采用与试料完全相同的方法蒸馏。

（8）测定　取出比色管，加水至刻度，用标准曲线绘制的相同条件操作，以空白实验蒸馏冷凝液校零，测定试料溶液的吸光度，在标准曲线上查得铵的质量数值。

（9）结果计算

① 化盐水中无机铵含量（mg/L）$=M_1/V_1\times1000$

式中，M_1 为试料中铵的质量，mg；V_1 为试料的体积，mL。

② 工业盐中无机铵含量（mg/100g）$=M_2/M_3\times100$

式中，M_2 为试料中铵的质量，mg；M_3 为试料的质量，g。

③ 工业用卤水中无机铵含量（mg/L）$=M_4/V_2\times1000$

式中，M_4 为试料中铵的质量，mg；V_2 为试料的体积，mL。

④ 电解盐水中无机铵含量（mg/L）$=M_5/V_3\times1000$

式中，M_5 为试料中铵的质量，mg；V_3 为试料的体积，mL。

7.6.1.2 工业盐、工业用卤水和电解盐水中总铵含量的分析方法

（1）原理　样品中有机氮在有催化剂硫酸铜存在的浓硫酸中加热消化，转化为无机铵，和样品中原有的无机铵一起在碱性条件下加热，以氨的形态被蒸出，用硼酸溶液吸收后，用纳氏比色法定量，反应式如下：

$$CH_2NH_2COOH+3H_2SO_4 = 2CO_2\uparrow+NH_3+4H_2O+3SO_2$$

$$NH_3+H_2SO_3 = (NH_4)_2SO_4$$

$$NH_4^++OH^- = NH_3\uparrow+H_2O$$

$$3NH_3+H_3BO_3 = (NH_4)_3BO_4$$

$$2K_2[HgI_4]+4OH^-+NH_4^+ = NH_2Hg_2OI+4K^++7I^-+3H_2O$$

（2）试剂 硫酸铜，优级纯硫酸，300g/L 氢氧化钠溶液，20g/L 硼酸溶液，0.1g/L 铵标准溶液，纳氏试剂。

（3）仪器 一般的实验室仪器，50mL 标准具塞比色管，721 型分光光度计或同类仪器，消化装置（图 7-2），蒸馏装置（图 7-1）。

（4）分析步骤 同“7.6.1.1（4）”部分。

（5）试料

① 化盐水 将 10mL 化盐水放入消化瓶中。

② 工业盐 在消化瓶中用 10mL 水溶解 3g 工业盐。

③ 工业用卤水 将 10mL 工业用卤水放入消化瓶中。

④ 电解盐水 将 10mL 电解盐水放入消化瓶中。

（6）消化 根据检测要求，可分别消化不同试料。称取 0.2g 硫酸铜加入消化瓶内，按图 7-2 装好消化装置。通过酸式分液漏斗向消化瓶内消加 10mL 硫酸，电炉上放一块中间有一小孔的石棉网，开启电炉，缓慢加热消化，瓶内溶液始终保持微沸状态，当溶液颜色呈透明翠绿色，消化瓶内充满白烟后继续加热 10min，关闭电炉，停止加热，消化完毕。

（7）蒸馏 将 100mL 水分三次缓慢加入已冷却的消化瓶内，边加水边摇匀。按“7.6.1.1（6）”操作，开启冷凝水后，通过碱式分液漏斗向蒸馏瓶（即消化瓶）内加入 50mL 氢氧化钠溶液摇匀，继续按“7.6.1.1.（6）”操作。

（8）空白实验 用 10mL 水，采用与试料完全相同的方法消化、蒸馏。

（9）测定 同“7.6.1.1（8）”部分。

（10）结果计算

① 化盐水中总铵含量（mg/L）$=M_6/V_4\times1000$

式中，M_6 为试料中铵的质量，mg；V_4 为试料的体积，mL。

② 工业盐中总铵含量（mg/100g）$=M_7/M_8\times100$

式中，M_7 为试料中铵的质量，mg；M_8 为试料的质量，g。

③ 工业用卤水中总铵含量（mg/L）$=M_9/V_5\times1000$

式中，M_9 为试料中铵的质量，mg；V_5 为试料的体积，mL。

④ 电解盐水中总铵含量（mg/L）$=M_{10}/V_6\times1000$

式中，M_{10} 为试料中铵的质量，mg；V_6 为试料的体积，mL。

7.6.2 三氯化氮含量的分析方法

氯气、液氯、液氯残液（带液氯）中三氯化氮含量的分析方法参照 GB 5138—2006。

7.7 三氯化氮典型事故案例

(1) 1966年8月，某厂发给兄弟厂的8只液氯钢瓶，在用去液氯后滚动时发生了爆炸。8月8日，1号热交换器发生了大爆炸，8人死亡，厂房、设备被炸毁，爆炸原因是液氯中三氯化氮含量过高而引起的，三氯化氮是由于电解盐水中带进了大量的铵盐与氯反应生成的。

(2) 1989年6月，某厂新建成一套氯碱生产装置，在没有建立三氯化氮安全监控分析手段的情况下，开车仅68h，在排放液氯残液（排污）时，发生了三氯化氮爆炸事故，伤1人，停车10个月，损失惨重。事故发生当天，现场测定的液氯中三氯化氮的含量高达2000mg/kg以上。这起事故也因电解盐水含铵量高所致。

(3) 1990年3月，某厂在没有建立三氯化氮安全监控分析手段的情况下生产液氯，当抽空用户返回的液氯空瓶时发生了多次爆炸，损坏了一批钢瓶。在现场测定液氯中三氯化氮的含量高达1600mg/kg。经查定，是有含高浓度铵的废水进入了化盐工序，导致液氯中三氯化氮浓度升高而发生事故。该厂在几天之内迅速掌握并应用了三氯化氮安全监控分析技术，及时处理了盐水中的铵，使液氯中三氯化氮含量大幅度下降，有效地控制事故。

(4) 1990年12月，某厂将一只5t液氯贮槽改为气化器用，且较长时间不排污，导致翻转式液位计下端死角发生爆炸，伤1人。在现场测定的液氯中三氯化氮含量高达107.8～207.8mg/kg，精制盐水中无机铵含量为4mg/L，总铵量为6mg/L。在精制盐水含铵量超标的情况下测定化盐水含铵量，五路化盐用水中其中有一路冷冻冷却水无机铵含量为3.0mg/L，超标15倍（当时的相关条例规定，精制盐水中无机铵≤1mg/L，总铵≤4mg/L，化盐用无机铵≤0.2mg/L），车间立即切断了这路化盐用水，液氯中三氯化氮含量很快下降至30mg/kg以下。

(5) 1991年夏天，某厂的液氯包装工段操作工在包装结束后没有关闭液氯气化器上出口阀，就擅自离开岗位，气化器内剩余液氯继续气化，导致气化器底阀被炸毁。经查，该厂液氯中三氯化氮含量达150mg/kg。

(6) 1997年，某厂的一台液氯气化器因液氯进料量大于气化器气化效率，液氯进入了缓冲罐，待缓冲罐内液氯气化完时，缓冲罐发生了爆炸。经查为缓冲罐内液氯气化，使三氯化氮浓缩而引发的爆炸。

(7) 2004年4月，某厂因氯气冷凝器泄漏，含高浓度铵的氯化钙盐水通过泄漏的冷凝器进入了液氯系统（液氯气液分离器、计量槽、气化器），导致铵与氯反应生成三氯化氮，在事故处置过程中发生了大爆炸，9人死亡，15万人紧急疏散。

（8）2006 年 1 月，某厂新建的氯碱生产装置开车不到一个月，两台液氯气化器底部先后发生了爆炸。该厂是在没有建立三氯化氮安全监控分析技术的情况下投产的，经测定化盐水含铵量严重超标，导致液氯中三氯化氮含量偏高，在气化了 100 多吨液氯后，因液氯气化器不能排放液氯残液（排污），而使用了气化上排的方法导致了三氯化氮爆炸。

参考文献

[1] 刘国桢.现代氯碱技术手册.北京：化学工业出版社，2018.

[2] GB 5136—2006 工业用液氯.

[3] GB 11984—2008 氯气安全规程.

[4] 任运奎.液氯中三氯化氮分析方法的研究和应用.中国氯碱，1998.

[5] 周兵华.三氯化氮的产生及处理方法.氯碱工业，2002.

第8章 液氯钢瓶的安全管理

8.1 常用气瓶管理规范

相关常用气瓶管理规范见表8-1。

表8-1 常用气瓶管理规范

序号	标准名称	标准号
1	《液化气体气瓶充装规定》	GB 14193—2009
2	《气瓶检验机构技术条件》	GB 12135—2016
3	《气瓶充装站安全技术条件》	GB 27550—2011
4	《特种设备生产和充装单位许可规则》	TSG 07—2019
5	《特种设备使用管理规则》	TSG 08—2017
6	《特种设备作业人员考核规则》	TSG Z6001—2019
7	《气瓶附件安全技术监察规程》	TSG RF001—2009

8.2 液氯钢瓶结构

目前，国内液氯钢瓶规格一般为50kg、100kg、500kg和1000kg，其中1000kg和500kg的钢瓶较为普遍。钢瓶主要由筒体和左右两封头焊接而成。筒体为圆筒形，由钢板冷卷成型；封头为椭圆拱顶，由钢板热压一次成型。左右封头上分别焊制检修螺塞座（1000kg钢瓶配有三个，500kg钢瓶配有两个），检修螺塞座上装有丝堵；在一侧封头上焊有两个阀座，阀座一侧安装瓶阀，另一侧装有倒液管；瓶阀出口配有一个六角螺帽，每个瓶阀配有一个阀帽；左右封头上设置防护圈（罩），筒体外部左右两侧装有两个防震圈，见图8-1。

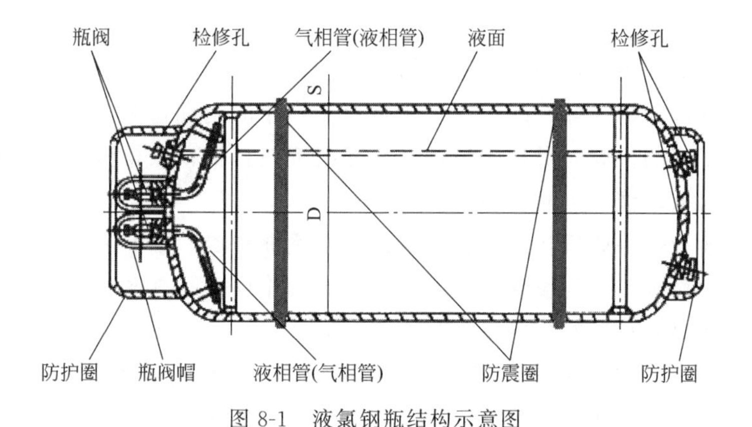

图 8-1　液氯钢瓶结构示意图

8.3　液氯钢瓶附件、漆色及标志

(1) 液氯钢瓶的附件包含瓶帽、瓶阀、瓶阀六角螺帽、检修丝堵、防震圈等。

(2) 液氯钢瓶的漆色为深绿色，在瓶体上用白漆喷上“液氯”字样或标准的化学元素符号，符合《气瓶颜色标志》(GB/T 7144—2016) 文件要求，见图 8-2。

图 8-2　液氯钢瓶标志及漆色

8.4　液氯钢瓶的技术检验

(1) 液氯钢瓶的定期检验周期、报废期限应当符合《气瓶安全技术监察规程》(TSG R0006—2014)、《气瓶安全监察规定》，以及相关规范、规定、标准等文件的要求。

（2）承担液氯钢瓶定期检验工作的检验机构，应当经主管部门核准，按照有关安全技术规范和国家标准的规定，从事液氯钢瓶的定期检验工作。从事液氯钢瓶定期检验工作的检验人员，应当经主管部门考核合格，取得液氯钢瓶检验人员证书后，方可从事液氯钢瓶检验工作。

（3）液氯钢瓶检验机构应当有与所检液氯钢瓶种类、数量相适应的场地、余气回收与处理设施、检验设备、持证检验人员，并有一定的检验规模。

（4）液氯钢瓶检验机构的主要职责

① 对液氯钢瓶进行定期检验，出具检验报告，并对其正确性负责。

② 对可拆卸的气瓶瓶阀等附件进行更换，更换的瓶阀应当选择具有相应瓶阀制造许可证的单位制造的气瓶阀门产品。

③ 按《气瓶颜色标志》（GB/T 7144—2016），去除液氯钢瓶表面的漆色后重新涂敷液氯钢瓶颜色标志，打液氯钢瓶定期检验钢印。

④ 受气瓶产权单位委托，对报废液氯钢瓶进行破坏性处理（压扁或解体）。

（5）液氯钢瓶检验机构应当严格按照有关安全技术规范和检验标准规定的项目进行定期检验。检验液氯钢瓶前，检验人员必须对液氯钢瓶的液氯采取环保的方式处理，不得向大气排放，达到有关安全要求后，方可检验。检验人员应当认真做好检验记录。

（6）液氯钢瓶检验机构应当保证检验工作质量和检验安全，保证经检验合格的液氯钢瓶能够安全使用一个检验周期，不能安全使用一个检验周期的液氯钢瓶应予报废。

（7）液氯钢瓶检验机构应当将检验不合格的报废液氯钢瓶予以破坏性处理。液氯钢瓶的破坏性处理必须采用压扁或将瓶体解体的方式进行。禁止将未经破坏性处理的报废液氯钢瓶交予他人。

（8）液氯钢瓶检验机构应当按照上级特种设备安全监督管理部门的要求，报告当年检验的各种液氯钢瓶的数量、各充装单位送检的液氯钢瓶数量、检验工作开展情况以及影响液氯钢瓶安全使用的倾向性问题等。

（9）检验周期与检验项目

① 液氯钢瓶每两年检验一次。在使用过程中，若发现钢瓶有严重腐蚀、损伤或对其安全使用可靠性有怀疑时，应提前进行检验。库存或停用时间超过一个检验周期的气瓶，启用前应进行检验。

② 钢瓶定期检验项目包括外观检查、焊缝检查、阀座与塞座检查、内部检查、容积测定、水压试验、瓶阀检验和气密性试验等。

（10）检验准备

① 逐只检查登记钢瓶制造标志和检验标志。登记内容包括制造国别、制造厂

名称或代号、出厂编号、出厂年月、公称工作压力、水压试验压力、实际容积、实际重量、上次检验日期。

② 未经主管部门认可的厂商制造的钢瓶、制造标志不符合《钢制焊接气瓶》（GB/T 5100—2011）规定的钢瓶、制造标志模糊不清或关键项目不全而无据可查的钢瓶、有关政府文件规定不准再用的钢瓶，登记后不予检验，按报废处理。

③ 对使用年限超过 12 年的液氯钢瓶登记后不予检验，按报废处理。

④ 对于瓶内介质不明、瓶阀无法开启的气瓶，应与待检瓶分别存放以待另行妥善处理。

⑤ 确认瓶内压力与大气压力一致时，用不损伤瓶壁金属的器械卸下瓶阀和防震圈，同时卸下泄压阀和螺塞。

⑥用不损伤瓶体金属的适当方法将钢瓶内外表面的污垢、腐蚀产物、沾染物等有碍表面检查的杂物以及外表面的疏松漆膜清除干净。

（11）外观检查与评定　瓶体外观检查，应逐只对钢瓶进行目测检查，检查其外表面及其焊缝是否存在凹陷、凹坑、鼓包、磕伤、划伤、裂纹、夹层、皱折、腐蚀、热损伤以及焊缝缺陷。瓶体出现下列问题应依据《钢质焊接气瓶定期检验与评定》（GB/T 13075—2016）进行判废/报废处理。

① 瓶体存在裂纹、鼓包、结疤、皱折或夹杂等缺陷的气瓶应报废。

② 瓶体磕伤、划伤、凹坑处的剩余壁厚小于设计壁厚的 90%的气瓶应判废。

③ 瓶体凹陷深度超过 6mm 或大于凹陷短径的 1/10 的气瓶应报废。

④ 瓶体凹陷深度小于 6mm，凹陷内划伤或磕伤处剩余壁厚小于设计壁厚的气瓶应报废。

⑤ 瓶体存在弧疤、焊迹或明火烧烤等热损伤而使金属受损的气瓶应报废。

⑥ 瓶体上孤立点腐蚀处的剩余壁厚小于设计壁厚 2/3 的气瓶应报废。

⑦ 瓶体线腐蚀或面腐蚀处的剩余壁厚小于设计壁厚 90%的气瓶应判废。

⑧ 护罩或底座破裂、脱焊、磨损而失去作用或底座支撑面与瓶底最低点之间距离小于 10mm 的气瓶应报废。

⑨ 焊缝不允许咬边，焊缝和热影响区表面不得有裂纹、气孔、弧坑、凹陷和不规则的突变，否则应报废。

⑩ 主体焊缝上的划伤或磕伤经修磨后，焊缝低于母材的应报废。

⑪ 主体焊缝热影响区的划伤或磕伤处修磨后剩余壁厚小于设计壁厚的应报废。

⑫ 主体焊缝及其热影响区的凹陷最大深度大于 6mm 的应报废。

⑬ 在检查中对有怀疑的部分应使用 10 倍放大镜检查，必要时进行无损探伤。

（12）阀座、塞座检查

① 用目测或低倍放大镜逐只检查阀座或塞座及其螺纹有无裂纹、变形、腐蚀

或其他机械损伤。

② 阀座或塞座有裂纹、倾斜、塌陷的气瓶应报废。

③ 阀座或塞座螺纹不得有裂纹或裂纹性缺陷，但允许有轻微不影响使用的损伤，即允许不超过 3 牙的缺口，缺口长度不超过圆周的 1/6，缺口深度不超过牙高的 1/3。

④ 螺纹的轻度腐蚀磨损或其他损伤可用符合《气瓶锥螺纹丝锥》（GB/T 10878—2011）规定的丝锥修复。修复后用符合《气瓶专用螺纹量规》（GB/T 8336—2011）的量规检验，检验结果不合格时该气瓶应报废。

（13）内部检查

① 应用内窥镜或电压不超过 24V、具有足够亮度的安全灯逐只对气瓶进行内部检查。内表面有裂纹、结疤、皱折、夹杂或凹坑等缺陷的气瓶应报废。内表面存在腐蚀缺陷时，参照相关标准进行重新评定。

② 要特别注意检查瓶内有无被油脂沾污。发现有油脂沾污时，必须进行脱脂处理。

③ 壁厚测定　对钢瓶除进行有缺陷部位的局部测厚外，还必须逐只进行定点测厚。测厚仪的误差应不大于±0.1mm。对内外表面腐蚀程度轻微的气瓶，至少在上封头、筒体和下封头三个部位上各测定一点；对腐蚀程度严重的钢瓶，至少在上封头测定两点、筒体上测定四点、下封头测定两点。各测点应选于腐蚀深处。

在上封头、筒体和下封头三个部位上，无论选定多少测点，只要有一点的剩余壁厚小于设计壁厚的 90%，则该瓶应判废。

（14）容积测定

① 钢瓶必须逐只进行容积测定。

② 容积测定用的衡器应保持准确，其最大称量值应为常用称量值的 1.5～3.0 倍。衡器的校验周期不得超过三个月。

（15）水压试验

① 钢瓶必须逐只进行水压试验，水压试验装置、方法和安全措施应符合《气瓶水压试验方法》（GB/T 9251—2011）的要求。

② 钢瓶在试验压力下的保压时间不少于 3min。

③ 钢瓶水压试验时，瓶体出现渗透、明显变形或保压期间压力有回降现象（非因试验装置、瓶口或螺塞口泄漏）的钢瓶应报废。

（16）内部干燥

① 经水压试验合格的气瓶，必须逐只进行内部特殊干燥。

② 钢瓶经水压试验合格后，将瓶口或塞口朝下倒立一段时间，待瓶内残留的水沥净，采用内加温或外加温方法进行内部一般干燥。

③ 内部一般干燥的温度通常控制在 70～80℃；干燥时间不得少于 20min。

④ 从干燥装置上卸下气瓶后，借助内窥镜或小灯泡观察瓶内干燥状况。如内壁已全面呈干燥状态，便可安装瓶阀。

（17）瓶阀及螺塞（检修螺塞）检验与装配

① 应逐只对瓶阀进行解体检验、清洗和更换损伤的零部件，保证开闭自如、不泄漏。

② 阀体及其零部件不得有严重变形，螺纹不得有严重损伤。

③ 更换瓶阀及螺塞或密封材料时，必须根据盛装介质的性质选用合适的瓶阀或材料。在装配瓶阀、检修螺塞座（配丝堵）之前，必须对瓶阀及检修螺塞座的气密性进行试验。

④ 瓶阀及螺塞应装配牢固并应保证其与阀座或塞座连接的有效螺纹牙数和密封性能，其外露螺扣数不得少于 3 扣。

（18）气密性试验

① 钢瓶水压试验合格后，必须逐只进行气密性试验。试验装置和方法应符合《气瓶气密性试验方法》（GB/T 12137—2015）的要求，试验压力应等于钢瓶公称工作压力。

② 钢瓶应用浸水法进行气密性试验。钢瓶浸水保压时间不少于 2min，保压期间不得有泄漏或压力回降现象。

③ 钢瓶气密性试验时，对在试验压力下瓶体泄漏的气瓶应报废。

④ 试验过程中若试验装置、瓶阀或螺塞产生泄漏时，应立即停止试验，待重新装配后再试验。

（19）检验后的工作

① 定期检验合格的钢瓶应按《气瓶安全技术监察规程》（TSG R0006—2014）的规定打上或压印检验标志、喷涂检验色标。

② 检验人员必须将钢瓶检验与评定结果填入《气瓶定期检验与评定记录》。

③ 报废钢瓶由检验单位负责销毁，销毁前对钢瓶进行无害化处理，销毁方式为压扁、锯切或气割。按《气瓶安全技术监察规程》附件 D 的规定填写《气瓶定期检验报告》和其附表 2《报废气瓶一览表》，通知钢瓶产权单位。

④ 在腐蚀性环境下以及常与海水接触的液氯钢瓶应缩短检验周期。

⑤ 检验合格的钢瓶必须按《气瓶颜色标志》（GB/T 7144—2016）的规定重新喷涂颜色标记。

8.5 液氯钢瓶充装

液氯钢瓶充装单位应按《特种设备生产和充装单位许可规则》（TSG 07—

2019）要求，依法取得《中华人民共和国气瓶充装许可证》后方可进行充装。

液氯钢瓶即使在设计、制造等方面符合要求，如果充装环节未严格控制，也会导致事故发生。历史上也多次出现由于液氯钢瓶超装或物料倒灌发生化学反应所引起的液氯钢瓶爆炸事故。因此，必须引起高度重视。

8.5.1 充装前的要求

（1）充装操作人员应取得液氯充装资质，熟悉液氯的特性（毒、腐蚀性等）及其与钢瓶材料（包括瓶体及瓶阀等附件）的相容性。

（2）充装操作人员劳动保护品佩戴齐全，现场备齐相应的氨水、扳手等。

（3）确认事故氯气处理和真空系统运行正常。

（4）液氯充装钢瓶按新旧分为两种，一种是新瓶，另一种是周转瓶。新瓶应随带钢瓶生产许可文件和质量合格证；周转瓶即已经充装过液氯，用完后又返回充装单位重新充装的钢瓶。液氯充装站应对钢瓶本体进行外部检查，检查结果符合以下内容并做好记录：钢瓶漆色、字样清楚；安全附件齐全、完好；钢印标记识别清楚；在技术检验期限内；瓶体外观洁净、完好无损。

（5）周转瓶内部检查　根据《氯气安全规程》（GB 11984—2008），钢瓶充装前应有专人对气瓶逐只进行充装前检查，确认完好无缺陷和无异物方可充装，并做好记录。先检查是否有余氯，果发现无余氯应作好标记，禁止充装。同时书面通知销售部门联系使用单位，查明原因，采取改进措施（防止瓶内有异物发生爆炸）。

（6）新投入使用或经检验后首次充氯的钢瓶，充氯前应先用氮气置换瓶内的空气，瓶内气体露点分析合格（－40℃以下）后方可充装。

（7）充装前的检查记录，内容至少应包括：液氯钢瓶编号、液氯钢瓶容积、钢瓶皮重、发现的异常情况、检查者姓名或代号、检查日期等。记录应妥善保存，以备检查。

（8）充装前对计量器具检查校零。充装用的计量器具应由具有计量器具检验资质的检验检测单位每三个月检验一次，计量器具的最大称量值应为常用称量的1.5～3.0倍。计量器具应设有超装报警及自动切断液氯装置，见图8-3。

（9）液氯钢瓶的充装系数为1.25kg/L，严禁超装。

（10）液氯钢瓶有以下情况之一的，严禁充装。

① 颜色标记不符合《气瓶颜色标志》（GB/T 7144—2016）规定的。

② 钢印标记不全或不能识别的。

③ 超过技术检验期限的。

④ 瓶体存在明显损伤或缺陷，安全附件不全、损坏或不符合规定的。

⑤ 瓶阀和检修螺塞（丝堵）上紧后，螺扣外露数不足3扣的。

图 8-3 液氯钢瓶超装报警及自动切断装置

⑥ 瓶体温度超过 40℃的。

⑦ 未判明装过何种气体（介质）的。

⑧ 周转瓶瓶内余压低于《氯气安全规程》（GB 11984—2008）中有关规定的。

⑨ 瓶体或瓶阀处沾有油脂或污物，瓶阀外腐蚀严重的。

⑩ 新瓶无检验合格证、钢印标记与合格证不符的。

⑪ 无资质厂家制造的。

⑫ 瓶体上检验钢印系未经地方主管部门批准的液氯钢瓶检验单位的。

⑬ 改装的。

（11）经检查不合格（包括待处理）的钢瓶，应分别存放，并做明显标记，以防与合格钢瓶相互混淆。

（12）颜色或其他标记以及瓶阀出口螺纹与液氯充装不相符的钢瓶，除不予充装外，还应查明原因，报告上级主管部门进行处理。

（13）用卡子连接代替螺纹连接进行充装时，必须检查确认瓶阀出口螺纹与所装气体所规定的螺纹型式相符，见图 8-4。

图 8-4 液氯钢瓶充装卡子连接方式

8.5.2 充装后的要求

(1) 充装后的钢瓶应逐只复验充装量，复验时应换人、换衡器，两次称重误差不应超过允许充装量的1%。

(2) 充装后用10%的稀氨水检查检查钢瓶的气密性，检查钢瓶附件是否齐全。确认钢瓶无泄漏、附件完整。

(3) 入库前应如实填写产品合格证，拴挂（粘贴）在钢瓶合适位置。

(4) 钢瓶有以下异常情况的，应及时进行妥善处理。超装的；瓶体出现鼓包、变形或泄漏等严重缺陷的；瓶阀及其与瓶口连接的密封泄漏的；瓶体温度有异常升高迹象的。

(5) 充装后应认真填写充装记录。充装记录的内容至少包括：钢瓶编号、钢瓶皮重、充装重量、充装者和复验者姓名或代号、充装日期等。记录要妥善保存，以备检查。

8.6 液氯钢瓶的贮存

(1) 液氯钢瓶不应露天存放，也不应使用易燃、可燃材料搭设的棚架存放，应贮存在专用库房内。其仓库应符合《建筑设计防火规范》（GB 50016—2014）的有关规定。

(2) 仓库内不得有与外界相通的地沟、暗道，严禁明火和其他热源；仓库内应通风、干燥，避免阳光直射。

(3) 空瓶和充装后的重瓶应分开放置，不应与其他液氯钢瓶混放，不应同室存放其他危险物品，见图8-5、图8-6。

图8-5 液氯钢瓶空瓶贮存

(4) 充装后的液氯钢瓶（重瓶）存放期不应超过三个月。装有液氯的钢瓶应做到先到先发，不得长期存放。

图 8-6 液氯钢瓶重瓶贮存

(5) 充装量为 500kg 和 1000kg 的重瓶应横向卧放，塞上楔子，以防滚动；堆放的钢瓶之间应留出吊运间距和通道；钢瓶堆放不应超过两层。

(6) 钢瓶贮存库房内严禁存放易燃易爆等物品；设置“当心中毒”“必须戴防毒面具”等安全警示牌以及指令标牌。

(7) 禁止在液氯钢瓶贮存库房内存放与氯气（液氯）接触后会引起燃烧、爆炸的其他物质钢瓶或化学物品。

(8) 贮存库内必须按《氯气安全规程》（GB 11984—2008）配备足量的专用防毒设施与应急工具、防护用品及消防器材。

8.7 液氯钢瓶的运输

(1) 液氯钢瓶装卸、搬运时，应戴好瓶帽、防震圈，避免钢瓶发生撞击。

(2) 充装量为 50kg 的液氯钢瓶装卸时，应用橡胶板衬垫；用手推车搬运时，应加以固定。

(3) 充装量为 100kg、500kg 和 1000kg 的液氯钢瓶装卸时，应采用起重机械，并使用特殊设计的吊架或搬运器搬运，挂钩要牢固，见图 8-7；起重量应大于重瓶重量的一倍以上。不得使用叉车、吊索（绳扣）或磁力起吊设备装卸。

(4) 尽量在白天进行钢瓶装卸工作。夜间装卸时，场地应有足够的照明。

(5) 装车前，充装单位应对液氯运输车辆和人员（司机、押运员）资质进行检查，证照、资质不齐全的，不得装车。

(6) 液氯钢瓶运输车辆应按规定悬挂危险品标志。

(7) 液氯钢瓶装车时，按瓶阀一律朝向车辆行驶方向的右侧装车。

(8) 充装量为 50kg 的液氯钢瓶应横向装运，堆放高度不应超过两层；充装量为 100kg、500kg 和 1000kg 的液氯钢瓶装运时，只允许单层放置，并将其固定

图 8-7 液氯钢瓶专用吊装器具

牢靠，防止滚动。

(9) 液氯钢瓶运输车辆不得混装其他物品，不得搭乘无关人员。

(10) 液氯钢瓶运输车辆停车时应可靠制动，并留人值班看管。

(11) 运输液氯钢瓶的车辆，应严格按照当地公安交通管理部门规定的行车路线、行驶时间段行驶；不得在人口稠密区和有明火、高热等场所停靠。

(12) 运输液氯钢瓶的车辆不应从隧道过江。

(13) 不得用自卸车、挂车、畜力车运输液氯钢瓶。

(14) 船舶装运液氯钢瓶应严格遵守交通、港口部门制定的船舶运输危险化学物品规定。

8.8 液氯钢瓶的安全使用

(1) 凡充装、贮存、运输、使用液氯钢瓶的单位和个人应遵守国家相关法律法规的规定。

(2) 充装、使用、贮存液氯钢瓶的厂房、库房建（构）筑应符合《建筑设计防火规范》(GB 50016—2014) 中的有关规定。

(3) 充装、使用、贮存液氯钢瓶的工业企业选址应依据国家城乡规划、环境保护及卫生等法规、标准和拟建项目特征进行综合分析而确定。

(4) 液氯钢瓶充装、使用、贮存、运输单位相关从业人员，应经专业培训、考试合格，取得合格证后，方可上岗操作。

(5) 液氯钢瓶的充装、使用、贮存、运输车间（部门）负责人（含技术人员），应熟练掌握工艺过程和设备性能，并具备氯气事故处理能力。

(6) 充装、贮存、运输、使用等液氯钢瓶的作业场所，都应配备应急抢修器材和防护器材（见表 8-2、表 8-3），并定期维护。

表 8-2 常备抢修器材表

器材名称	规格	常备数量
瓶阀堵漏、调换专用工具		1 套
瓶阀出口铜六角螺帽、垫片		2～3 个
专用扳手		1 把
活动扳手	12″	1 把
手锤	0.5 磅	1 把
克丝钳		1 把
竹签、木塞、铅塞、橡皮塞	ϕ3mm～10mm 大小不等	各 5 个
铁丝	8 号	20m
铁箍	ϕ800mm×50mm×3mm	各 2 个
	ϕ600mm×50mm×3mm	
橡胶垫	ϕ500mm×50mm×5mm	2 条
密封用带		1 盘
氨水	10%	0.2L

表 8-3 常备防护用品表

名称	种类	常用数	备用数
过滤式防毒面具	防毒面具	与作业人数相同	2 套
	防毒口罩		
呼吸器	正压式空（氧）气呼吸器	与紧急作业人数相同	1 套
防护服 防护手套 防护靴	橡胶或乙烯类 聚合物材料	与作业人数相同	适量

(7) 对于半敞开式液氯钢瓶的充装、使用、贮存等厂房结构，应充分利用自然通风条件换气；不能采用自然通风的场所，应采用机械通风，但不宜使用循环风。对于全封闭式氯气生产、使用、贮存等厂房结构，应配套吸风和事故氯气吸收处理装置。

(8) 充装、使用液氯的车间（作业场所）及贮氯场所应设置氯气泄漏检测报警仪，作业场所和贮氯场所空气中氯气含量最高允许浓度为 1mg/m^3。

(9) 液氯钢瓶称重衡器量程应大于钢瓶重瓶时总重量的一倍以上，并按规定每三个月校验一次，确保准确。

(10) 液氯钢瓶使用单位不得将液氯钢瓶自行转让给他人使用；不得自行充装液氯钢瓶。

(11) 不得擅自更改气瓶的钢印和颜色标记。

(12) 严禁在气瓶上进行电焊引弧。

（13）液氯钢瓶的放置地点，不得靠近热源，距明火10m以外。

（14）使用液氯的场所，要有良好的通风，最高温度不得超过40℃；禁止放置露天使用，必须要有用阻燃材料搭设的遮阳设施，不受日光直射。

（15）不应将油类、棉纱等易燃物或与氯气易发生反应的物品放在液氯钢瓶附近。

（16）不应将液氯钢瓶设置在楼梯、人行道口和通风系统等场所。

（17）液氯钢瓶使用前应进行安全状况检查，对盛装介质进行确认。

（18）充装量为50kg和100kg的液氯钢瓶，使用时应直立放置，并有防倾倒措施；充装量为500kg和1000kg的液氯钢瓶，使用时应卧式放置，要有防滑与防滚动设施，严禁敲击、碰撞钢瓶。500kg和1000kg的液氯钢瓶使用气态氯时，将导管接在上侧的瓶阀上；使用液态氯时将导管接在下侧瓶阀上。

（19）使用液氯钢瓶时，应有称重衡器；使用前和使用后均应登记重量，瓶内液氯不能用尽；充装量为50kg和100kg的液氯钢瓶应保留2kg以上的余氯，充装量为500kg和1000kg的液氯钢瓶应保留5kg以上的余氯。

（20）连接液氯钢瓶用紫铜管应预先经过退火处理，金属软管应经耐压试验合格。采用不锈钢管的必须符合《锅炉、热交换器用不锈钢无缝钢管》（GB/T 13296—2013）的要求。

（21）液氯钢瓶和用氯设备连接口必须紧密吻合，接好后用稀氨水查漏，不准在氯气泄漏的状态下使用钢瓶。

（22）液氯钢瓶与用氯设备之间应设置截止阀、逆止阀和足够容积的缓冲罐，防止物料倒灌；相应设备设施应定期检查，以防失效。

（23）液氯钢瓶出口端应设置针型阀调节氯流量，不允许使用瓶阀直接调节。

（24）开启钢瓶阀门时，应使用专用扳手，在液氯钢瓶使用过程中，应将专用扳手放置于瓶阀上，以便异常情况下能及时操作；禁止使用活扳手、管钳等工具。

（25）开启瓶阀要缓慢操作，用力不可过猛；关闭时，亦不能用力过猛或强力关闭。瓶阀开度不宜过小，应多开几圈。

（26）操作中应保持液氯钢瓶内压力大于瓶外压力。当钢瓶使用中因意外使钢瓶内出现负压时，必须立即关闭钢瓶阀，防止将设备、设施内的物料或水抽入钢瓶内发生事故。负压钢瓶须尽快返至供应厂家，同时说明相关情况。

（27）更换液氯钢瓶时，应将管道内余氯抽入中和系统，不得将残余氯气排至作业场所。

（28）不应使用蒸汽、明火直接加热液氯钢瓶。可采用40℃以下的温水加热。

（29）作业结束后应立即关闭瓶阀，并将连接管线残存氯气回收处理干净。

（30）空瓶返回生产厂时，应保证安全附件齐全。

（31）液氯钢瓶长期不用，因瓶阀腐蚀而形成“死瓶”时，用户应及时与供应厂家取得联系，并由供应厂家安全处置。

（32）液氯生产、贮存、使用和运输单位应制定氯气泄漏应急预案，预案的编制应符合《生产安全事故应急演练基本规范》（AQ/T 9007—2019）中的有关内容，并按规定向有关部门备案；要定期组织应急人员培训、演练，适时修订完善应急预案。

8.9　液氯钢瓶的信息化管理

根据《特种设备生产和充装单位许可规则》（TSG 07—2019），液氯钢瓶充装基本条件要求建立和使用气瓶充装质量追溯信息系统，具有自动采集、保存充装记录的信息化平台。信息化平台比较多，本部分只介绍其中一种。

8.9.1　智能模式的信息收集

智能模式是一种新的钢瓶充装控制模式。对于将要充装的钢瓶，操作人员只需扫描一下标签，就能提前自动检测是否超期未检或超过使用期，如有故障，则报警并禁止充装，能自动检测钢瓶内的残液并根据残液值计算充装目标值，有效地避免了超量残液造成的过充情况。如果阀门关闭后仍然有重量增加，则可能是阀门泄漏，系统则会自动声光报警提示并记录在数据库。充装完成后，可以把充装数据、复检数据等回写到钢瓶标签，供钢瓶运输、存放等全程追溯。系统通过众多的先进措施，提高了液氯充装的工作效率和安全系数。

系统的关键是信息收集。由于液氯充装及用户使用环境比较恶劣，信息扫码技术必须可靠。一般会采用射频技术、粘贴陶瓷条形码及特殊芯片（耐酸碱腐蚀、耐高温低温、防水、防尘、防油污）技术，采用手持机，满足智能化充装要求。

8.9.2　钢瓶智能充装和管理系统结构组成

整个钢瓶智能充装和管理系统可以分 3 层，即现场控制层、企业管理层和网络层。系统结构如图 8-8 所示。

最底层为现场控制层，主要包括称重控制单元、手持机及钢瓶标签。称重控制单元包括秤台、称重仪表、可编程控制器（PLC）、显示屏以及按钮指示灯等，PLC 通过分布式外围通信模块（DP）接入 PROFIBUS DP 总线，与钢瓶管理系统进行交互通信，同时还能接入 DCS 系统。

标签识别及传输系统主要由电子标签、无线标签识别器、无线通讯基站和标签管理系统等组成。

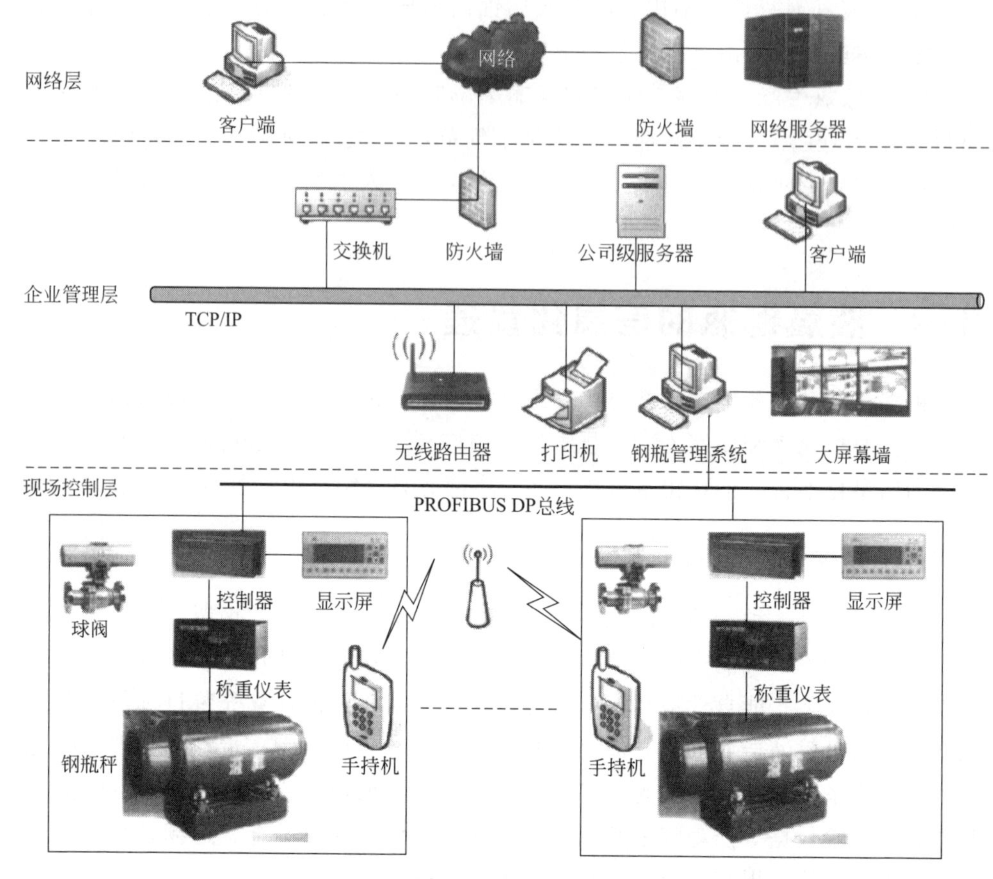

图 8-8 系统结构

无线通信基站安装在充装现场，和数据中心采用局域网连接，与识别器之间进行无线通信。

中间层为企业管理层，钢瓶管理系统把钢瓶信息、充装数据在本地显示和保存，并同时将这些数据通过企业网上传到 MIS 或 ERP（企业管理系统），以便对钢瓶的充装及流通情况进行统计、查询和追溯。也可以在管理室配备电子屏幕墙和视频监控设备，操作人员只需在管理室，观察到大屏幕上的重量到达目标值时再出去操作，减少了工作人员接触有害氯气的可能性。

最顶层为网络层，工厂把钢瓶的充装数据、流转信息发送到相应的网络服务器，监管部门可以在网上实时监管系统内每一只钢瓶的检查结果、充装情况以及当前流向等。

8.9.3 系统管理功能

在钢瓶的整个生命周期，对每只钢瓶的每次操作，如购买、检验、充装、流转或报废等，钢瓶信息库内都有记录，真正实现了钢瓶的可追溯、可管理。

(1) 钢瓶的档案管理　将所有钢瓶的基本信息，包括钢瓶编号、生产厂家、出厂日期、下一次检验日期等都录入钢瓶基本数据库。对于 3 个月后需要大修的钢瓶自动报警提示。能反映报废钢瓶的报废日期、报废时的状况等信息。

(2) 钢瓶的流转库管理　使用无线标签系统可以自动录入需要出库或入库的钢瓶。该软件能实时反映钢瓶总数量、入库空瓶数量、充装后的重瓶数量以及流转在外地的钢瓶数量；能分类检索某时段或某单位进出钢瓶记录，随时统计各用户单位尚未返还的钢瓶信息，对于超过 3 个月未返回的钢瓶数量及所在单位自动提示。

(3) 钢瓶的智能充装管理　实现液氯钢瓶的自动检重充装，显示、保存和上传钢瓶的皮重、毛重、充装量、残液等称重数据，并可以查询和打印明细或汇总数据。智能充装控制流程见图 8-9。

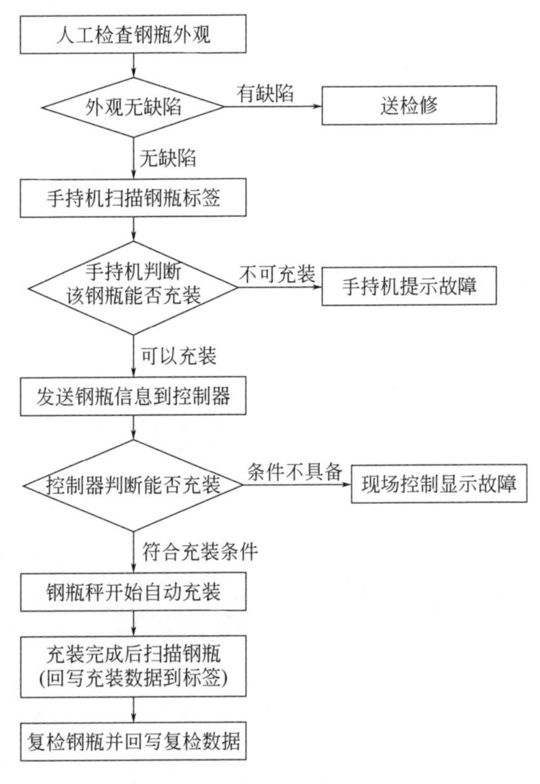

图 8-9　智能充装控制流程

(4) 钢瓶标签管理　由于电子标签具有数据存储功能，可以利用电子标签为钢瓶建立详细的管理档案，将钢瓶的出厂情况、检测情况、充装情况、流转情况等信息完整地记录在电子标签中。如此，一个钢瓶从出厂到报废，经过了多少环节，用户和监管部门都可以清楚地掌握。

现场操作人员使用便携式无线标签识别器来扫描气瓶，使得钢瓶入库、充装、出库更加可靠高效；通过智能充装控制系统来对不良钢瓶、超期钢瓶做出判断识别，有效地避免了由于操作人员的疏忽和错误判断所造成的钢瓶安全事故；系统实时监测在库钢瓶、流出钢瓶信息，并形成信息报告供管理者决策，有助于减少钢瓶超期服役、超期未归现象；网络接入技术使得数据共享、远程查询分析支持成为可能，使得钢瓶监管可以在更广范围内实施。

信息化跟踪管理钢瓶，提高了液氯充装的安全管理水平，有效地预防和减少了钢瓶安全事故的发生。

参考文献

[1] 董树巍. 液氯钢瓶智能充装及管理系统. 中国氯碱，2012 (6)：40-42.

[2] 韩海强，楼樯鸣. 液氯钢瓶自动充装与标签管理系统. 化工自动化及仪表，2017，44 (1)：97-99.

[3] GB 11984—2008 氯气安全规程.

[4] GB 14193—2009 液化气体气瓶充装规定.

[5] TSG R0006—2014 气瓶安全技术监察规程.

[6] TSG 07—2019 特种设备生产和充装单位许可规则.

[7] GBT 13075—2016 钢质焊接气瓶定期检验与评定.

[8] AQ 3014—2008 液氯使用安全技术要求.

[9] GB/T 7144—2016 气瓶颜色标志.

[10] TSG RF001—2009 气瓶附件安全技术监察规程.

第9章 液氯罐箱、罐车(槽罐车)的安全管理

9.1 常用技术规范及标准

液氯罐箱、罐车（槽罐车）的相关安全管理规范及标准见表9-1。

表9-1 液氯罐箱、罐车（槽罐车）的安全管理规范及标准

序号	标准名称	标准号
1	《移动式压力容器安全技术监察规程》	TSG R0005—2011/XG1—2014/XG2—2017
2	《特种设备生产和充装单位许可规则》	TSG 07—2019
3	《液化气体汽车罐车》	GB/T 19905—2017
4	《液化气体罐式集装箱》	NB/T 47057—2017
5	《液化气体铁路罐车》	GB/T 10478—2017
6	《液化气体罐车用弹簧安全阀》	HG 3157—2005
7	《液化气体罐车用紧急切断阀》	HG 3158—2005
8	《液化气体罐车用磁力液位计》	HG/T 4276—2011
9	《液体装卸臂工程技术要求》	HG/T 21608—2012
10	《道路危险货物运输管理规定》	
11	《道路运输危险货物车辆标志》	GB 13392—2005
12	《爆破片装置安全技术监察规程》	TSG ZF003—2016

9.2 液氯罐箱、罐车的简介

液氯罐式集装箱，简称液氯罐箱，是指由两个基本部分即罐体以及框架组成

的用于充装液氯的移动式压力容器。

液氯罐车是指罐体用于充装液氯，且通过定型底盘或半挂行走机构采用永久性连接的道路运输罐式车辆。液氯罐车一般分为两种型式：①罐体永久性安装在定型底盘上，且与车辆不可分离的罐式车辆；②罐体永久性安装在半挂行走机构上，与挂车不可分离，牵引车与挂车可分离的罐式车辆。

液氯罐箱、罐车都是移动式压力容器，主要部分都是由罐体、安全附件、装卸系统、仪表、框架结构及标识等部分组成。

根据《道路危险货物运输管理规定》(中华人民共和国交通运输部令2013年第2号）的要求，运输剧毒化学品的罐式专用车辆的罐体容积不得超过$10m^3$，但符合国家有关标准的罐式集装箱除外。运输剧毒化学品的非罐式专用车辆，核定载质量不得超过10t，但符合国家有关标准的集装箱运输专用车辆除外。

集装箱运输专用车辆相关国家标准如下。

(1) 集装箱罐箱　根据《液化气体罐式集装箱》(NB/T47057—2017）进行设计、制造、检验和验收，完全符合《移动式压力容器安全技术监察规程》(TSG R0005—2011)，并取得《特种设备制造监督检验证书》和《特种设备使用登记证》，每年必须通过年检合格，并取得《移动式压力容器定期检验报告》。

(2) 牵引车　《中华人民共各种国行驶证》使用性质为“危化品运输”，车辆类型为“重型装挂牵引车”，准牵引总质量为“40000kg”，牵引车《机动车登记证书》注册信息与《中华人民共各种国行驶证》信息一致。《中华人民共和国道路运输证》“经营范围”应满足液氯危险货物运输类别要求。

(3) 挂车　《中华人民共各种国行驶证》使用性质为“危化品运输”，车辆类型为“重型集装箱半挂车”，核定载质量：应大于集装箱罐箱实际装载量＋集装箱罐箱整备质量之和。挂车《机动车登记证书》注册信息与《中华人民共各种国行驶证》信息一致。《中华人民共和国道路运输证》“经营范围”应满足液氯危险货物运输类别要求。

9.3 液氯罐箱的结构组成

本书以某公司制造的液氯罐箱（图9-1）为例，介绍罐箱的结构组成，相关技术参数仅供参考。

9.3.1 罐箱

罐箱一般由液氯罐体总成、安全附件、装卸系统、仪表、框架结构及标识等部分组成，如图9-2所示。

图 9-1　液氯罐式集装箱

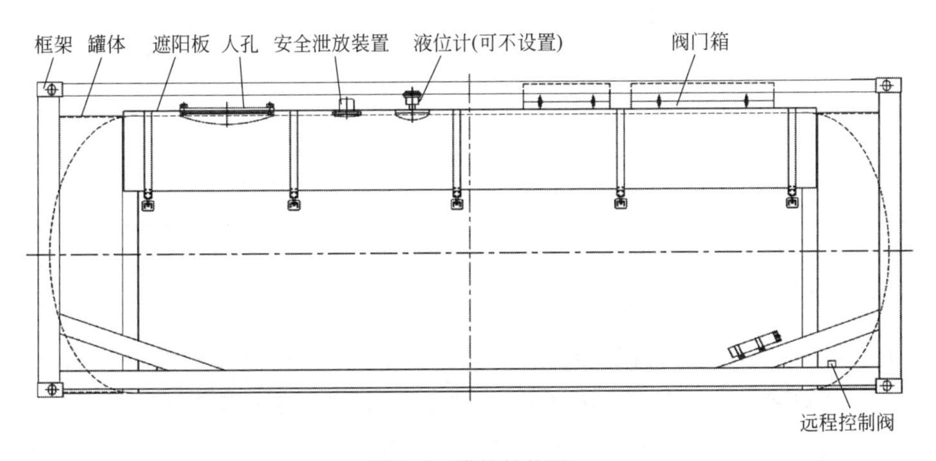

图 9-2　罐箱结构图

9.3.2　罐体

罐体为承压式钢制焊接结构，罐体母材 Q345R，人孔盖及法兰为 16MnDⅢ，设计压力 1.5MPa，设计温度－20～55℃，容积 21.7m^3，装载质量 27.1t，部设有一个 ϕ500 人孔，供检修出入使用。罐体顶部还设有安全附件和仪表，安全附件由安全泄放装置、紧急切断装置等组成；仪表有压力表、液位计和温度计等。罐体内设防冲板用来减缓运行时液体对罐体的冲击，以增加运行的稳定性。罐体顶部安装有遮阳板，以避免太阳直射，减缓罐内介质温升。

9.3.3 液氯罐箱的基本参数

液氯罐箱的基本参数见表 9-2。

表 9-2 液氯罐箱的基本参数

<table>
<tr><th colspan="3">型号</th><th>HT21FD 型</th></tr>
<tr><td rowspan="14">罐式集装箱</td><td colspan="2">外形尺寸（长×宽×高）/mm</td><td>6058×2438×2591</td></tr>
<tr><td rowspan="3">质量</td><td>整备质量/kg</td><td>7875</td></tr>
<tr><td>最大充装质量/kg</td><td>27125</td></tr>
<tr><td>最大设计总质量/kg</td><td>35000</td></tr>
<tr><td rowspan="10">罐体设计参数</td><td>最大允许工作压力/MPa</td><td>1.5</td></tr>
<tr><td>设计压力/MPa</td><td>1.5</td></tr>
<tr><td>设计温度/℃</td><td>−20/55</td></tr>
<tr><td>使用温度范围/℃</td><td>−20～50</td></tr>
<tr><td>罐体材料</td><td>Q345R</td></tr>
<tr><td>焊接接头系数</td><td>1</td></tr>
<tr><td>罐体内容积/m^3</td><td>21.7</td></tr>
<tr><td>罐体壁厚/mm</td><td>14</td></tr>
<tr><td>水压试验压力/MPa</td><td>1.95</td></tr>
<tr><td>气密试验压力/MPa</td><td>1.5</td></tr>
</table>

9.3.4 液氯罐箱的附件

（1）安全泄放装置　罐体顶部应设置一个或多个安全泄放装置，安全泄放装置应采用全启式弹簧安全阀与爆破片的串联组合装置，爆破片安装在安全阀入口处，在爆破片与安全阀之间设置压力表或者压力开关，以及放空阀、过流阀或者报警指示器。安全泄放装置的入口应设置在罐体液面以上的气相空间，安全阀的整定压力为罐体设计压力的 1.05～1.1 倍，额定排放压力应不大于罐体设计压力的 1.2 倍，回座压力应不小于整定压力的 0.9 倍。爆破片的标定爆破压力与安全阀的整定压力相同，爆破片的公称直径不小于安全阀的入口管径。

（2）爆破片　爆破片规格为 DN80（也有生产厂商设计为 DN50），材料为 316L 或 MONEL1400，根据 TSG ZF003—2016《爆破片装置安全技术监察规程》规定。一般情况下更换周期为二至三年，毒性介质经及苛刻条件下更换周期视情况而缩短。

爆破片装置由上夹持器、反拱带槽型爆破片、下夹持器组成。爆破片装置安装注意事项和步骤应参考相应产品说明。

（3）紧急切断装置　罐体的液相和气相出口处，必须设置紧急切断装置，以便在管道破裂、阀门损坏或环境发生火灾时，进行紧急切断。紧急切断装置一般由紧急切断阀、远程控制系统、过流控制以及易熔塞自动切断装置组成，紧急切断装置要求动作灵活、性能可靠，便于检修。

远程控制阀应装在人员易于到达的位置。易熔塞自动切断装置应设在当环境温度升高时，能自动关闭紧急切断阀的位置。紧急切断阀不应兼作他用，在非装卸时，紧急切断阀应处于闭合状态。

紧急切断装置应符合下列要求。

① 易熔塞的易熔合金熔融温度为 75℃±5℃；

② 油压式紧急切断阀应保证在工作压力下全开，并持续放置 48h 不致引起自然闭止；

③ 紧急切断阀自始闭起，应在 5s 内闭止；

④ 紧急切断阀制成后应经耐压试验和气密性试验合格。

（4）液位计　根据《液化器体罐式集装箱》（NB/T 47057—2017）标准一般可不设置液位计，液氯罐箱应通过称重来控制其最大充装量。

如设置液位计，应根据充装介质、设计压力和设计温度准确选用，且液位计应设有防止泄漏的密封式保护装置，液位计应安装在便于观察的位置。

（5）温度计　罐体应至少设计 1 个温度计。温度计的测量范围应与介质的工作温度相适应，其测量范围一般应为－40～65℃，并在设计温度处涂以红色警戒标记。

（6）压力表　液氯罐箱应采用隔膜式压力表，且选用的压力表应与装载的介质相适应。

① 压力表精度等级不应低于 1.6 级。

② 压力表表盘刻度的范围应为工作压力的 1.5～3.0 倍。

③ 压力表的装设位置应便于操作人员观察和清洗，且应避免受到辐射热、冻结或振动等不利因素的影响。

④ 压力表和罐体之间应装设切断阀，且切断阀应有开启和关闭标记。

⑤ 压力表盘应在工作压力值处画红线，校验合格应加铅封。

（7）导静电装置　罐箱必须装设可靠的静电接地端子，罐体金属与静电接地端子之间的电阻值不应超过 5Ω，静电接地端子处设有明显的标志。

（8）装卸阀门　罐体上应装设液相和气相装卸阀门。

① 装卸阀门的公称压力应高于罐体的设计压力。阀体的耐压试验压力为阀体公称压力的 1.5 倍。阀门的气密性试验压力为阀体公称压力。

② 装卸阀门应在全开和全闭工作状态下进行气密性试验并测试合格。

③ 装卸阀门的开闭操作，应能在阀门承受气密性试验压力下全开、全闭操作自如，且没有异常阻力、空转等。

④ 螺旋式截止阀应在顺时针方向转动时被关闭。对其他形式的截止阀，其开、关位置和关闭方向均应清楚标明。

(9) 操作装置　除远程控制阀外，操作装置的其他全部部件安装于操作箱内，操作装置由管路、紧急切断装置、远程控制阀等组成。

① 扳动手摇油泵油压手柄缓慢加压，紧急切断阀门将开启。

② 松开手摇油泵卸压手柄，油压卸除，从而使紧急切断阀复位关闭。

③ 当装卸料中出现异常现象时，可迅速打开靠近罐式集装箱端部的远程控制阀，卸掉手摇油泵的油压，使紧急切断阀自动关闭。

9.3.5 液氯罐箱的标志与标识

(1) 危险化学品运输车辆必须按照《道路运输危险货物车辆标志》(GB 13392—2005) 的规定悬挂标志和标志灯，液氯罐箱运输车辆的警示标志灯、牌必需齐全有效，危险品三角标志灯安装在驾驶室顶部外表面中前部。

(2) 罐箱标志标识应符合《集装箱代码、识别和标记》(GB/T 1836—2017) 的要求。

(3) 仅参与公路运输的液氯罐箱应在罐箱两侧喷涂与粘贴“仅限公路运输”和“禁止堆码”警示标志。

(4) 在罐箱的后部和两侧应粘贴橙色反光带，宽度为150mm±20mm，具体要求应符合《道路运输爆炸品和剧毒化学品车辆安全技术条件》(GB 20300—2018)。

(5) 罐箱的后部和两侧应粘贴有菱形标志，菱形标志应选用《危险货物包装标志》(GB 190—2009) 表 2 第 2.3 类有毒气体标志图形，图形尺寸不小于250mm×250mm。

(6) 在罐箱两侧需粘贴装载介质名称和“罐体下次检验日期：××××年××月”。字色一般为黑色，字高不小于100mm。

(7) 罐体其余裸露部分涂色规定：气相管（阀）——大红色（R03)；液相管（阀）——淡黄色（Y06)；其他不限。

9.4 液氯罐箱的定期检验

液氯罐箱的定期检验的内容及要求按《压力容器定期检验规则》TSG R7001—2013 进行，进入罐体作业前必须清除罐体所有可能滞留的易燃、有毒、有害气体，液氯槽车应当到具备危险化学品清洗资质的单位清洗，严禁擅自清洗或者倾倒残液。清洗后罐体内部空间的气体分析合格和测爆分析合格，含氧量应当在18%～23%（体积分数）之间，同时还应当配备通风、安全救护等设施，检验人员应认真执行有关动火、用电、高空作业、罐内作业、安全防护、安全监护等规定，进入罐内前必须清洗置换干净，罐体内各项指标分析合格，并办理进入有限空间作业票，需要动火作业的还必须办理动火作业票，并有人监护，做好一切安全措施，严禁擅自进入罐内，确保人身安全。

液氯罐箱年度检验，每年至少一次。液氯罐箱的年度检查包括使用单位对液氯罐箱的安全管理情况检查、液氯罐箱本体及运行状况检查和液氯罐箱安全附件检查等。年度检验一般不对压力容器安全器安全状况等级进行评定，但如果发现严重问题，应当由检验机构按《压力容器定期检验规则》TSG R7001—2013 相关条款规定进行评定，适当降低压力容器安全状况等级。

9.4.1 液氯罐箱全面检验

液氯罐箱全面检验，全面检验周期按表 9-3 执行。

表 9-3 液氯罐箱全面检验周期表

罐体安全状况等级	移动式压力容器
	罐式集装箱
1～2 级	5 年
3 级	2.5 年

注：罐体安全状况等级的评定按《压力容器定期检验规则》的规定。

有下列情况之一的液氯罐箱，应做全面检验。

（1）新罐体投用后 1 年内进行首次全面检验。

（2）停用一年以后重新投用的。

（3）发生事故影响安全使用的。

（4）罐体经重大修理或改造的。

（5）改变使用条件的。

（6）使用单位或检验机构认为有必要提前进行全面检查的。

9.4.2 液氯罐箱的安全管理

检查液氯罐箱的安全管理规章制度和安全操作规程，运行记录是否齐全、真实，查阅液氯罐箱台账与实际是否相符；液氯罐箱图样、使用登记证、产品质量证明书、使用说明书、监督检验证书、历年检验报告以及维修、改造资料等建档资料是否齐全并且符合要求；液氯罐箱作业人员是否持证上岗。

9.4.3 液氯罐箱的本体及运行状况的技术检验

主要内容有：液氯罐箱的铭牌、漆色、标志及喷涂的使用证号码是否符合有关规定；液氯罐箱的本体、接口（阀门、管路）部位、焊接接头等是否有裂纹、过热、变形、泄漏、损伤等；液氯罐箱外表面有无腐蚀等；遮阳板（按设计图纸配置）及罐内防波板有无破损、脱落；检漏孔、信号孔有无漏液、漏气，检漏孔是否畅通；液氯罐箱及安全附件与相邻构件有无异常振动、响声或者相互摩擦；罐体与集装箱框架是否紧固和完好，框架有无倾斜、开裂，集装箱框架与挂车平板紧固栓是否齐全、完好；运行期间是否有超压、超温、超量等现象；罐体有接地装置的，检查接地装置是否符合要求；罐体压力表接管是否畅通。

9.4.4 液氯罐箱的安全附件的检验

（1）压力表的选型、外观、精度等级、量程、表盘直径、检定有效期及其封印等是否完好及符合要求。

（2）液位计（视设计配置）是否完好及符合要求。

（3）温度计是否完好及符合要求。

（4）爆破片是否完好及符合要求。

（5）安全阀是否完好及符合要求。

（6）爆破片和安全阀之间的压力表是否有压力显示或者截止阀打开后有气体漏出。

9.4.5 液氯罐箱的全面检验

（1）检验前需审查设计和制造、产品合格证、质量证明书、使用登记证、运行及维修记录、历次年度和全面检验报告、随车文件等资料。

（2）液氯罐箱的全面检验的具体项目除年度检验项目以外，还应包括宏观（外观、结构以及几何尺寸）、遮阳罩、壁厚、表面缺陷、埋藏缺陷、材质、紧固件、强度、安全附件、气密性以及其他必要的项目。检验的方法以宏观检查、壁厚测定、表面无损检测为主，必要时可以采用以下检验检测方法：如超声检测、磁粉检测、射线检测、声发射检测、硬度测定、金相检验、化学分析或者光谱分析、涡流检测、强度校核或者应力测定、气密性试验、耐压试验等。

9.4.6 修理改造

（1）承担罐体主要受压元件修理的单位，必须经省级以上特种设备安全监督管理部门批准。

（2）承担罐体主要受压元件焊接的焊工，必须持有市场监督部门颁发的《锅炉压力容器焊工合格证书》《特种设备安全管理和作业人员证》，并有相应的、有效的合格项目。

（3）罐体修理前，罐内液体气体必须排尽，经置换、清洗、检测，并有记录，罐内有害气体成分达到卫生标准、可燃气体含量符合动火规定，并办理进入有限空间作业票及动火批准手续后，方可进行罐体动火作业；修理作业的照明应使用12伏电压的低压防爆灯。

（4）罐体补焊部位应经表面探伤合格，必要时应经射线探伤合格，并进行局部热处理。

（5）修理后应有详细的修理记录，经有关人员签字存档。

9.5 液氯罐箱的充装

9.5.1 充装流程

充装流程如图9-3所示。先将鹤管与槽罐车对接好，打开槽罐车液压阀，用氨水及时检查密封性，然后打开槽罐车液相阀和真空阀，对槽车进行泄压处理，待槽车抽至负压后，关闭真空阀。压力表稳定后，在充装控制系统中设定好充装量，让紧急切断阀处于“OPEN”状态，缓慢打开“充装阀”进行充装。当达到计划充装量后，“紧急切断阀”自动关闭，然后关闭“充装阀”，打开“真空阀”和“紧急切断阀”，抽掉液氯充装管（包括鹤管）中的液氯。最后拆卸鹤管，装上盲板，并用氨水试漏。

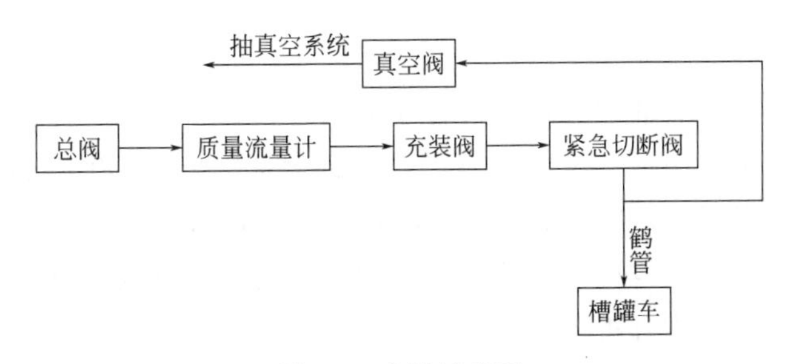

图9-3 充装流程图

9.5.2 充装操作

液氯槽车充装按《特种设备生产和充装单位许可规则》（TSG 07—2019）要求，依法取得《中华人民共和国移动式压力容器充装许可证》。根据《特种设备生产和充装单位许可规则》中要求液氯“充装装置的配置应当具有防止装卸用管拉脱的联锁保护装置或者措施”，最简单的是安装拉脱阀，但一些氯碱厂安装拉脱阀后，由于质量等原因很容易泄漏，后来就干脆不装了，更有甚者检查时装上，检查过后拆除。目前极大部分氯碱厂均未安装拉脱阀。

制定上述条款的初心是为了防止充装过程中因车辆发生移动而导致管道拉

裂，如果能够解决车辆移动问题也一样能解决上述问题。即于车辆两只轮子以上放置防滑块或防滑车，车辆熄火并把钥匙交充装人员即可。

9.5.2.1 充装前的检查

（1）准备好防毒面具，操作人员每人一套。检查装车区域拉脱阀、喷淋等完好。

（2）检查槽车的安全附件是否完好，用氨水棉球检查各部件安是否有泄漏现象，如发现问题及时处理，并将槽车的所属单位、型号、检验时间等记录。

（3）检查承运人是否取得危险货物道路运输许可、运输车辆取得营运证以及驾驶人员、押运人员取得上岗资格的证明文件，是否在有效期内，并做好记录。

（4）对槽车空车重量与槽车自重进行核实，检查槽罐内原液氯余压和余氯是否在规定范围内，确认槽车内余氯应大于150kg，余氯压力不低于0.1MPa，并予记录。

（5）对槽车内余氯进行氯气纯度分析，余氯纯度应大于95%。

（6）检查装车装泵、储槽、管道、仪器、仪表是否正常。

在充装前的检查中，发现有下列情况之一，不得充装。

（1）汽车槽车使用证或准运证已超过有效期。

（2）汽车槽车未按规定进行定期检验。

（3）汽车槽车漆色或标志不符合规定。

（4）防护用具、服装、专用检修工具和备品、备件没有随车携带。

（5）随车必带的文件和资料不符合规定或与实物不符（随车必带的文件和资料包括：汽车罐车使用证、机动车驾驶证、押运证、《剧毒化学品公路运输通行证》准运证、汽车罐车定期检验报告复印件等相关资料）。

（6）首次投入使用或检修后首次使用的汽车槽车，如对罐体介质有置换要求的，不能提供置换合格分析报告单或证明文件。

（7）余压小于0.1MPa。

（8）罐体或安全附件、阀门等有异常。

9.5.2.2 充装前的准备

（1）槽车停在指定位置，轮胎已塞好止动挡，连接好静电接地线，与司机履行发动机钥匙交接手续，同时锁上防护隔离栏杆。

（2）在启动装车泵前，将鹤管与槽车对接好，将槽车与装车气、液相鹤管进行连接，打开鹤管最后一道手动阀，打开槽车气相紧张切断阀（槽车液相紧急切断阀必须关闭），打开气、液相鹤管连通阀，用槽车内气相压力对鹤管连接部位及槽车安全附件进行试漏（氨水棉球棒试漏，不宜用氨水喷试）。

（3）如槽车内压力过高，需进行卸压处理，以免充装时引起氯气系统压力波动；槽车内氯气纯度较低时（如用压缩空气进行卸车的车辆），缓慢打开去废氯处理的排压阀门，排至原氯压力后，至槽车内氯气纯度达到要求时关闭排压阀。

9.5.2.3 液氯槽车的充装

（1）通知液氯岗位开启充装液氯液下泵准备充装。

（2）缓慢打开槽车液相紧急切断阀。

（3）槽车充装人员缓缓打开充装台上液氯充装阀，控制充装压力≤1.1MPa，控制充装流量在 10～15t/h 之间。

（4）充装开始后，应检查各连接口是否漏气，检查连通阀是否内泄漏，观察槽车内压力是否升高。发现异常情况，及时处理并汇报。按要求记录液氯充装流量和充装压力等原始数据。

（5）经常检查液氯充装流量计以及槽车表面温度变化，严格控制液氯充装速度和充装量，严禁超装。

（6）达到设定充装量后，充装紧急切断阀自动关闭，然后关闭槽车气、液相紧急切断阀，打开真空阀抽净气、液相充装管内的液氯（如气、液相充装管内液氯未能抽净时，可用适量热水对气、液相充装管加温，加速气化，待气、液相充装管表面保持一定温度时，表明气化结束）。关闭气、液相充装鹤管最后一道手动阀，脱开气、液相充装鹤管与槽车的联接法兰。

（7）先拆卸液相充装鹤管，装上盲板，并用氨水试漏合格后，方可拆卸气相鹤管，操作步骤与液管一样。

（8）槽车充装人员在合格证上签上充装人姓名和充装时间。

9.5.2.4 槽车充装时异常现象及处理方法（表 9-4）

表 9-4 槽车充装时异常现象及处理方法

序号	异常现象	原因	处理方法
1	充装时重量增加很慢	（1）压力不足； （2）槽内温度较高，槽内液氯气化压力大； （3）管路或阀门堵塞	（1）保持压力≤1.1MPa； （2）用抽气管抽出氯气，抽一段时间后再进液氯； （3）检查疏通
2	充装时槽体发热	槽内可能存在有机物或其他能与氯气反应发热的物质	立即停止充装，抽气后，卸下短接待检查处理

9.5.2.5 液氯槽车充装量的检查及处理

（1）液氯槽车的实际充装量以过磅单为准。

（2）液氯槽车充装量不足时，重复“9.5.2.2～9.5.2.4”操作至规定重量。

（3）液氯槽车超装时按以下步骤处理：对接好超装槽车的液相管道；关闭液

氯管道阀门，打开液氯贮槽上的倒氯阀、槽车上的液氯阀；当槽车达到规定重量后，关闭液氯贮槽上的倒氯阀、槽车上的液氯阀；打开真空阀，抽掉液氯充装管的液氯；拆卸鹤管。

9.5.2.6 注意事项

（1）充装岗对罐车安全附件、充装设备、静电接地线、管线进行复查无异常后，按规定进行充装。

（2）充装过程中，操作人员、监护人员、司机、押运员不得离开现场，严禁在车辆附近躺卧休息、检修车辆，以免发生意外。

（3）充装现场应按标准配备足额有效的防护应急器材和工具。

（4）严禁超装，充装压力一般不超过 1.1MPa。

（5）遇到下列情况之一，应立即停止充装：①充装现场有明火；②周围有易燃易爆或有毒物质泄漏；③罐体内压力异常；④罐装时突发氯气泄漏；⑤槽罐车在停止状态发生移动。

（6）充装完成后，驾驶员、充装工、气防员检查汽车罐车与充装装置妥善分离、安全可靠，签字确认后，由气防员打开防护隔离栏杆，交还车辆钥匙，方能启动车辆离开。

（7）充装完的车辆，必须经成品站复核，确保没有超装后，才能驶离厂区。否则，按倒料流程处理超装的槽车。

（8）充装发生紧急情况时，立即汇报，启动应急救援预案，紧急疏散和撤离。

9.5.3 罐体部分故障原因及其排除方法

（1）安全阀爆破片装置故障、原因和维修方法如表 9-5 所示。

表 9-5 安全阀爆破片装置故障、原因和维修方法

故障	产生原因	维修方法
爆破片垫片泄漏	压得不紧或不均匀 密封面有损伤或夹有污物 垫片老化	均匀上紧 修整密封面或清除污物 更换垫片
安全阀密封面泄漏	密封面夹有污垢或有损伤 弹簧支撑面和弹簧中心线不垂直，造成阀芯偏斜 阀盖等零件的同轴度超过许用范围，造成阀芯偏斜	清洗污物，修整密封面 修整和更换弹簧 进行修理
安全阀到开启压力不开启	装配不好，有卡死现象 内部有锈蚀或污物 调节不当 压力失灵	重新修理装配 除锈，清除污物 重新调节灵敏度 校核或更换安全阀

续表

故障	产生原因	维修方法
安全阀启闭失灵	动配合间隙不够，有卡死现象 弹簧刚度不足，硬度不够，使关闭压过低 调节不当 内部锈蚀或污物	进行修理 更换弹簧 重新调节灵敏度 除锈，清除污物
安全阀压力表有压力显示	压力明显低于罐体压力，说明爆破片有泄漏	更换爆破片
	压力与罐体压力相同，说明爆破片已破	更换爆破片
安全阀起跳	罐体内介质压力过高，爆破片已破	更换爆破片，更换安全阀或重新整定压力

（2）紧急切断阀故障、原因及措施如表 9-6 所示。

表 9-6 紧急切断阀故障、原因和处理措施

故障	产生原因	处理措施
紧急切断阀打不开	油压系统泄漏 阀腔内凸轮安装位置不对 阀外拨杆角度错装 90° 过流弹簧失灵 导杆锈死或卡死 阀杆变形	维修油压系统损坏部位 卸下重新安装 调整 90°重新安装 更换过流弹簧 清洗、打磨导向杆和导向套 阀杆更换
回位后密封不严	导杆锈死或卡死 主弹簧脆断 阀瓣密封面损坏或夹有杂物 阀座密封面损坏或夹有杂物	清洗、打磨导向杆和导向套 更换主弹簧 清洗、研磨或更换主阀瓣 清洗杂物，研磨阀座密封面或更换紧急切断阀
凸轮传动轴处泄漏	传动轴密封圈磨损或太松 传动轴损坏	更换密封圈 更换传动轴
液压油泵卸油后，紧急切断阀凸轮传动轴导杆不回位	紧急切断阀回位弹簧太松 凸轮传动轴密封圈处卡死	更换紧急切断阀回位弹簧 清洗凸轮传动轴、导向套，更换密封圈
手摇油泵不升压	易熔合金损坏 油管接头处密封不严 油泵进出口单向阀密封不严	更换易熔塞 更换密封填料 拆洗手摇油泵，修理单向阀

（3）压力表故障、原因及措施如表 9-7 所示。

表 9-7 压力表故障、原因和处理措施

故障	产生原因	处理措施
指针不动	压力表管道阀门未打开 压力表管道堵塞 指针与轴松动 扇形齿轮和小齿轮脱节 边杆零件磨损松动	打开阀门 清除堵塞杂物 坚固指针 重新装好扇形齿轮和小齿轮 坚固连杆销子

续表

故障	产生原因	处理措施
指针不回零	弹簧管变形过度 零位没校准 连杆零件磨损松动	更换弹簧 重新校准零位 修理或更换连杆零件
指针跳动升降不稳定	小齿轮与扇形齿轮或轴孔间夹有杂物或生锈 连杆松动或齿轮间隙过大 游丝弹簧磨损或过软过松 表管或弹簧管内积有污物	清除杂物去除污垢 坚固连杆，调整齿轮间隙 更换游丝弹簧 清除污垢
指针不正确，超过允许误差	弹簧变形过量 齿轮磨损松动 游丝紊乱 连接部位漏气	检查更换弹簧管 检修或更换齿轮 调整或更换游丝 检修

（4）日常维护及周期如表 9-8 所示。

表 9-8　安全组件日常维护及周期

检查对象	维护检查内容	期限
阀门箱	检查螺栓是否松动，门变形损坏否	每月
紧急切断阀与操作装置	连接法兰及密封垫是否泄漏 操作装置是否灵活可靠 远程控制阀是否灵活可靠	装货前 装货前 出车前
安全阀	铅封是否完整 阀件及连接法兰有无泄漏	每月 每月
压力表	连接部分有无泄漏 指示器有无损坏	装货前 装货前
温度计	查是否漏，指针是否正	装货前

9.6　液氯槽车的停放

液氯槽车必须到有资质的危险化学品专用停车场停放，禁止在其他路段随意停放。行驶途中临时停车必须按《危险化学品安全管理条例》规定执行，临时停车不准靠近明火、高温场所以及人员密集场所等有可能造成危害的地点。

危险化学品运输车辆专用停车场应对进入的液氯槽车、人员进行严格检查，经检查合格、登记后方可准予进入相应停车区域内。停车场管理人员应进行全天候不定时巡查，遇突发情况应及时汇报并按照处置预案迅速处置，如剧毒化学品在道路运输途中发生丢失、被盗、被抢或者出现流散、泄漏等情况的，驾驶人员、押运人员应当立即采取相应的警示措施和安全措施，并向当地公安机关报告。

满车的液氯槽车是一个重大危险源，到停车场停放液氯槽车必须是空车，禁止液氯槽车满车到停车场场停放。

液氯槽车在进入工厂装卸需排队等候时，应把车辆停放在厂区内指定地点，不得长时间停放在厂区门外等候；

未经公安机关批准，液氯槽车不得进入危险化学品运输车辆限制通行的区域，液氯槽车在运输途中因住宿或者发生影响正常运输的情况，需要较长时间停车的，驾驶人员、押运人员应当采取相应的安全防范措施，还应当向当地公安机关和主管领导报告。

9.7 液氯槽车的运输

9.7.1 液氯槽车运输的资质和通行证的要求

（1）运输单位应依法取得《中华人民共和国道路运输经营许可证》，其货运经营范围必须含有液氯。

（2）根据《危险化学品安全管理条例》规定，通过道路运输剧毒化学品的每一车，托运人应当向运输始发地或者目的地县级人民政府公安机关申请剧毒化学品道路运输通行证。申请剧毒化学品道路运输通行证时，托运人应当向县级人民政府公安机关提交下列材料：拟运输的剧毒化学品品种、数量的说明。运输始发地、目的地、运输时间和运输路线的说明。承运人取得危险货物道路运输许可、运输车辆取得营运证以及驾驶人员、押运人员取得上岗资格的证明文件、购买剧毒化学品的相关许可证件，或者海关出具的进出口证明文件。

9.7.2 槽车运输设备的要求

（1）运输液氯的车辆必须取得运输管理部门批准的经营范围含有液氯运输的营运证。

（2）车辆必须验审有效，二级维护和车况等级评定有效。

（3）车辆的强制保险和承运人责任险在有效期内。

（4）运输剧毒化学品的车辆罐体容积超过 $10m^3$ 或核定载质量超过 10t 者，应采用符合国家有关标准的罐式集装箱，不能使用连体罐。

（5）罐式集装箱必须在符合资质要求专业生产企业定点生产制造，并有竣工图、设计计算书、监督检验证书、使用说明书、产品质量（含安全附件产品合格证）证明书。

（6）罐式集装箱投用前或投用后 30 日内，应当向直辖市或者设区的市的特种设备安全监督管理部门登记注册，并取得《特种设备使用登记证》。

（7）罐式集装箱必须一年一次由特种设备检验机构进行检验。为确保罐式集装箱的使用安全，使用单位必须选择具有相应资质的单位或企业签订书面协议，具体负责罐式集装箱及其安全附件的定期检查、调整、维护、更换以及罐体内清洗置换工作。使用单位每月必须进行一次自行检查，并做记录。

（8）运输单位应建立一车一档、罐式集装箱、安全附件的管理台账，建立车辆、罐体的检测、检查、使用档案资料。现有些省份已采用二维码电子信息系统，相关信息进入移动式压力容器信息平台。

（9）车辆应按规定悬挂危险品标志、标识、安全告示。

（10）液氯运输车辆必须安装行车记录仪，安装 GPS 设备，建立 GPS 监控平台并派专人进行监督管理。

（11）液氯运输车辆宜安装可视化监控系统对行车过程和道路状况进行监控。

9.7.3 液氯槽车运输人员的要求

（1）驾驶人员必须由用人单位进行理论和现场操作技能考核合格，并经劳动人事部门按规定办理招用手续方可录用。

（2）运输液氯的驾驶员、押运员必须进行有关安全知识培训，掌握危险化学品运输安全知识，并经市级交通管理部门考核合格，并取得道路运输从业人员从业资格证，方可上岗作业。

（3）承运液氯的驾驶人员必须取得准驾车型 A2 或 A1 驾驶证、剧毒品化学品道路运输资格证，驾驶人员应组织观念强、心理素质好、安全意识强。押运员必须取得剧毒品化学品道路运输押运员资格证，身体健康，无职业禁忌证。非本地人员必须各类证件手续齐全，并在当地公安交通管理部门办理登记手续。

（4）液氯槽车驾驶员、押运员每月至少参加一次关于道路交通法规、危险化学品安全管理条例、国家安全生产法、单位安全管理制度、应急救援预案的学习。

（5）驾驶员和押运员必须熟悉车辆罐体的结构、性能，懂得液氯装卸操作程序，能及时排除运输途中出现的异常情况。

（6）驾驶员和押运员必须熟悉液氯的理化性质，懂得液氯泄漏的处置方法，熟悉应急救援预案，保证液氯安全运输工作。

（7）非本地驾驶员应通过查询函确认资质。

9.7.4 液氯运输过程的安全要求

（1）运输液氯的车辆驾驶室内不得搭乘其他无关人员。

（2）驾驶员、押运员未同时到场，不得运行液氯车辆（包括空罐车）。

（3）液氯运输时，司、押人员的名单与审批的通行证上名单必须相符。

（4）运输液氯的驾驶员必须持有效证件，严禁无证驾驶、疲劳驾驶、酒后驾驶，严禁超载运输、超速行车，不开“带病车”、不擅自改变运输路线，不得在服用易致嗜睡药品后或患病有碍安全行车时驾车。为预防疲劳驾驶，运输液氯连续驾驶时间不得超过 4h 以上，并且 24h 内实际驾驶车辆不超过 8h，在安全地带停车休息，双驾车辆人员可调换行车（同车二个人都取得驾驶证和押运证）。

（5）运输液氯的驾驶人员，在行车过程中不占道不抢道行驶，平时应与前车保持足以的安全距离，下坡禁止放空挡滑行，严禁强行超车、强行会车、随意变道。车辆遇有人行道、岔路口、丁字路口、十字路口、道口、弯道、隧道等，应减速慢行，并做到一看、二慢、三通过的原则，避免紧急制动和急打方向。

（6）液氯运输车的押运员，押运时不随车睡觉，不做与押运工作的无关事项，按规定履行职责，做好安全行车监督工作，发现问题及时排除。

（7）驾驶员和押运员必须服从安全工作指令，加强车辆维护保养并及时整改安全隐患，在运输过程中若发生事故及时报警，并积极做好抢救伤员、疏散周围人员、落实安全警戒工作和及时采取有效处置措施。

（8）除进行日常安全检查外，根据液氯罐体的使用规律，紧急切断阀、压力表、液位计、温度计使用满三个月进行计划保养维护，特别是紧急切断阀需拆解清洗和保养，对易损件进行更换，安装使用前的液氯槽车阀门必须试压合格。

液氯运输三点一线流程如图 9-4 所示。

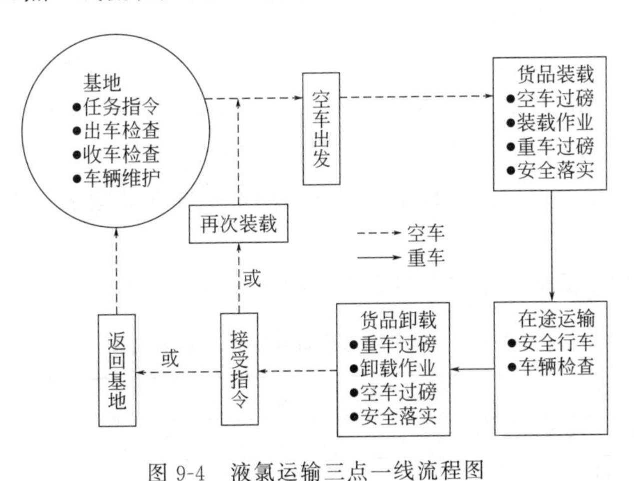

图 9-4　液氯运输三点一线流程图

9.7.5　液氯运输前的安全要求

（1）罐体首次（或检修后）充装的，必须经抽真空或氮气置换处理，严禁直接充装。

（2）运输前驾驶员、押运员对罐体和安全附件进行全面检查，确认完好无缺陷，车体、罐体已可靠固定，静电导链完好有效。

（3）出车前检查罐内表压情况

① 记录罐内温度和液位。

② 打开压力表座阀，记录罐内压力，压力不应超过环境温度下的液氯饱和蒸气压，压力不正常的需分析原因（不同温度下液氯饱和蒸气压见表 9-9），排除隐患；运输途中可以关闭压力表座阀，保证运输过程压力表座阀保持关闭状态。

表 9-9 不同温度下液氯饱和蒸气压

温度/℃	对应的液氯饱和蒸气压/MPa	温度/℃	对应的液氯饱和蒸气压/MPa
−25	0.149	15	0.569
−20	0.181	20	0.657
−10	0.26	25	0.749
−5	0.308	30	0.86
0	0.364	35	0.981
5	0.425	40	1.114
10	0.496	45	1.252

③ 检查防爆片和安全阀之间的压力表座阀，压力必须为零，一旦出现表压，必须查明原因，如防爆片损坏，需委托专业人员安排更换防爆片（在槽车抽空后继续保持负压的情况下才能处理）。

（4）槽车有以下情况之一时，不得出车运输液氯，①新槽车无合格证；②超过技术检验期（包括车辆行驶部分）；③车体部分和罐体部分有缺陷不符合规定；④罐体温度超过 40℃；⑤有明显渗漏的；⑥其他有安全隐患的情况。

（5）液氯运输在出厂前应称重，取得磅单，获取充装液氯的重量，核对是否超载。

（6）液氯槽车的随车抢修器材和安全防护用品见表 9-10。

表 9-10 随车抢修器材和安全防护用品表

名称	规格	数量
专用工具、扳手		1 套
手锤	0.5 磅	1 把
竹签、木塞、铅塞、橡皮塞	ϕ3～10mm	若干
铁丝	8 号	1m
橡胶垫	厚度 5mm	若干
密封用带		1 盘
氨水	10%	200mL
过滤式防毒面具（氯气适用）	防毒面具	2 套
	防毒口罩	2 套

续表

名称	规格	数量
轻型防化服		1套
呼吸器	正压式空气呼吸器	1套
防护手套	橡胶	2双
安全鞋		2双
液氯运输安全卡		1份
应急救援预案		1份
液氯运输安全检查记录本		1本

9.8　液氯罐式集装箱的装卸

液氯罐式集装箱是承压容器，公路运输时液氯罐式集装箱放置在平板车上，吊装作业人员必须了解罐体装卸搬运方式、注意事项、固定方法等相关知识，确保集装箱吊装操作安全。

吊装作业前检查所有的工具，确认均处于良好状态。起吊工具必须是合格产品，起吊工具应经过实践使用，并且有容易挂妥，容易目视确认等优点。吊装前确认液氯罐内有无介质，无特殊情况禁止对装满介质的液氯罐式集装箱进行吊装作业。液氯罐式集装箱各种零部件均牢固可靠。

液氯罐式集装箱的装卸操作人员必须受过正规的训练并取得吊装操作证。装卸起吊人员应熟悉集装箱的起吊方法，液氯罐式集装箱是压力容器，需保证起吊安全，一般用吊具吊顶角等方法，起吊装卸过程中应缓慢、平稳，同时应检查各装置是否安全牢固，罐式集装箱在挂车平板上就位后，使用平板上转锁或相应装置通过四个底角件紧固锁住。

严禁用叉车搬运移动罐式集装箱。

9.9　液氯槽车的接卸

液氯槽车的卸车一般通过提高槽车气相与所要卸车的容器之间的压力差，来推动槽车内的液氯向所要卸车的容器内转移。一般采用向槽车气相空间加压或将所要卸车的容器降压的方式。

9.9.1　加、降压卸车

（1）降压卸车流程　槽车到现场后，与卸车装置进行对接，在正确对接试漏正常后，将所要卸车的容器进行降压，槽车内的液氯在槽车本身的压力驱动下，向所要卸车的容器内转移，最终槽车内的液氯全部进入所要卸车的容器，如图 9-5 所示。

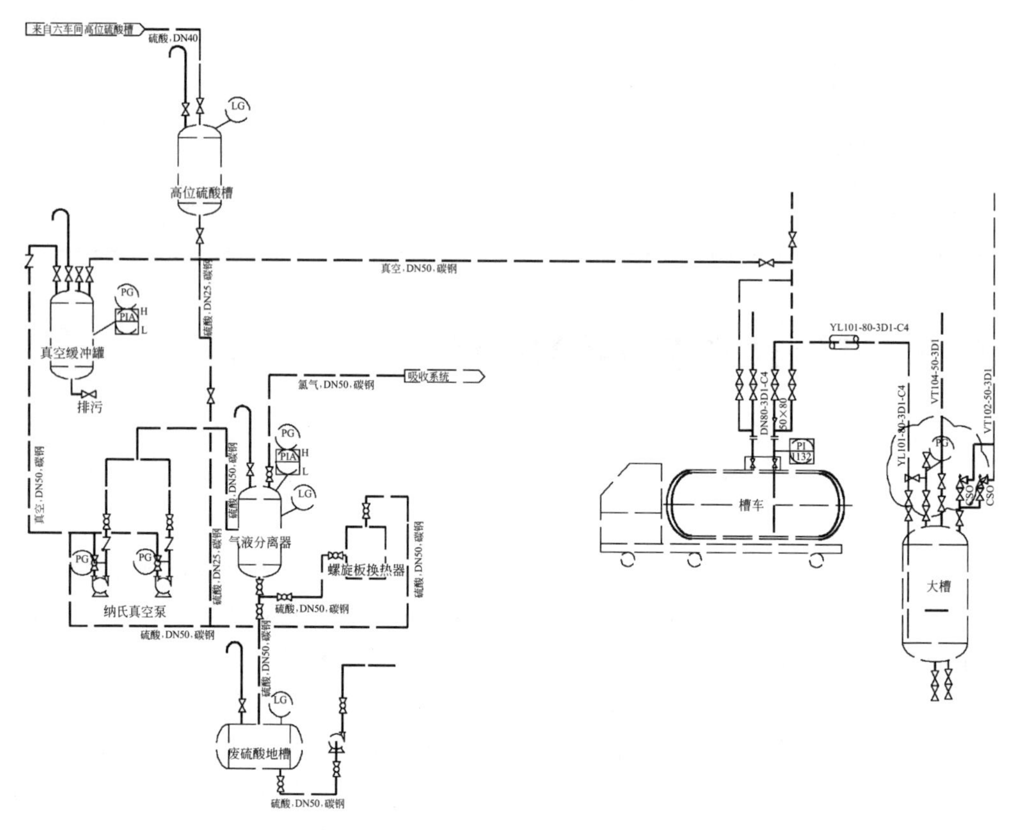

图 9-5 槽车降压卸车流程图

（2）加压卸车流程 液氯槽车到现场后，与卸车装置进行对接，在正确对接试漏正常后，用 6MPa 左右气化氯对液氯槽车进行加压，使槽车内的液氯在压力驱动下，向液氯卸车中间槽转移，液氯卸车中间槽中的液氯通过液氯液下泵输送至液氯贮槽，直至槽车内的液氯全部卸空。如图 9-6 所示。

9.9.2 安全设施

液氯卸车过程中，最大的风险就是泄漏问题，为保证卸车过程的安全，现场必须配备一定的安全设施。最基本的设施如下。

（1）个人防护设施 包括卸车人员随身携带的便携式防毒口罩，离卸车位置不超过 20m 的范围内布置两套以上的正压式空气呼吸器，以及其他必备的安全帽、手套等个人防护器材。

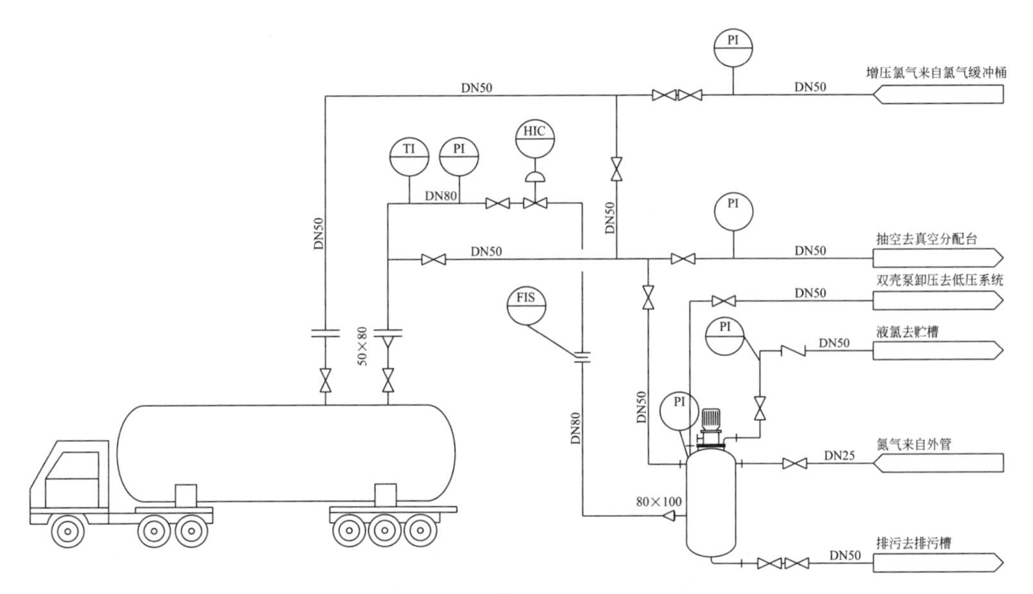

图 9-6　槽车加压卸车流程图

（2）现场设施　大功率排风机一台，具有吸风能力的风管一根以上，以随时对小漏点进行吸风处理；吸收装置一套，对吸风管所吸的氯气进行处理；抽氯真空泵一套，具备卸车完成后对管道进行抽氯，防止拆管道时氯气外漏。

（3）其他设施　卸车装置及液氯贮存装置应设于具备密闭条件的厂房内，便于对厂房内的空气进行抽气，并对抽出的气体进行吸收处理，减少氯气泄漏后的扩散范围。

9.9.3　槽车卸车前检查

槽车卸车前要对槽车进行检查，检查的内容包含以下三个方面。

（1）槽车的车牌号、设备编号、使用证、剧毒化学品公路运输通行证、道路运输从业人员资格证（驾驶员、押运员证等）等证件；

（2）该槽车运输液氯来源，包括液氯的生产厂家、运输的数量等；

（3）检查槽车的外观及其附属配件是否完好，包括是否存在泄漏、槽车的外观是否有碰撞的痕迹、安全附件（压力表、液位计、安全阀、温度计等）是否完好。

9.9.4　槽车的连接

槽车在到达卸车点后，进行槽车与卸车鹤管进行连接，无论采用何种方式进行连接，连接的部位要保持平整对齐，连接的管道必须保证有一定的挠性，用以补偿卸车过程槽车的抬升，以及停车时槽车与鹤管之间的相对位移。一般鹤管使用装卸臂等活动式的管道。

(1) 当槽车到达指定的卸车位，驾驶员将汽车停稳熄火后，把汽车钥匙交卸车人员放入指定位置，放好车轮止动挡。卸车人员检查卸车装置，保证装置、吸收系统等均运行、打开吸风管阀门，将吸风管拉至槽车顶部备用。

(2) 打开槽车顶部阀门箱盖，佩戴相应的防护设施，拆除槽车气液相管道盲板。

(3) 由卸车人员对槽车和卸车装置进行连接，连接过程注意法兰的连接要保持平行，严禁不匹配、未对正时硬拉硬扭，螺栓要从对角开始拧，保证用力平衡，防止出现法兰单边受力。

9.9.5 试漏

鹤管完成连接后，打开槽车气相阀让少量的氯气进入管道，为避免腐蚀，使用氨水棉球棒对所有可能泄漏的密封面进行试漏，包括装卸臂的活动连接，如果存在泄漏会形成白色的烟雾。禁止氨水直接喷洒在连接处试漏。试漏过程不得令液氯进入待试漏管道，防止有漏点时泄漏量较大。

其他准备工作可参照装货前的检查步骤。

9.9.6 降压卸料

确认管道连接试漏无异常，具备卸车条件后，缓慢打开槽车液相阀，以及槽车与卸车的容器间的管道联接阀门，缓慢将所要卸车的容器的压力降低，槽车内的液氯在槽车本身压力的推动下进入容器。当所要卸容器内的压力突然上升，与槽车压力一致或接近时，可视为槽车内的液氯基本卸完，并根据容器的体积核对卸车数量与装车数量的差异。

9.9.7 加压卸车

加压操作不要超过槽车设计压力的 2/3，防止压力过高引起爆破片损坏和安全阀起跳发生液氯泄漏事故。

(1) 槽车就位后，各部试漏合格后，操作人员拆下气、液相管盲板法兰，通过短接，分别与液氯槽车的气、液相管连接。

(2) 操作人员将气相手阀打开，而后将气液连通阀打开，最后稍开液相阀门进行液相管线试漏作业，确认无泄漏后，操作人员将气液连通阀关闭，将液氯槽车加压至 0.6MPa 左右（有时槽车压力过低，需要加压试漏），气液试漏结束，缓慢打开槽车液相紧急切断阀查漏。

(3) 通知调度，准备卸车。

(4) 操作人员打开中间槽进液手动阀门、打开液下泵出料阀门、打开受液贮槽进液阀门。

（5）操作人员确认无误后，通知岗位操作人员开始液氯卸车。

（6）岗位操作人员接到通知后，待各项数据都达标，开始卸车作业，手动打开液氯中间槽进液快开阀，打开槽车液相紧急切断阀和气相紧急切断阀，密切关注液氯中间槽液位变化情况和压力变化情况（注意，加压卸车时不要超过槽车设计压力的 2/3，以防止压力过高引起槽车爆破片损坏和安全阀起跳发生液氯泄漏事故）。

（7）待液氯中间槽液位至 80%时，操作人员现场启动液氯液下泵，将液氯打至液氯受液贮槽。岗位操作人员密切关注受液贮槽液位及系统压力。

（8）当液氯中间槽压力直线上升而液位变化不大；液氯温度上升；流量计流量显示为 0 时，表明液氯槽车已经卸完。

（9）岗位操作人员迅速关闭中间槽进液快开阀门，现场操作人员迅速关闭气相加压阀和进液手动阀，然后关闭液氯槽车上气液相紧急切断阀。

（10）待中间槽液位低至 40%时（中间槽液位 35%，液下泵联锁），操作人员停液下泵，关闭液下泵出口阀门，稍后关闭受液贮槽进液阀门。

9.9.8　拆管

关闭槽车上的气液相阀门以及卸车装置上的气液相阀门，加好盲板，打开抽风系统，对槽车阀门和装置阀门中间的管道进行抽风，抽出管道内的氯气，当管道内的真空度保持较高，且在关闭抽风阀后，真空基本无变化时，可认为管道内已经无氯气，关闭抽风阀，开始拆连接管。拆除连接管后，将槽车气液相阀门出口用盲板隔盲，如无后续槽车卸车，将卸车装置的连接口也用盲板隔离，防止空气进入系统。

（1）对槽车各部再次进行试漏，合格后关闭槽车阀门箱盖，拆除静电接地线，移走车轮止动挡，卸车人员将汽车钥匙交还给驾驶员，确认槽车各连接部件全部脱离，槽车上部人员全部撤离，驾驶员将槽车驶离卸车点。

（2）卸车人员检查卸车装置，确认正常后，关闭相应的吸收系统。

9.9.9　卸车应急

在卸车过程可能会发生各类异常或紧急情况，针对各类情况需要进行应急处理。

卸车过程最大的风险就是泄漏，泄漏一般分为：管道泄漏、阀门泄漏、密封点泄漏、设备本体泄漏。

（1）管道泄漏应急　管道因制作缺陷、腐蚀、外力作用等造成泄漏，其应急的处理方式为：佩戴正压式空气呼吸器，关闭泄漏管道两端的阀门，使用吸风管对泄漏部位进行吸风，减少外漏；如果具备对泄漏管道内部抽气的条件，尽快将泄漏管道内的氯气或液氯抽走，减少泄漏。

（2）阀门泄漏应急　阀门的泄漏多为阀门填料处泄漏，一般泄漏的数量不大。佩戴正压式空气呼吸器，使用吸风管对漏点进行吸风，对泄漏的阀门填料压盖螺栓进行紧固。

（3）密封点泄漏应急　密封点的泄漏多为密封垫失效或螺栓紧固不当。佩戴正压式空气呼吸器，使用吸风管对漏点进行吸风，对泄漏的法兰紧固件进行紧固，如确实不能消漏，对泄漏法兰所在的管道进行抽氯，更换密封面垫片。

（4）设备本体泄漏应急处理　设备本体一旦发生泄漏，其危害性极大。应当佩戴正压式空气呼吸器，使用吸风管对漏点进行吸风，尽快转移泄漏设备内的液氯。如果漏点不可控制，可以采用关闭漏点所在区域的隔离设施，启动应急装置，对被隔离区域进行抽风，防止液氯泄漏后的扩散。

9.9.10 注意事项

（1）在卸车作业过程，操作人员使用的防毒口罩，只能作为应急逃生使用，而非应急抢险使用，应急抢险过程要求使用正压式空气呼吸器。

（2）卸车过程严禁管道敞口抽氯，极易将空气抽入系统管道内，空气内的水分极易腐蚀管道及阀门，造成安全隐患。

（3）阀门泄漏时对压盖紧固过程应注意螺栓紧固的程度，一般每次紧固不超过 1/3 圈，保持螺栓紧固的平衡，不能单边压盖紧固，否则漏点会扩大。

液氯槽车卸车作业票见表 9-11（供参考）。

表 9-11　液氯槽车卸车作业票

日期：　　年　月　日

<table>
<tr><td rowspan="4">卸车前检查</td><td rowspan="2">槽车外观检查</td><td>槽车外观无碰撞，无泄漏</td><td>□是□否</td><td rowspan="4">确认人：</td></tr>
<tr><td>安全附件正常（压力表、液位计、安全阀、温度计）</td><td>□是□否</td></tr>
<tr><td>证件检查</td><td>槽车的行驶证、剧毒化学品公路运输通行证、道路运输从业人员资格证（驾驶员、押运员证）等证件齐全</td><td>□是□否</td></tr>
<tr><td>其他检查</td><td>液氯生产厂家：
液氯数量：</td><td></td></tr>
<tr><td rowspan="2">卸车准备</td><td colspan="2">槽车停在指定位置，熄火、拉好手刹，放好车辆轮挡，驾驶员离开驾驶室，钥匙交出</td><td>□是□否</td><td rowspan="2">确认人：</td></tr>
<tr><td colspan="2">吸收装置已经运行正常，风管已经拉到现场且风管已具有吸风条件，纳氏泵负压系统正常，具备卸车条件</td><td>□是□否</td></tr>
</table>

续表

<table>
<tr><td rowspan="3">槽车连接</td><td>打开槽车阀门箱，拆除阀门盲板</td><td>□是□否</td><td rowspan="3">确认人：</td></tr>
<tr><td>连接槽车与卸车管道</td><td>□是□否</td></tr>
<tr><td>对连接管道及阀门等进行试漏正常</td><td>□是□否</td></tr>
<tr><td>卸车</td><td>（1）打开中间槽进液手动阀门、打开液下泵出料阀门、打开受液贮槽进液阀门；
（2）开始卸车作业，手动打开液氯中间槽进液快开阀，密切关注液氯中间槽液位变化情况和压力变化情况；
（3）待液氯中间槽液位至 80%时，操作人员现场启动液氯液下泵，将液氯打至液氯受液贮槽。岗位操作人员密切关注受液贮槽液位及系统压力</td><td></td><td>确认人：</td></tr>
<tr><td>拆管</td><td>（1）对气、液两相管线进行抽空作业，先进行气相管线抽空作业，后再进行液相管线的抽空作业，要求开抽空阀时必须缓慢，最初时为稍开即可，待压力泄完后再缓慢打开手阀；
（2）抽空结束后，缓慢拆开气、液相连接法兰，并对紧急切断阀短接管上的气、液相法兰加上盲板，试漏合格后，关闭阀门箱</td><td></td><td>确认人：</td></tr>
<tr><td>槽车核对</td><td>检查容器内的液氯数量，与装车数量是否一致；
交还槽车钥匙，移走轮挡，驾驶员将槽车驶离现场；
槽车过磅后磅单与大槽液位数量核对</td><td>□是□否</td><td>确认人：</td></tr>
</table>

液氯运输安全检查记录单见表 9-12（供参考）。

表 9-12　液氯运输安全检查记录单

运行线路：　　　　　—　　　　　　　　　　　　　日期：　年　月　日
天气状况：□晴□阴□雨□雾□雪□冰　　　　　　　气温：
驾驶员：　　　　　　　　　　　　　　　　　　　押运员（副驾驶员）：

<table>
<tr><td rowspan="6">出车前检查</td><td colspan="2">通行证</td><td colspan="2">资格证书、压力容器操作证</td><td colspan="2">应急工具</td><td colspan="2">消防、防护器材</td></tr>
<tr><td>齐全 1</td><td></td><td>齐全 1</td><td></td><td>齐全 1</td><td></td><td>完好 1</td><td></td></tr>
<tr><td>无　0</td><td></td><td>无　0</td><td></td><td>缺　0</td><td></td><td>缺　0</td><td></td></tr>
<tr><td colspan="2">出口阀盲板</td><td colspan="2">液位高度（cm）</td><td colspan="2">罐内温度（℃）</td><td colspan="2">压力（MPa）</td></tr>
<tr><td>已盲好 1</td><td></td><td colspan="2" rowspan="2"></td><td colspan="2" rowspan="2"></td><td>罐压</td><td></td></tr>
<tr><td>未盲　0</td><td></td><td>安全阀压</td><td></td></tr>
<tr><td>出车时间</td><td colspan="2"></td><td>到达时间</td><td colspan="2"></td><td>检查人</td><td colspan="2"></td></tr>
<tr><td rowspan="2">灌装前安全检查</td><td>装料口连接</td><td>液位计（cm）</td><td>温度（℃）</td><td>压力表阀（开 1，关 0）</td><td>罐压力（MPa）</td><td>安全阀压（MPa）</td><td rowspan="2">检查人</td><td rowspan="2"></td></tr>
<tr><td>完好 1
未查 0</td><td></td><td></td><td></td><td></td><td></td></tr>
</table>

续表

<table>
<tr><td rowspan="2">灌装后
安全
检查</td><td>装料口
盲板</td><td>液位计
（cm）</td><td>温度（℃）</td><td>罐压力
（MPa）</td><td>安全阀压
（MPa）</td><td>压力表阀
（开1，关0）</td><td rowspan="2">检查人</td><td rowspan="2"></td></tr>
<tr><td>完好1
未查0</td><td></td><td></td><td></td><td></td><td></td></tr>
<tr><td>出车
时间</td><td colspan="2"></td><td>到达
时间</td><td colspan="2"></td><td>罐车停放
地址</td><td colspan="2"></td></tr>
<tr><td rowspan="2">卸车前
安全
检查</td><td>卸料口
连接</td><td>液位计
（cm）</td><td>温度（℃）</td><td>压力表阀
（开1，关0）</td><td>罐压力
（MPa）</td><td>安全阀压
（MPa）</td><td rowspan="2">检查人</td><td rowspan="2"></td></tr>
<tr><td>完好1
未查0</td><td></td><td></td><td></td><td></td><td></td></tr>
<tr><td rowspan="2">卸车后
安全
检查</td><td>卸料口
盲板</td><td>液位计
（cm）</td><td>温度（℃）</td><td>罐压力
（MPa）</td><td>安全阀压
（MPa）</td><td>压力表阀
（开1，关0）</td><td rowspan="2">检查人</td><td rowspan="2"></td></tr>
<tr><td>完好1
未查0</td><td></td><td></td><td></td><td></td><td></td></tr>
</table>

注意：1.运输前保持压力表阀关闭，盲好进出口阀门；

2.安全阀压力表有压力时，需查明原因，如防爆片破裂，必须安排进行检修；

3.进出料阀有内漏、操作时太紧或太松应及时检修。

本次运输吨位：t

液氯充装作业票见表9-13（供参考）。

表9-13　液氯充装作业票

日期：　　年　月　日

<table>
<tr><td rowspan="5">充装前
检查</td><td rowspan="2">槽车外观检查</td><td>槽车外观无碰撞，无泄漏</td><td>□是□否</td><td rowspan="5">确认人：</td></tr>
<tr><td>安全附件正常（压力表、液位计、安全阀、温度计）</td><td>□是□否</td></tr>
<tr><td>证件检查</td><td>槽车的行驶证、剧毒化学品公路运输通行证、道路运输从业人员资格证（驾驶员、押运员证）等证件齐全</td><td>□是□否</td></tr>
<tr><td rowspan="2">其他检查</td><td>用户单位：</td><td rowspan="2"></td></tr>
<tr><td>承运单位：</td></tr>
<tr><td rowspan="4">充装前
准备</td><td colspan="2">槽车停在指定位置，手刹已经拉好，放好车辆轮挡，钥匙放入钥匙箱，锁上防护隔离栏杆</td><td>□是□否</td><td rowspan="4">确认人：</td></tr>
<tr><td colspan="2">槽车内压力是否过高</td><td>□是□否</td></tr>
<tr><td colspan="2">连接槽车与鹤管</td><td>□是□否</td></tr>
<tr><td colspan="2">对连接管道及阀门等进行试漏正常</td><td>□是□否</td></tr>
</table>

续表

充装	（1）缓慢打开液相阀； （2）通知液氯岗位开启充装液氯液下泵准备充装； （3）槽车充装人员缓缓打开充装台上液氯充装阀，控制充装压力≤1.1MPa，控制充装流量在10～15t/h之间； （4）检查各连接口是否漏气，检查连通阀是否内泄漏，观察槽车内压力是否升高； （5）检查液氯充装流量计、槽车液氯液面计以及槽车表面温度变化； （6）达到计划充装量后，紧急切断阀自动关闭，然后关闭充装阀，打开真空阀和紧急切断阀，抽掉液氯充装管的液氯； （7）拆卸鹤管，装上盲板，并用氨水试漏		确认人：
槽车核对	检查液氯充装设定量，与充装显示量是否一致； 交还槽车钥匙，移走轮挡，驾驶员将槽车驶离现场； 液氯槽车的实际充装量根据过磅单予以复检	□是□否	确认人：

注：根据装置及各工厂的内部规定不同，表单可以有所变化，但基本内容要包含。

9.10　液氯槽车装卸鹤管

《化工和危险化学品生产经营单位重大生产安全事故隐患判定标准（试行）》（安监总管三〔2017〕121号）提出，“液化烃、液氨、液氯等易燃易爆、有毒有害液化气体的充装未使用万向管道充装系统”应当判定为重大事故隐患。

因此，化工企业采用万向管道（又称液体装卸臂，俗称鹤管）也越来越多。各生产企业大同小异，按《液体装卸臂工程技术要求》（HG/T 21608—2012）标准制造，下面介绍江苏某厂鹤管的相关部件和参数。

9.10.1　液氯鹤管关键技术和部件简介

普通的鹤管在灌装的过程中，利用旋转接头保证其密封性，但是多数采用一层密封，而且在灌装的过程中，液氯也会对旋转接头造成腐蚀，长时间使用不仅密封性无法保证，可能造成不可预测的危害，而且鹤管的寿命也会降低。

所以针对现有技术存在的缺陷，又提出一种具有三层密封的旋转结构，并且采用特殊材质，既避免液氯对其的腐蚀，又增强其密封性。

鹤管结构如图9-7所示，其关键部件如下。

（1）旋转接头　旋转接头是装卸臂的核心部件，目前国内生产的旋转接头多采用德国技术，材质为合金钢及不锈钢，通过精密数控机床加工，内藏双滚道支承结构，转动灵活、可靠，旋转接头承载力大，转动灵活，但是旋转接头内圈及密封面容易受到酸的腐蚀（氯气和空气中水蒸气结合产生的），为了避免这一现象的发生，很多厂家增加了的衬氟层，以保证与介质接触部分全部为PTFE，能够有效避免腐蚀的产生，但是由于氯气在装卸完毕后需要抽真空，衬氟层受到负

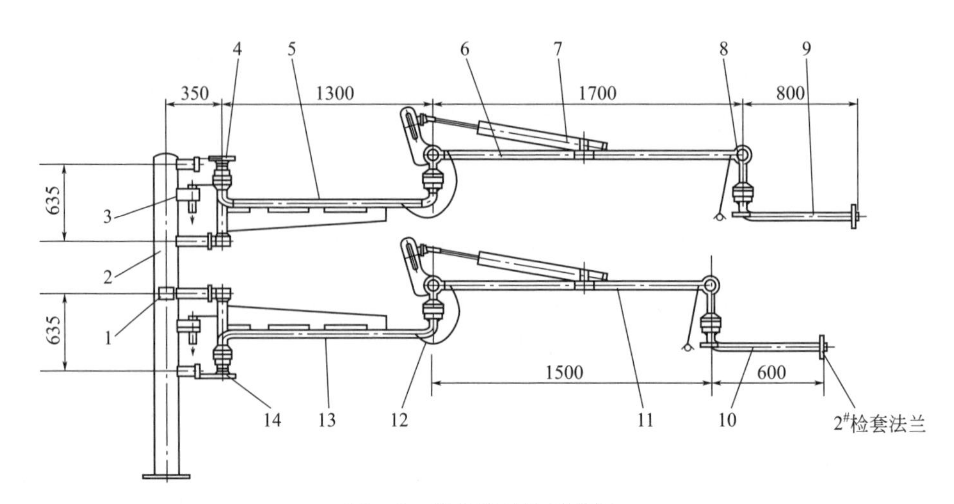

图 9-7 鹤管的结构示意图

1—铭牌；2—立柱；3—内臂锁紧；4—气相出口连接件 DN50；5—气相内臂；6—气相外臂；7—弹簧缸平衡机构；8—中间连接组件；9—气相外伸臂 DN50；10—液相外伸臂 DN50；11—液相外臂；12—导电带；13—液相内臂；14—液相入口连接件 DN50

压作用经常“起鼓”堵塞管道，同时密封也遭到破坏，给生产带来重大安全隐患，目前密封问题已成为液氯装卸臂的难点。普通旋转接头和衬四氟旋转接头如图 9-8 所示。

普通的旋转接头虽然投用时间较长，对油品等一般液体效果良好，但是对于液氯、氟化氢这样的介质使用效果却很差，一旦发生泄漏，液氯有机会和滚道内的润滑脂发生反应，导致润滑脂硬化，使旋转接头灵活度大受影响。新式旋转接头对此增加了四层密封（轴向和径向同时密封），使密封性能得到可靠保证，同时保证了转动的灵活性。其结构如图 9-9 所示。

图 9-8 普通旋转接头和衬四氟旋转接头

图 9-9 新式旋转接头

（2）密封件 普通旋转接头使用的密封件（图 9-10）——主密封圈，采用增强聚四氟乙烯材料，内衬 SS316L 材质的弹簧卡，密封面经抛光处理，对于一般液体化工介质密封性能可靠，具有较强的耐磨、耐腐蚀性，使用寿命也比较长。同一型号鹤管的密封圈规格相同，可以互换。衬氟旋转接头使用的密封圈采用外“V”形结构，并外包PTFE。对于氟化氢和液氯这样的介质，普通密封圈有着共同的缺点——金属弹簧卡容易受到酸腐蚀，因为在充装环境中，尤其是湿度较大的气候条件下，存在着大量的弱酸，被腐蚀后弹簧卡失去弹性，导致介质泄漏。

图9-10 密封件

针对普通鹤管密封圈弹簧卡容易失去弹性这一缺点，又增设了O形圈、纯四氟密封圈等。内圈为纯四氟密封圈、外圈设有泛塞密封，轴向有两道O形氟胶圈密封，在每个接触的面都设有密封，有效地阻止了液氯的泄露。同时设有防尘O形圈，保护旋转接头，延长使用寿命。

9.10.2 装卸臂结构介绍

装卸臂配有液相管和气相管两条工艺管线（也可根据装卸工艺的需要只采用液相管），主要部件如下。

（1）立柱 用于支撑整台鹤管，可以使臂上接口处承受之重力及扭矩减到最小，并可以使臂对管线的扭矩及载荷非常小，这样可以保证臂的使用寿命及现场管线不受损伤。立柱底板为矩形，尺寸为300mm×300mm。立柱装配时可以采用螺栓与地基或栈桥面连接，如栈桥为钢栈桥也可以采用与栈桥焊接安装。

（2）内臂锁紧 位于立柱及内臂之间的一个机构，用于在臂收容时，将臂锁紧在该位置，这样可以防止因为大风等因素而使臂或周围建筑受损。

（3）接口 臂与管线的连接部分，一般接口与管线之间采用法兰连接。根据客户管线法兰的标准，鹤管配备与之相同的法兰与管线连接，压力等级1.6MPa或2.5MPa。以客户确认的总装图为准。

（4）旋转接头 采用公司专利技术，选用合金钢（外圈）及不锈钢（SS316L），接头为精密数控机床加工。旋转接头承载力大、转动灵活、密封性能可靠，气、液双相鹤管的旋转接头共有10个，采取可靠的密封技术，以应对液氯的腐蚀性和毒性，确保生产安全。

（5）主密封圈 主密封圈采用聚四氟乙烯材料，不再设有金属弹簧卡。密封面经抛光处理，具有较强的耐磨、耐腐蚀等优点，同一台鹤管的密封完全一致，具有互换性。

（6）内臂　与管线的液相及气相接口相连接，可在水平面上回转。内臂应可实现≤275℃的回转。

（7）外臂　为鹤管的主体部分。可以实现水平方向、垂直方向范围的回转。外臂在工作范围内自由回转，轻松实现与罐车对接。

（8）弹簧缸平衡系统　用以平衡外臂及外伸臂的重量，可实现在工作范围内的随意平衡，操作灵活、轻巧，维护简单；使对位操作轻巧、方便。弹簧缸内装压缩弹簧。

（9）铭牌　铭牌安装位置与视线平齐处，上有以下内容：产品名称、规格型号、操作压力、出厂日期、制造厂厂名等。

（10）外伸臂　外伸臂是装卸臂与罐车的连接部件，连接方式采用松套法兰连接，配有液氯专用阀和盲板法兰（可以有效减轻管道腐蚀，延长鹤管寿命），作业完毕应装上盲板法兰。

（11）轴承座　位于内臂上端，可支撑及帮助内臂回转作业，内部关键件为轴承。

9.10.3 安装

产品出厂、发货时按型号、编号、数量已备齐成套零部件和标准件，用户可参照简图和包络线图自行安装，安装步骤如下。

（1）核对立柱底板尺寸是否相符。

（2）将立柱吊于基座上，如基座无法找平，将立柱底板用垫板垫平，立柱始终与水平面保持垂直，用螺栓将底板固定在基座上。

（3）每台产品立柱与管臂都按编号对应装配，用起吊装置吊起管臂，用螺栓固定在立柱上。

（4）所有零部件安装完毕后，应将各部位螺栓紧一遍，然后才能进行试压和投入使用。

9.10.4 调试

液氯鹤管属陆用流体装卸臂（图 9-11），其平衡方式是压簧式，理想的平衡效果是：操作范围内空载情况下的任何位置都能平衡，平衡调节必须具备以下条件。

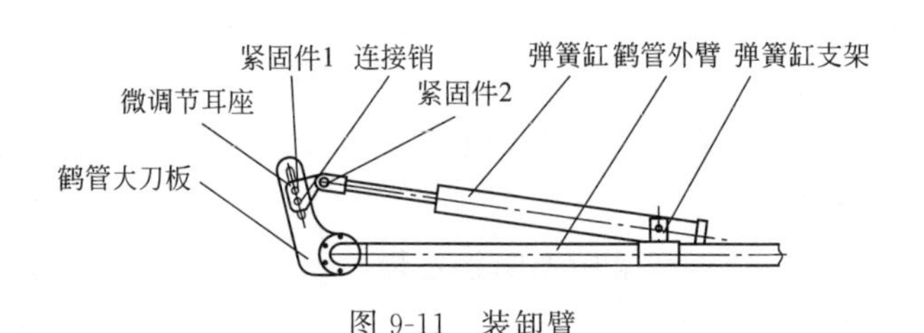

图 9-11　装卸臂

（1）装卸臂完成安装。

（2）整机附件齐全。

（3）装卸臂必须确保管线内无介质。

（4）使用期间可能出现失衡，具体有两种情况：一种是操作垂管时下拉费力，另一种是操作垂管时抬起时费力。调试人员在调试过程中注意安全，要明确平衡原理，并仔细读懂调试方法。

（5）具体调节方法如下。

① 检查紧固件螺母（紧固件 1、2）是否松动，连接销上的开口销是否脱落。

② 检查外臂、外伸臂及其附件是否安装齐全。

③ 如果是下拉费力，说明弹簧缸偏硬，将外臂抬至水平上 15°，可轻轻松动紧固螺母（紧固件 1）（注意不要将螺母全部松下），向下微调节耳座，上紧螺母（紧固件 1），然后检查其他位置平衡情况。

④ 如果是抬起费力，说明弹簧缸偏软，将外臂抬至水平上 15°，可轻轻松动紧固螺母（紧固件 1），向上微调节耳座，然后上紧螺母（紧固件 1），再检查其他位置平衡情况。

⑤ 如果平衡系统内部出现故障，需要更换弹簧缸。

9.10.5　操作

（1）打开内臂锁紧，分别牵引气相、液相外伸臂，展开内、外臂使外伸臂接口正对罐车接口。

（2）取下松套法兰盲板，分别将气相、液相管松套法兰与罐车接口连接并上紧。

（3）装卸过程中注意鹤管的介质工作情况及装卸臂是否有泄漏现象。

（4）罐车装卸完后，从罐车接口松开法兰接口后，应立即装上盲板。

（5）收回内、外臂，锁上内臂锁紧，使整机处于收容状态。

9.10.6　操作时注意事项

（1）每次装卸操作前先检查各系统是否正常。

（2）操作过程中，外臂上、下角度不得超过包络线图中规定的极限角度。

（3）操作外臂时，不要用力过猛，应均匀用力。

（4）操作过程中不要把平衡装置或锁紧装置作为使力位置。

（5）装卸臂的接口未与罐车接好时，不允许将工艺管线的阀门打开。

（6）在不了解工作原理和操作步骤的情况下，请不要随意启动装卸系统，特别是控制系统。

（7）装卸过程中如出现介质泄漏时，应立即停止装卸作业。

（8）每次装卸完毕，应立即装上盲板。

（9）操作时，注意身体任何部分不可处于装卸臂下方。

9.10.7 维修和保养

（1）每次装卸车过程中，检查各旋转接头是否泄漏，如果有泄漏应立即更换密封。

（2）每月检查一次紧固件是否松动，如有松动，应及时紧固。

（3）每半年对装卸臂外观进行检查，对表面生锈或油漆有损伤的地方进行修补。

（4）平衡系统的调节可参照“9.10.4”内容自行调节，不可随便将弹簧缸拿下，更不要将弹簧缸割开或锯开。

（5）对无特殊说明或复杂的部件出现问题时，请及时与生产厂家联系，商讨解决的最佳方案。

参考文献

[1] 交通运输部危险货物道路运输专家组.危险货物道路运输安全管理实用手册.北京：人民交通出版社，2020.

[2] 严季，范晓秋.危险货物道路运输安全管理手册.北京：人民交通出版社股份有限公司，2019.

[3] 王凯全.危险化学品运输与储存.北京：化学工业出版社，2017.

[4] 全国特种作业人员安全技术培训考核统编教材编委会.危险化学品安全作业.北京：气象出版社，2011.

[5] 朱兆华，陈永康，徐丙根.危险化学品装卸、押运作安全技术问答.北京：化学工业出版社，2009.

[6] 喻健良，闫兴清，伊军，钟华.压力容器安全技术.北京：化学工业出版社，2018.

[7] 张武平.压力容器安全管理与操作.北京：中国劳动社会保障出版社，2011.

[8] 郝立伟，于军.液氯气化卸车工艺的优化设计.中国氯碱，2019（12）：10-12.

[9] 杨善德，赵仁霞.一种液氯专用鹤管.ZL201620160631.4.2016-07-27.

第10章 涉氯设备防腐

10.1 常用标准

涉氯设备防腐常用标准见表10-1。

表10-1 涉氯设备防腐常用标准

序号	标准名称	标准号
1	《工业建筑防腐蚀设计标准》	GB/T 50046—2018
2	《建筑钢结构防腐蚀技术规程》	JGJ/T 251—2011
3	《建筑防腐蚀构造》	08J333（图集号）
4	《建筑防腐蚀工程施工规范》	GB 50212—2014
5	《建筑防腐蚀工程施工质量验收标准》	GB/T 50224—2018
6	《工业设备及管道防腐蚀工程施工规范》	GB 50726—2011
7	《工业设备及管道防腐蚀工程施工质量验收规范》	GB 50727—2011
8	《化工设备、管道外防腐设计规范》	HG/T 20679—2014
9	《压力容器中化学介质毒性危害和爆炸危险程度分类标准》	HG/T 20660—2017

10.2 氯的腐蚀

10.2.1 氯的腐蚀机理

氯气处理是将电解槽生产出来的湿氯气干燥，然后将干燥的氯气压缩送到其他工段应用或运输。在这一过程中，从电解槽出来的氯气具有较高的温度，并伴有水汽。因此，这个过程的介质是高温湿氯气。高温湿氯气要经过冷却，将大部分水汽冷凝除去。再经过干燥过程，进一步去除其中的水汽。经过上述两个过程，高温氯气变成干氯气。再经过压缩冷凝变成液氯。因此涉氯设备的主要介质是高温湿氯气、低温湿氯气、干氯气和液氯。

（1）高温湿氯气　氯气微溶于水，在9.6℃时的溶解度为1%。部分氯气和水反应，发生水解，生成HCl和HClO，HCl又与Fe反应，从而造成湿氯气对金属的腐蚀。反应如下：

$$Cl_2+H_2O \longrightarrow HCl+HClO$$

$$2HCl+Fe \longrightarrow FeCl_2+H_2\uparrow$$

$$2FeCl_2+Cl_2 \longrightarrow 2FeCl_3$$

当氯中水含量低于0.015%时，碳钢的腐蚀速率小于0.04mm/a，即干燥的氯气基本不腐蚀碳钢。氯中含水时，湿氯会与碳钢起反应，加剧碳钢的腐蚀。同样，在Cl^-含量高于0.015%时，不锈钢也会发生腐蚀，Cl^-会破坏不锈钢表面的氧化膜而产生孔蚀或应力腐蚀。

（2）低温湿氯气　低温湿氯气，是相对高温湿氯气来讲的。此介质对金属的腐蚀原因，只是因为氯气中含有水分，而发生上述化学反应。

（3）干氯气　干氯气对金属的腐蚀主要取决于介质对金属的氧化反应与温度的关系。因此当温度高时，腐蚀速度比较快。温度低的时候，腐蚀速度比较慢。

（4）液氯　液氯对金属的腐蚀机理，和干氯气相似。液氯的温度与液化压力是有关系的。目前液化压力有0.3MPa、0.8MPa、1.6MPa，其对应的温度分别为－17～－8℃、14～25℃、40～53℃。由于这三种温度都没有高于100℃，所以液氯腐蚀性很小，一般的碳钢就可以耐液氯腐蚀。

10.2.2　氯对金属材料的腐蚀特点

（1）碳钢　在干氯气情况，可以用到150℃，但在温度超过100℃时，腐蚀比较严重。液氯情况下，碳钢在常温下对氯有良好的耐腐蚀能力，但高于常温，腐蚀就会加快，腐蚀会变得很严重。

（2）不锈钢（奥氏体）　奥氏体不锈钢在80℃以下抗干氯气的腐蚀能力良好，但在300℃以上就失去了对于干氯气的抗腐蚀能力。另外干氯气还有可能对不锈钢产生孔蚀和晶间腐蚀。不锈钢在常温到50℃对液氯有良好的耐腐蚀能力，但高于50℃腐蚀就会加快，腐蚀会变得很严重。对于氯水，不锈钢虽然在常温的情况可以用，但腐蚀已经很严重了。

（3）镍　镍抗干氯气的腐蚀能力强于碳钢，它在干氯气情况下可以用到260～310℃，在370℃以上才失去对干氯气的抗腐蚀能力。对于液氯，镍也只能在常温使用，而且腐蚀很严重。

（4）镍合金（70%镍30%铜） 又称MONEL（蒙乃尔）合金。MONEL合金在承装干氯气时，可以用到300℃，在400℃时开始出现严重的腐蚀，但还可以应用。在450℃的时才不能使用。而对于液氯，其使用温度可以达到80℃。

（5）镍铬铁钼合金（又称为哈氏合金） 哈氏合金B含钼量大于15%，哈氏合金C含有铬。在50℃以下，氯气对哈氏合金几乎没有腐蚀。在100℃以下，哈氏合金对氯气都有良好的抗腐蚀能力。且这种材料是少量的几种在温度不高的情况下耐湿氯气的材料（不含哈氏合金B)。而且这种材料在常温到80℃的范围内，可以有效地抵抗氯水腐蚀。

（6）镍铬铁合金（INCONEL合金） 是对于干氯气抗腐蚀能力最强的材料。在从常温到510℃的范围内，干氯气对于该材料几乎不产生腐蚀。这种材料虽然也可以用于液氯，但液氯对其腐蚀性还是比较严重的。

（7）钛及其合金 钛及其合金绝对不可用于干氯气中（含水量小于0.5%）。但是钛及其合金对于湿氯气（含水量大于0.5%～1%）和液氯就不同于其他材料，其在温度不高于100℃的情况下，对湿氯气和氯水的抗腐蚀能力非常强，几乎不产生腐蚀。

（8）锆 锆对于干氯气，只能用于常温。但锆却对液氯有相当强的抗腐蚀能力，在承装液氯的环境中，其不产生腐蚀。

10.2.3 氯防腐材料的选择

在温度不高的情况下，低温干氯气和液氯，通常选择碳钢就可以。碳钢在150℃以下耐干氯气和液氯的性能良好，可以放心使用。碳钢与不锈钢相比，耐氯气的腐蚀性能更好些。碳钢可以说是既有效又经济的材料。而对于液氯，几乎没有经济材料可以选择，只能选择钛、钛合金及锆。对于湿氯气，可以选择的材料同样也比较困难，其有效的材料也就只有钛、钛合金及锆。

如果压力允许的情况下，还可以选择非金属材料。其特点在于经济。这类材料有陶瓷、玻璃、聚氯乙烯及酚醛塑料等。

用于高温氯气的材料选择一直比较困难。这类材料主要有镍、镍合金和石英玻璃等。其中，镍可以用到320℃，镍合金可以用到430～500℃，而石英玻璃则可以用到900℃的高温。

钛具有优良的耐湿氯腐蚀性能，但钛不可用于干氯气系统，干氯气与钛发生强烈反应生成$TiCl_4$，并有着火危险。

耐干、湿氯气的金属材料有钽、银、铂以及部分钛钼镍合金。

10.2.4 涉氯重要设备的防腐

（1）氯气干燥塔 氯气干燥系统的设备，如氯气洗涤塔、填料塔、泡罩塔、废氯气吸收塔，接触的是具有强烈腐蚀性的湿氯气，普通金属材料难以胜任，通常采用FRP/PVC，也可采用钛、钛合金及锆材料。

（2）钛管冷却器　采用两个钛管冷却器串联工艺的第一级冷却器，在管内通氯气，管外走工业用水的工况下，可采用碳钢壳体，上下管板和管材采用钛材，上下封头可衬钛或衬胶，须定期更换外壳（外壳使用寿命为8～10年），该结构节约钛材，但水质不好时易结垢，影响传热，须定期清洗。钛管与钛管板连接部位易产生缝隙腐蚀。

若在管外通氯气，管内走工业水的工况下，须采用全钛结构，与半钛结构相比，钛材用量较大。优点是：①由于被冷凝的氯水布满了管板，形成一层温度较低的液封，使钛管与管板连接处与刚进入的高温氯气隔离，避免了缝隙腐蚀；②对工业水的要求不高，钛壳体不易结垢，清洗方便。

第二级钛冷却器要把氯气从40℃冷却到12～15℃，管外走5℃冷冻盐水，冷冻盐水水质较好，且氯气温度较低，故采用钢外壳、钛管板、钛管材的半钛结构冷却器，其使用寿命长于第一级钛冷却器。

（3）氯气压缩机　国内于1979年逐步采用透平压缩机输送干燥氯气，比液环泵经济效益明显提高，且避免了硫酸的环境污染和腐蚀问题。采用液环泵压缩后的干燥氯气由于压力不高，出口温度不超过80℃，对碳钢的腐蚀甚微；透平机有采用四级压缩的，也有采用二级压缩的，由于透平压缩机压缩过程中氯气温度较高，对氯气含水量及其他杂质要求较严格（要求氯气中水含量在0.01%以下），这种情况下，经冷却后的氯气对碳钢几乎不腐蚀。国内透平机时有发生使用1年后氯气冷却器的腐蚀问题，它直接影响了透平压缩机的正常运转，导致停车。据查，导致列管冷却器腐蚀的主要原因不是氯气，而是冷却水的水质及管材质量问题。

（4）液氯设备的腐蚀　不含水的液氯，腐蚀性不强，低压液化时液氯为－22℃，液氯设备和容器可以采用耐低温碳钢如16MnDR；中压或高压液化时，温度在0℃以上时，考虑到实际生产的不同情况，最好采用16MnR，无论从设计和加工国标上都有严格的技术要求和施工工艺及检验规定，液氯低温容器要做－40℃低温冲击试验，焊缝做100%无损检测。

10.3 盐水的腐蚀

10.3.1 盐水腐蚀机理

金属在盐水中的腐蚀属于电化学腐蚀。在静止、缺氧的食盐水溶液中，金属的电化学腐蚀是比较缓慢的，但在流动、搅拌的盐水中，由于氧的大量参与而使得离子化加快，金属的腐蚀速度增大。

10.3.2 盐水的腐蚀特点

（1）对不锈钢的腐蚀　在温度不大于60℃的饱和盐水中不锈钢的腐蚀速率很小，但是，不锈钢在Cl^-的作用下，可能产生孔蚀和应力腐蚀破裂。

（2）对铜和钛的腐蚀　铜在盐水中有较好的耐腐蚀性能，可用于制造精制盐水的换热器，但铜的加工性能差。

钛产生缝隙腐蚀和浓度、温度、pH值有关，和设计因素有关，和材料（如垫片）有关。盐水系统的盐水温度小于70℃，工业纯钛不会发生点蚀与缝隙腐蚀；电解及淡盐水脱氯系统的盐水温度为80～90℃，TA2可能发生缝隙腐蚀；而在淡盐水MVR浓缩系统，由于盐水温度为100～110℃，TA2在该盐水介质易发生点蚀及缝隙腐蚀。淡盐水MVR浓缩装置的降膜与强制循环换热器列管采用了钛钼镍材质，可以有效防止缝隙腐蚀。

（3）对衬里的渗透破坏　酸性的饱和盐溶液中含有的盐酸、氯酸和氯酸盐对衬里的腐蚀性并不是很强。但是，盐水是一种强的渗透性介质，当衬里层存在结构或施工孔隙时，盐水会透过衬里层，并随着温度的下降而逐渐结晶并增大体积，最后导致衬里层破裂。

10.3.3 盐水防腐的材料选择

（1）钛金属在盐水中的稳定性非常好。

（2）衬胶在盐水精制过程设备防腐中具有较好的效果。

（3）玻璃钢及玻璃鳞片衬里是盐水相关设备的最常用的非金属耐蚀材料。

钢铁材料不能直接用于盐水系统的设备，因为金属在盐水中的腐蚀为氧的去极化腐蚀，很快就生锈了。国内盐水系统设备如化盐设备、高位槽、配水槽、管线等多采用衬胶防护、玻璃钢防护，基本上满足了生产的需要。沉降器也可以衬环氧玻璃钢或环氧煤沥青。这里面盐水泵的预热器的腐蚀程度最高，所以现在有些氯碱厂就直接采用钛金属，避免预热器腐蚀所产生的不良后果。

10.3.4 盐水重要设备的防腐

（1）化盐桶　当用于隔膜法烧碱系统时，采用碳钢制作的化盐桶不采取防腐措施，亦可使用10年以上；但对于离子膜法烧碱系统，由于不应带入铁离子，有的企业采用橡胶衬里，现在大多数企业采用涂覆玻璃鳞片。在一次盐水系统的其他设备如反应桶、澄清桶、预处理器、盐水贮槽等设备都采用涂覆玻璃鳞片，效果较好。另外，在全卤水离子膜法烧碱生产工艺中的卤水池的防腐也采用涂覆玻璃鳞片的方法。

玻璃鳞片涂料是以耐蚀树脂为主要成膜物质，以薄片状的玻璃鳞片为骨料，再加上各种添加剂组成的厚浆型涂料，玻璃鳞片树脂涂料可用于化工设备衬里、工厂烟道排气装置衬里、酸碱贮槽、污水贮槽、海洋设备衬里等防腐蚀工程。一次施工厚度为0.1～0.2mm，最后为0.5～2.0mm，使用寿命一般在10年以上。

玻璃鳞片的厚度一般为2～5μm，片径长度为100～3000μm，由于涂层中的玻璃鳞片上下交错排列，形成了独特的屏蔽结构，这种结构可以代替橡胶、塑料和玻璃钢衬里。

玻璃鳞片树脂涂料具有以下特点：①优良的抗介质的渗透性；②优良的耐磨性；③硬化时收缩率小；④衬里与基体的粘接性好，耐温度骤变性好；⑤可采用喷、滚、刷和抹等工艺，不但施工方便，而且容易修补。

(2) 凯膜过滤器　凯膜过滤器是离子膜法烧碱系统一次盐水精制的关键设备，将盐水中的钙镁离子的质量浓度降到4mg/L以下。为了保证设备本身不带入杂质离子，凯膜过滤器采用钢衬低钙镁含量的橡胶。

(3) 螯合树脂塔　螯合树脂塔是二次精制盐水的重要设备，它利用离子交换树脂除去盐水中的杂质离子，使盐水中的 Ca^{2+}、Mg^{2+} 含量降至20μg/L以下，然后再经酸碱再生操作，使离子交换树脂恢复活性。该塔操作温度在60～65℃，国外多用低钙镁含量的橡胶衬里，少数有采用玻璃钢材质的。采用低钙镁含量橡胶衬里的使用寿命一般在8～10年，其损坏的主要原因不是衬里腐蚀，而是介质的局部渗透腐蚀了碳钢基体。

(4) 盐水加热器　进入离子膜电解槽前，盐水要在盐水加热器中加热至80℃。盐水加热器多采用列管式或板式换热器，壳体采用不锈钢或钛材制作，换热管与管板多用钛材，也有用哈氏合金、蒙乃尔合金、钛钯合金，使用寿命在10年以上，垫片采用三元乙丙橡胶（EPDM），使用寿命一般在5年以下。

(5) 脱氯塔　由离子膜电解槽出来的淡盐水经真空加热脱氯时的温度高达85～90℃，国外有采用玻璃钢结构的，国内多采用普通橡胶衬里，使用寿命一般2～3年。钛制脱氯塔是理想的选择，使用寿命可达20年。

(6) 盐水管道　盐水对碳钢管道的腐蚀和冲刷严重，离子膜法烧碱中盐水管道通常采用衬里管道或非金属管道。衬里管道有钢衬聚乙烯（20/PE）、钢衬聚丙烯（20/PP）、钢衬聚烯烃（20/PO），其中钢衬聚烯烃（20/PO）效果较好。管道的使用寿命关键在于衬里工艺和质量。

10.4 其他介质的腐蚀与防腐

10.4.1 杂散电流的腐蚀与防腐

由杂散电流引起的金属腐蚀破坏比较集中，破坏速度比较快。

在盐水电解过程中，电解槽系统与整流器构成直流电路，在该直流电路中，任何一点通过盐水、碱液、管道或金属构件与地面接触，当两者存在电位差时就有可能漏电。这不仅发生在盐水进口处，也可发生在电解槽的支脚、铜排支柱等部位。当漏电时，在直流电路中杂散电流的流向由漏电部位的对地电位确定。在直流供电系统中，直流母线的来路为正电位区，其回路为负电位区，中间则是零电位点。在正电位区的杂散电流是经过设备、管件等导入大地的，出现的腐蚀部位往往在物料的进口或接近地面处，如盐水支管的根部焊接处的腐蚀；在负电位区的杂散电流由大地经过设备、管件等进入电路系统，因此，腐蚀部位多数是在物料的入口而靠近电路处，其会对碳钢产生腐蚀，造成列管的穿孔。

此外还有水支管的顶部腐蚀、电解液管线上漏斗溢碱处的支管界面和焊接处的腐蚀等。电解系统的杂散电流促进了电化学腐蚀，必须改善电解系统的绝缘状态，防止杂散电流造成的腐蚀。

10.4.2 烧碱的腐蚀与防腐

大多数金属在烧碱溶液中的腐蚀是发生阴极过程的氧去极化反应。常温时，碳钢和铸铁在碱中十分稳定，这是由于其表面可生成一层由 $Fe(OH)_3$ 和 $Fe(OH)_2$ 组成的不溶性致密物。但随着温度的升高，碳钢的腐蚀速度加快，在 NaOH 质量分数为 30%、温度为 80～85℃时，使用寿命仅 6～11 个月。碳钢在热浓碱中会发生应力腐蚀破裂。在 100℃的 40%NaOH 溶液中，奥氏体不锈钢的腐蚀速率小于 0.05mm/a，奥氏体不锈钢在 50%以下的 NaOH 中，产生应力腐蚀的最低临界温度为 120℃。

所以，对于出电解槽的高温烧碱，其设备及管道的理想材质是 310S（即 0Cr25Ni20）；低温碱，如罐区烧碱贮罐采用普通碳钢 Q235A 材质即可。

10.4.3 次氯酸盐的腐蚀与防腐

氯气处理产生的次氯酸钠具有强氧化性，其输送泵材质的选择十分困难，即使是氟泵也存在端面密封部位渗漏的问题。采用钛泵有 5 年以上的使用寿命。

次氯酸钠贮槽通常采用玻璃钢内衬聚氯乙烯（FRP/PVC）或钢衬聚氯乙烯（20/PVC），当温度达 50～55℃时，也经常发生渗漏。温度高的次氯酸钠贮槽采用滚塑成型的聚乙烯衬里，厚度大于 5 mm，附有龟甲网，具有良好的使用寿命，其衬里应用成功的关键在于衬里工艺和衬里材料的质量。

10.4.4 氯化氢和盐酸的腐蚀与防腐

干燥氯化氢在 200℃以下对碳钢基本不腐蚀，腐蚀速率小于 0.1mm/a，在 250℃时，上升到 0.5mm/a。含水氯化氢气体的腐蚀实际上是盐酸的腐蚀，只要温度高于氯化氢的露点（80～200℃，随氯化氢含量及压力不同而不同），但最好是在250～300℃，即使是刚合成的含水氯化氢，碳钢的腐蚀速率仍处于可以容忍的范围。

在盐酸介质中，金属材质的设备只有含钼的不锈钢、钽、钛、银可供选择。即使有 $FeCl_3$ 和氯气存在，金属钽在任何浓度和温度（甚至沸腾）的盐酸中也不会腐蚀，因此，贵重的检测仪表常采用金属钽。

目前，氯化氢和盐酸系统的主要设备，大部分采用石墨、衬橡胶、衬聚四氟乙烯（PTFE）、玻璃钢、塑料等非金属材料。

10.4.5 硫酸的腐蚀与防腐

低浓度的硫酸常被看作非氧化性酸，当其浓度较高时，与钢铁发生反应。碳钢在硫酸中的腐蚀速度与硫酸浓度之间存在一定规律，硫酸质量分数在47%以下时，腐蚀速度随浓度的增加而加快，而后，随着浓度的增加，腐蚀速率下降；质量分数在70%～100%时腐蚀速度极低，浓度继续增加，碳钢的腐蚀速率又会升高。如碳钢不适用于100%～102%的发烟硫酸。

在氯气干燥过程中，浓硫酸的质量分数一般要大于75%，才能保证硫酸碳钢贮罐的安全。在实际生产中98%的浓硫酸的贮存和输送采用碳钢材质的管道，干燥后的浓硫酸一般按稀硫酸来选用管材，稀硫酸的存储和盐酸相同，一般采用非金属材料FRP/PVC。

10.5 氯碱行业的主要耐腐蚀材料

（1）钛及钛合金、奥氏体不锈钢、镍及其合金等金属防腐蚀材料　氯碱工艺段中，高温湿氯气的洗涤和冷却装置可选钛金属和钛合金，如电解槽盖、氯气总管、氯气洗涤塔、氯气冷却器、离子膜电解槽的阳极液循环和淡盐水脱氯系统，但需要考虑性价比。浓碱及高温碱可选用镍铬钼不锈钢或镍及其合金，比如在电解槽阴极液系统和烧碱蒸发系统的设备。

（2）硬质PVC塑料、氯化聚氯乙烯（CPVC）塑料、玻璃钢、玻璃鳞片胶泥、砖板衬里等树脂防腐材料　应用于氯碱工业的耐腐蚀塑料有聚氯乙烯、氯化聚氯乙烯、聚乙烯、聚丙烯等，其中，聚氯乙烯是使用最多和最广的一类，具有优良的耐腐蚀能力，能抗浓硫酸、氯气等强氧化剂的氧化，耐酸、碱、盐的腐蚀，常用来制作管道、塔器、贮罐、冷却器等。需要特别提到的是FRP/PVC，它是通过外覆玻璃钢加强，解决了聚氯乙烯强度太低、容易变形的问题，较大地提高了耐高温性能，应用越来越多。但是这一类材料制作的设备、管道要注意材料类型的选择、材料质量的选择和施工质量的控制，避免后续的生产使用中检修维修工作量过大。

CPVC材料与PVC用途相似，比PVC更耐温、更耐腐蚀，但CPVC在低温时更脆，焊接性能差，且造价高。CPVC通常都是采用承插粘接的方式，也用于硫酸、氯气等强氧化性介质。在氯氢处理硫酸吸收塔的部分，CPVC更适合做填料和塔板，因为其长期耐温可到90℃，高于PVC的65℃。

玻璃钢是发展迅速的有机防腐材料，是树脂防腐方法之一。在氯碱工业中，主要用作增强层（聚氯乙烯、聚丙烯设备、管道的外部包覆），国内很多氯碱厂都用耐高温玻璃钢制作氯气洗涤塔，用FRP/PVC制作氯气干燥塔、氯气除水雾器、氯水储槽。作为主材使用的主要是湿氯气管道，盐酸储槽等也有较多应用。FRP是用玻璃纤维在树脂粘接剂的作用下层层加固而成的，但由于树脂种类不同，粘接方法不同，FRP的管道管件的性能和质量差别很大。比如湿氯气用的管材一般都是乙烯基酯类，而玻璃钢材质的储槽也不是只有一种玻璃钢，内部是含树脂高的防腐层，中间还有防渗层和结构层，最外面是防紫外线的耐候层。虽然玻璃钢材质良莠不齐，但随着技术水平的提高，它价格较低、耐腐蚀性能强、施工方便等优点便体现出来，其应用范围必将被进一步拓宽。

玻璃鳞片一般只用于盐水系统，而砖板衬里已较少使用，只是在罐区地面防腐用一些。

（3）衬胶防腐材料　橡胶有较好的物理机械性能和耐蚀性能，除强氧化剂、有机溶剂、浓硫酸、硝酸和铬酸外，对大多数无机酸、有机酸及各种盐类、醇类都是耐腐蚀的，但耐温性较差。在氯碱化工中，橡胶主要用作防腐蚀衬里和垫片等材料，设备以钢衬硬橡胶居多，主要在盐水系统。

（4）石墨、陶瓷、玻璃、搪瓷　非金属材料中的陶瓷、玻璃、搪瓷等材料，现在应用逐渐减少，有的已被其他材料完全取代。目前酚醛树脂浸渍的石墨材料还在用，主要用于合成盐酸、盐酸脱吸装置、PVC合成工艺的冷却器等。

（5）涂料　较多的是氯磺化聚乙烯和过氯乙烯漆，但仅用于厂房、构筑物、设备和管线等设施外表面。

参考文献

[1] 张俊平.氯碱工业中的设备腐蚀与防护.中国氯碱，2019（7）：23-26.
[2] 左景伊，左禹.腐蚀数据与选材手册.北京：化学工业出版社，1995：101-103.
[3] 涂江平，李志章，毛志远.金属在高温氯气环境中的腐蚀.材料导报，1993.
[4] 白松泉，宋喆，陈锡良.盐水的腐蚀机理及缓蚀剂的研究.当代化工，2015，3.
[5] 樊春生.钛及其合金在氯化钠溶液中的腐蚀.氯碱工业，2015，4.
[6] 钱碧峰.盐水系统设备的防腐技术对比分析.中国氯碱，2005（5）：35-37.
[7] 张文毓.杂散电流的腐蚀与防护.全面腐蚀控制，2017（5）.
[8] 贺桃香.氯碱生产中烧碱的腐蚀与防.中国氯碱，2011（7）：28-29.
[9] 张沪.氯化氢、氯气和盐酸中金属的腐蚀与防护.矿冶工程，1982，2（004）：47-51.
[10] 于凤霞，姚广生.硫酸装置的腐蚀与防腐.河北化工，2004（04）：53-54.

第11章

氯生产中的管道、管件、阀门、法兰及垫片

干氯气在常温下腐蚀性很小，高温时有强烈腐蚀，湿氯气的腐蚀性很强，液氯在低温下腐蚀性很小，不同工况下选用的管道及其附件的材质不同。

11.1 常用标准

氯生产中的管道、管件、阀门、法兰及垫片常用标准见表11-1。

表11-1 涉氯设备防腐常用标准

序号	标准名称	标准号
1	《石油化工非金属衬里管道技术规范》	SH/T 3154—2009
2	《石油化工非金属管道技术规范》	SH/T 3161—2011
3	《石油化工钢制管法兰》	SH/T 3406—2013/XG1—2018
4	《氟塑料衬里钢管、管件通用技术要求》	GB 26500—2011
5	《管法兰用垫片密封性能试验方法》	GB/T 12385—2008
6	《管法兰用非金属聚四氟乙烯包覆垫片》	GB/T 13404—2008
7	《缠绕式垫片管法兰用垫片尺寸》	GB/T 4622.2—2008
8	《钢制法兰管件》	GB/T 17185—2012
9	《工业阀门安装使用维护一般要求》	GB/T 24919—2010
10	《低温阀门技术条件》	GB/T 24925—2019
11	《阀门的检验和试验》	GB/T 26480—2011
12	《化工配管用无缝及焊接钢管尺寸选用系列》	HG/T 20553—2011
13	《钢制管法兰、垫片、紧固件》	HG/T 20592～20635—2009

续表

序号	标准名称	标准号
14	《玻璃纤维增强聚氯乙烯复合管和管件》	HG/T 3731—2004
15	《压力管道规范工业管道 第 1 部分：总则》	GB/T 20801.1—2020
16	《压力管道安全技术监察规程——工业管道》	TSG D0001—2009
17	《压力管道定期检验规则——工业管道》	TSG D7005—2018

11.2　湿氯气

湿氯气的腐蚀性很强，一般碳钢、不锈钢都不耐其腐蚀，电解槽出来的湿氯气温度在 80～90℃，通常采用钛管，大管径钛管只能做焊接管，要做 100%无损检测，现场环向焊缝也要做 100%无损检测。为了降低总体造价，一般在调节阀组后或上外管廊前采用 FRP-PVC 或 FRP 管道，FRP/PVC 管道的 PVC 层应加厚，由于温度较高，FRP 与 PVC 容易脱层，因此长管线要考虑热补偿。也可以采用 FRP/CPVC 管道，由于 CPVC 最大管径只能做到 DN300，且 CPVC 价格较贵，因此项目中应用受限。FRP 玻璃钢应为乙烯基酯，常用于湿氯气的 FRP 牌号有陶氏 DERAKANE 470、上纬 SWANCOR 997 等。

湿氯气采用的法兰材质一般根据管道的材质来确定，如果是钛和钛合金管道，法兰便采用金属环松套对焊型式，法兰是碳钢材质，法兰对焊环材质同管道材质，法兰标准可参照 HG/T 20592～20635—2009，SH/T 3406—2013 等，如果采用 FRP/PVC 管道或 FRP/CPVC 管道等非金属管道，在这些非金属管道标准中会有相应的法兰标准，如 HG/T 3731-2004 标准。

湿氯气阀门材质通常采用聚偏二氟乙烯（PVDF）、CPVC 或钢衬 PTFE、钢衬 PVDF、钢衬 F46 阀门，通常小管径采用 PVDF 或 CPVC 阀门，大管径采用钢衬阀门。由于 PVDF 价格较高，F46 的加工性能较好，湿氯气管线的口径通常又较大，因此较多使用钢衬 F46（改性聚四氟乙烯）蝶阀。液氯装卸鹤管系统氯气专用阀宜采用软密封氯气专用阀，防止潮湿氯化物影响密封。

由于 PVDF 价格较高，PFA（可熔性聚四氟乙烯）的加工性能较好，湿氯气管线的口径通常又较大，因此较多使用钢衬 PFA 或 F46（改性聚四氟乙烯）蝶阀。PFA 是一种全氟烷氧基聚合物，具有良好的热熔后加工成型的性能，PTFE 虽耐蚀性，耐温性好，对于复杂的阀门流道，成型有局限性。F46 是四氟乙烯和六氟丙烯的共聚物，是聚全氟乙丙烯（FEP），六氟丙烯的含量约 15%左右，比 PTFE 具有热塑性塑料的良好加工性能。

湿氯气介质垫片可以选用聚四氟乙烯包覆垫或改性聚四氟乙烯垫片，改性聚四氟乙烯垫片的填充材料应耐酸性腐蚀，用于钛管线的垫片可以采用氟橡胶垫片，因为 PTFE 与钛会发生反应。

废氯气主要来自电解槽放空和碱液吸收塔，管道材料可以采用 FRP/PVC，UPVC 或 FRP 玻璃钢。阀门采用 CPVC、UPVC 或钢衬 PTFE、钢衬 F46，垫片可以选用聚四氟乙烯包覆垫或改性聚四氟乙烯垫片。

11.3 干氯气

干氯气在常温下腐蚀性很小，高温时有强烈腐蚀性，不同工况下选用的管道及其附件的材质不同。

常温干氯气腐蚀性不大，通常采用碳钢材料即可，由于干氯气是高度介质，按照《特种设备目录》，干氯气属于 GC1 类，管道原则上选用无缝管，大管径不得不采用有缝管时，必须是高于优质碳钢材质直缝电容焊钢管，焊缝 100%射线探伤。

按照 GB/T 20801.5—2006 的要求，氯气管道应达到Ⅱ级检查，现场环向焊缝至少做 20%无损检测，由于氯在我国化工安全生产中的特殊性，实际工程中做 100%的射线无损检测。

干氯气阀门应选用氯气专用截止阀，或防外漏的波纹管截止阀，大管径可以选用多层密封的三偏心蝶阀。

干氯气的法兰和管道一样，采用碳钢材质，较好的材料有 A105、16Mn 等，最好是锻件法兰。法兰是型式是 WN 对焊法兰。

干氯气垫片可以选用聚四氟乙烯包覆垫、改性聚四氟乙烯垫片或带内外环的聚四氟乙烯缠绕垫。

11.4 液氯

不含水的液氯，腐蚀性不强，低压气化时液氯为－22℃，可以采用低温碳钢，中压或高压气化时，温度在 0℃以上，最好采用 10、16Mn 材质的钢管，因为液氯在气化时易产生低温，即便是用于常温工况的管材也应考虑低温。按照《特种设备目录》，液氯属于 GC1 类，采用符合《高压化肥设备用无缝钢管》(GB/T 6479—2013) 标准的 10、16Mn 材质钢管，或采用符合 GB/T 18984—2016 标准的 16MnDG 材质的钢管。

低温液氯选用 GB/T 6479—2013 标准时，增加 10 钢或 16Mn 分别要做－30℃和－40℃低温冲击功试验。现场环向焊缝至少做 20%无损检测，实际工程中做 100%的射线无损检测。

液氯垫片可以选用带内外环的聚四氟乙烯金属缠绕垫、改性聚四氟乙烯垫片或聚四氟乙烯包覆垫。

液氯阀门应选用防外漏的波纹管氯用截止阀，波纹管材质可以选用 HC276，低温液氯阀体材料应选用低温碳钢 LCB。

氯碱行业属于高危行业，因此对于所使用的装备要求比较严格，必须从根本上解决氯介质的外漏，而截止阀的外漏一般为壳体缺陷造成泄漏或填料函的泄漏。

为了解决好这两方面的问题，只有通过增加对壳体铸造或锻造质量的控制，即进行无损探伤检查，才能保证。而增设波纹管密封可从根本上阻断介质从填料函的泄漏，形成双重密封保障。

氯气专用波纹管截止阀外观示意如图 11-1 所示。

波纹管如图 11-2 所示。

图 11-1　氯气专用波纹管截止阀

图 11-2　波纹管

多层波纹管结构，两端分别焊有填料函和波纹管底座。波纹管底座焊接在阀杆上，填料函焊接在阀盖上端，波纹管采用液压成型，减少焊接漏点，波纹管焊接完成机加工后进行着色探伤、超声波探伤，确保焊接面密封性。

波纹管底座起导向作用，使波纹管在启闭过程中不受振动的影响，阀体密封面采用堆焊硬质合金，阀瓣密封面采用 PTFE 材料，压塑、烧结在阀瓣上，阀瓣上扣有燕尾槽，粘合牢靠，确保密封性能。

波纹管截止阀主要结构如图 11-3 所示。

阀门工作流程如图 11-4 所示。阀门在开启前处于全闭状态，逆时针方向转动手轮，带动阀杆直线上升，波纹管的下端固定在阀杆上，随着阀杆做直线运动，波纹管受压缩，提升阀瓣，阀门开启。反之，阀门关闭。

序号	名称	序号	名称
1	阀体	9	传动杆
2	阀瓣	10	手轮
3	阀杆	11	传动座
4	阀盖	12	立柱
5	波纹管	13	密封垫片
6	填料	14	阀瓣盖
7	填料压盖	15	阀座
8	导向块		

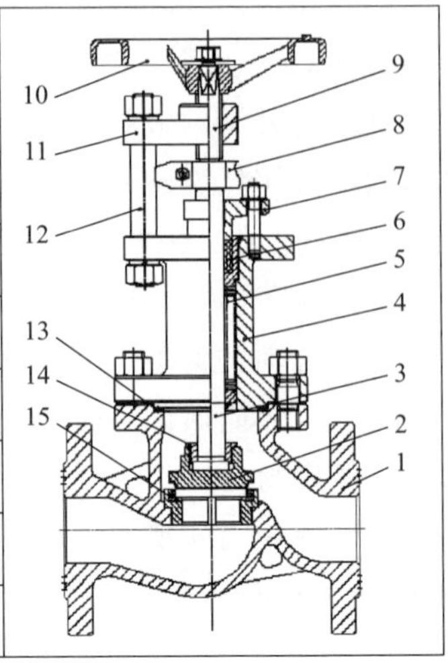

图 11-3 波纹管截止阀主要结构

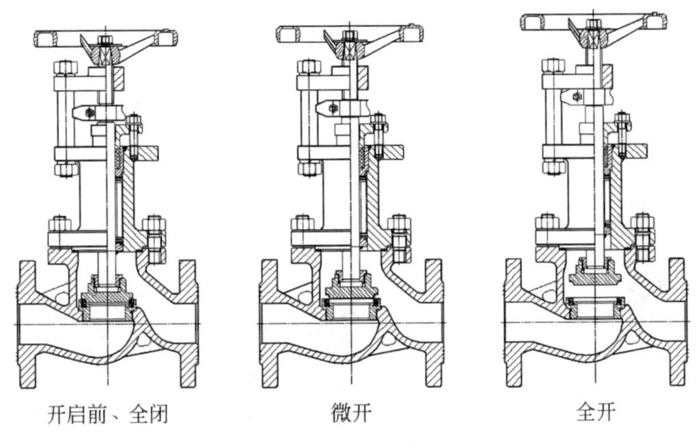

图 11-4 阀门工作流程

在整个启闭过程中，波纹管底座始终受导向保护，确保波纹管运动方向不偏差、不旋转，介质被阻隔在阀门内部，不会从阀杆填料处泄漏。

参 考 文 献

[1] 邵月娥，张新利.氯碱工业中湿氯气处理设备材质的改进.天津化工，2012，9.

[2] 贾翠蓉.合成材料在湿氯气中的应用.石油和化工设备，1998 (5)：50-52.

[3] 蔡德金.氯的耐腐蚀材料.化学世界，1962 (3)：49-50.

[4] 林国栋，李敏，张大林.阀门用金属波纹管的选型及应用.阀门，2007 (1)：29-32.

第12章 氯的职业危害

12.1 常用标准

常用氯的职业危害相关标准见表12-1。

表12-1 常用氯的职业危害相关标准

序号	标准名称	标准号
1	《用人单位职业病防治指南》	GBZ/T 225—2010
2	《工业企业设计卫生标准》	GBZ 1—2010
3	《工作场所有害因素职业接触限值第1部分：化学有害因素》	GBZ 2.1—2019
4	《工作场所有害因素职业接触限值第2部分：物理因素》	GBZ 2.2—2007
5	《工作场所职业病危害警示标识》	GBZ 158—2003
6	《职业健康监护技术规范》	GBZ 188—2007
7	《高毒物品作业岗位职业病危害告知规范》	GBZ/T 203—2007

12.2 氯的职业危害与防治

12.2.1 危害产生的机理

氯碱整个生产过程中产生大量的氯气及氯的化合物，职工在日常生产操作和设备维护保养中经常会接触到氯气。由于氯气吸入后可与黏膜和呼吸道的水作用形成氯化氢和新生态氧，氯化氢刺激黏膜发生炎性肿胀，使呼吸道黏膜浮肿，大量分泌黏液，造成呼吸困难，所以氯气中毒的明显症状是发生剧烈的咳嗽；新生态氧对组织具有强烈的氧化作用，并可形成具细胞原浆毒作用的臭氧。氯浓度过高或接触时间较久，常可致深部呼吸道病变，使细支气管及肺泡受损，发生细支气管炎、肺炎及中毒性肺水肿。由于刺激作用使局部平滑肌痉挛而加剧通气障碍，加重缺氧状态。高浓度氯吸入后，还可刺激迷走神经引起反射性的心跳停止。

12.2.2 职业危害潜在后果

因为氯气的化学性质活泼，使得它的毒性很强，可损害全身器官和系统。少量氯气即可引起呼吸道困难，刺激咽喉、鼻腔和扁桃体发炎，导致眼睛红肿、刺痛、流泪，能引起胸闷和呼吸道综合征，激发哮喘患者呼吸发生困难，甚至休克。氯气进入血液可以同许多物质发生化合作用，引起神经功能障碍，杀伤和破坏血细胞，并引起盗汗、头痛、呕吐不止、胃肠痉挛、肝脏受损等。氯气还对皮肤具有强烈腐蚀、损毁作用。严重氯气中毒的人员可能会遗留下严重的器质性功能障碍，身体长期得不到良好恢复；有些人员可能会严重瘫痪，导致终身残疾。大剂量氯气可以短时间内致人缺氧并急速中毒死亡。

12.2.3 氯碱行业主要职业危害防治管理措施

12.2.3.1 氯碱行业主要职业危害

（1）在氯生产过程中，涉及一次盐水及原盐储运工段、二次盐水及电解工段、氯氢处理工段、盐酸工段、蒸发工段等过程；涉及的危险化学品主要有易燃易爆物质（氢气等）、有毒有害物质（氯气等）、腐蚀性物质（盐酸、硫酸、氢氧化钠、次氯酸钠、碳酸钠等）。

（2）在原盐精制时，由于使用到氢氧化钠、盐酸、次氯酸钠、碳酸钠等腐蚀性物质，如果发生故障泄漏、运行泄漏，或者贮存、输送氢氧化钠、次氯酸钠、碳酸钠设备、管道检修时没有清洗或清洗不干净，还可能发生灼伤事故。

（3）电解生产中所得的氯气，若因氯中含氢量上升也会引起爆炸，因此，必须保持氯中含氢≤0.4％。同时氯气是一种剧毒气体，空气中含量到一定浓度就能致死，因此必须在生产过程中注意设备、设施的密封，防止氯气泄漏。在检维修时，必须采取可靠的措施，使作业部位的氯气达到安全水平。

（4）电解的主要产品烧碱，其浓度高，具有强腐蚀性。在二次精制中又使用了其他化学品如盐酸、次氯酸钠，都具有强腐蚀性，对人都会造成伤害，如灼伤等。

（5）当氯气离心式压缩机因故不能运转时，如果联锁装置没有动作，则电解继续进行，此时因为事故氯处理装置不能完全吸收大量产生的氯气而使大量的氯气释放出来，会造成环境污染、造成人员中毒。如果当氯气离心式压缩机因故不能运转时，联锁装置动作但事故氯装置不能及时动作，也可能发生氯气外泄事故，进而导致人员中毒。

（6）在开停车的过程中，如果废氯吸收塔不能运转正常，也可能发生氯气外泄事故。输送氯气的设备、管道、阀门、垫片发生泄漏时也可造成氯气泄漏。氯气洗涤塔的安全水封管如果破裂，可导致空气进入氯气中，从而影响氯气纯度，极有可能导致下游工序在生产过程中发生爆炸。

（7）在氯气处理工序中常用到浓硫酸、烧碱、氯水等有强腐性的化学物品。硫酸是具有强氧化性和强吸湿性的无机酸，特别在浓度变稀以后，腐蚀碳钢的速率是惊人的。使用硫酸的设备、管道及垫片的泄漏是很难免的。浓硫酸溅在人体皮肤上以后，会使表皮细胞产生脱水性灼伤；若溅入眼睛中危害更大，会使眼结膜立即发生红肿，严重的会使晶状体萎缩，直至渗入视网膜，导致眼球肿大失明。另外还需指出的是，万万不能将水冲入浓硫酸，否则将发生喷溅，极容易伤害人体。

（8）氢气与氯气在合成炉中燃烧生产氯化氢。氯气经过的管道、设备、阀门如果因为故障泄漏、运行泄漏或在进行检维修作业时措施落实不到位极有可能发生中毒、死亡事故；如果在合成氯化氢的过程中，合成炉突然发生故障熄火时，合成炉内氯气大量过量而发生氯气外溢；如果在合成过程中，氯气与氢气的流量不匹配，氯气的流量大于氢气的流量，也可发生氯气过量而外溢；如果已经合成了氯化氢而没有及时开启吸收水，或氯化氢的生成量大于用来吸收量，可发生氯化氢外溢；外溢的氯气、氯化氢，极易引发人员中毒，甚至死亡。

（9）在氯液化和包装生产过程中，干氯气是窒息性的且毒性很大的气体，氯气经过的管道、设备、阀门等处均有泄漏的可能，都可能造成人员中毒等事故。

（10）在冷冻机、压缩机、各种传动机械以及排空的蒸汽等生产活动都会产生一定的噪声危害。

（11）在电解槽运行时，以及设备储罐等限制性空间内作业时会产生高温危害。

12.2.3.2　防治管理措施

氯生产企业应当依法采取下列职业危害防治管理措施。

① 设置或者指定职业卫生管理机构或者组织，配备专职或者兼职的职业卫生专业人员，负责本单位的职业病防治工作。

② 制定职业病防治计划和实施方案。

③ 建立、健全职业卫生管理制度和操作规程。

④ 建立、健全职业卫生档案和劳动者健康监护档案。

⑤ 建立、健全工作场所职业病危害因素监测及评价制度。

⑥ 建立、健全职业病危害事故应急救援预案。

(1) 个体防护

①氯生产企业应确保有毒物品作业场所与生活区分开，作业场所不得住人。应将有害作业与无害作业分开，高毒作业场所与其他作业场所隔离。

②氯生产企业应在可能发生急性职业损伤的有毒有害作业场所按规定设置报警设施、冲洗设施、防护急救器具专柜，设置应急撤离通道和必要的泄险区，定期检查并记录。

③对可能发生急性职业损伤的有毒有害工作场所，用人单位应当设置报警装置，配置现场急救用品、冲洗设备、应急撤离通道和必要的泄险区。

④对职业病防护设备、应急救援设施和个人使用的职业病防护用品，用人单位应当进行经常性的维护、检修，定期检测其性能和效果，确保其处于正常状态，不得擅自拆除或者停止使用。

⑤ 可能发生氯气、氢气泄漏区域加装有毒有害、易燃易爆检测报警设施，对报警设施的维护保养实行厂、车间、班组三级管理，按标准定期校验，确保检测报警设施的完好。同时在现场安装通风设施，加强作业现场的空气流动，防止有毒有害气体聚积。

(2) 安全意识普及

在生产现场醒目规范地设置作业场所职业危害警示标识，在接触氯气、硫酸、烧碱和盐酸等危险化学品的场所加装危险化学品信息牌，告知人员做好个人防护，并设置淋浴设施，方便员工清洁工作期间被危险化学品污染的衣物，以及清洁个人卫生，养成良好的个人防护习惯。

对现场存在职业危害的岗位场所加装职业危害信息牌，如噪音、高温、氯化氢等职业危害因素，对可能产生的职业危害及其后果、防护措施、检测结果等内容进行提示，告知人员做好个人防护。

遵照国家《工作场所有害因素职业接触限值》《职业病目录》和《职业病危害因素分类目录》，于每年年初对各部门接触职业危害的作业场所进行详细调查，下发年度职业卫生防治方案，制定工业卫生（职业危害因素）监测计划，由检测部门负责进行定期监测，并通过公司局域网、电话、检测通知单、职业危害信息牌等方式予以告知。

通过广播、报刊等内部宣传载体，以举办知识竞赛、板报比赛、应急演练等形式，宣传职业卫生管理动态，普及职业病防治法律知识，提高员工职业卫生防治能力。

对可能产生职业危害的岗位，由工会组织在具备资质的职业健康检查机构开展有针对性的职业健康体检工作，并及时纳入个人职业健康监护档案中。同时，各部门职业卫生管理人员监测信息、体检信息、个体信息等联系在一起进行综合分析，将检查结果、区域监测结果以及作业人员接触史等情况进行统计分析，寻找健康改变和作业场所危害之间的联系，作为控制和管理的重点，有效地保护员工健康，促进安全生产。

（3）工艺管理　电解车间工艺主关键控制点尽可能实现自动化控制，尤其总管压力、氢氯气压差、主要介质流量等关键点、关键岗位广泛采用了 DCS 控制，使系统的稳定性和安全性得到了可靠保证。

① 工艺操作报警、远程设备的状态、阀位指示及系统安全联锁、螯合树脂塔程序控制等均由 DCS 来实现。对氢气系统、氯气系统、电解槽差压、电解槽进料和电压差、仪表气源、整流器电流等均设置联锁。

② 在电解、氯气处理、氯氢压缩、液氯及气化等场所设置可燃有毒气体检测报警仪，报警器采用声光报警，探头采用电化学式，报警盘设置在中央控制室内，且与风机实现联锁。

③ 和厂区动力电源的联锁　在厂区动力电源故障失电的情况下，联锁离子膜电解槽停车，防止氯气的继续产出。同时联锁启动应急电源供电系统，为废气处理等一级负荷设备供电，保护废气正常的吸收能力和电解槽系统的应急保护。

④ 关键设备的异常联锁　在氯气输送设备异常停车的情况下，联锁电解槽停车，防止氯气的继续产出，在电解槽异常停车状况下联锁氯气输送设备停车。

⑤ 关键指标联锁　整个装置设有多个联锁停车信号，一旦装置有异常如氯气超压、氢氯气压差高报、氢氯气压差低报就会联锁整个装置停车，同时在氯气管道上设有自动泄压阀，一旦氯气出现波动或超压，泄压阀或控制阀就会自动打开，将氯气泄往废气工序进行吸收。

⑥ 氯气泄漏检测和事故处理装置联锁　在液氯贮槽厂房有氯气检测报警仪，该报警仪和事故氯气处理装置联锁，一旦监测到发生氯气泄漏可立即启动事故氯气处理装置。

⑦ 氯气和氢气的厂房内设有在线监测装置，一旦有氯气、氢气泄漏就会报警，DCS 操作人员可在控制室用紧急停车按钮停下整个装置。

（4）设备管理　一是推行设备计划性检修和定检、定维管理模式，将设备的“维”和“修”分开，减少重复性检修，着力提高维修质量，加强主动维修和机会检修，确保设备完好率、出力率和开车率。二是加强动静设备、特种设备、压力容器、安全附件、计量器具、仪表检测设施的专业管理，提高专业化管理水平。三是做好生产装置年度检修工作，提前做好检修计划的申报和材料准备相关工作，提前做好生产负荷的调整和排产。将检修任务细化至车间、班组，实行日统计、周考核、月总结的设备管理机制。

12.2.4 职业健康培训及安全管理

12.2.4.1 氯的形态

自然界的氯大多以游离状态的氯离子形式存在于化合物中，常见的主要是氯化钠。氯的最大来源是海水。在常温下，氯气是一种黄绿色、刺激性气味、有毒的气体。目前氯碱生产过程中，涉及的氯主要包括：氯化钠、游离氯、氯气、三氯化氮、液氯、氯化氢、三氯化铁。

12.2.4.2 氯的危害

氯（液氯）的GHS危险性类别为第2.3类，有毒气体。长期低浓度接触，可引起慢性支气管炎、支气管哮喘等；可引起职业性痤疮及牙齿酸蚀症。职业接触应按要求使用个体防护装备，严格遵守操作规程。建议操作人员佩戴自吸过滤式防毒面具（全面罩），穿耐酸碱工作服，戴耐酸碱手套。远离易燃、可燃物。

（1）物理危害　本品不会燃烧，但可助燃。一般可燃物大都能在氯气中燃烧，一般易燃气体或蒸汽也都能与氯气形成爆炸混合物。氯气能与许多化学品如乙炔、松节油、乙醚、氨、烃类、氢气、金属粉末等猛烈反应发生爆炸或生成爆炸性物质。它几乎对所有金属和非金属都有腐蚀作用。

① 健康危害　对眼、呼吸道黏膜有刺激作用。

② 环境危害　该物质对环境有严重危害，应特别注意对水体的污染和对植物的损害，对鱼类和动物也应给予特别注意。

（2）成分/组成信息　混合物；浓度通常≥99.6%；CAS号7782-50-5。

（3）急救措施

① 皮肤接触　立即脱去被污染的衣物，用大量流动清水冲洗，就医。

② 眼睛接触　提起眼睑，用流动清水或生理盐水冲洗，就医。

③ 吸入　迅速脱离现场至空气新鲜处，呼吸心跳停止时，立即进行人工呼吸和胸外心脏按压术，就医。

④ 食入　食入液氯可能会造成疼痛、灼伤、口渴、痉挛及恶心，甚至会造成死亡。

（4）消防措施

① 灭火方法及灭火剂　切断气源。喷水冷却容器，可能的话将容器从火场移至空旷处。灭火剂：雾状水、泡沫、干粉。

② 保护消防人员的防护装备：消防人员必须佩戴过滤式防毒面具（全面罩）或隔离式呼吸器、穿全身防火防毒服，在上风处灭火。

（5）泄漏应急处理

① 作业人员防护措施、防护装备和应急处置程序　迅速撤离泄漏污染区人员

至上风处，并立即进行隔离，严格限制出入。建议应急处理人员戴自给正压式呼吸器，穿防毒服。尽可能切断泄漏源。将漏气钢瓶推入事故真空房中，用碱液进行中和。漏气容器要妥善处理，修复、检验后再用。

② 泄漏化学品的收容、清除方法及所使用的处置材料　用喷雾状水稀释、溶解。用负压抽真空装置将泄漏氯气吸入事故塔中，用碱进行中和。

（6）操作处置与贮存

① 操作注意事项　操作人员必须经过专门培训，严格遵守操作规程，验收时要注意品名，注意验瓶日期，先进仓的先发用。搬运时轻装轻卸，防止钢瓶及附件破损。钢瓶附近不能有油类、棉纱等易燃物和与氯气容易发生反应的物质，钢瓶内液氯不能用完。

② 贮存注意事项　贮存于阴凉、通风仓间内。仓内温度不宜超过 40℃。远离火种、热源，防止阳光直射。应与易燃或可燃物、金属粉末等分开存放。不可混储混运、液氯贮存区要建低于自然地面的围堤。存放期不超过三个月。

（7）接触及控制限值/个体防护

① 最高容许浓度　$1mg/m^3$，参《工作场所有害因素职业接触限值 第 1 部分：化学有害因素》（GBZ 2.1—2019）。

② 危害等级　Ⅱ级（高度危害），参《职业性接触毒物危害程度分级》（GBZ/T 230—2010）。

③ 居住区大气中有害物质的最高容许浓度　一次 $0.10mg/m^3$，日均 $0.03mg/m^3$。

④ 车间空气中有害物质的最高容许浓度　$1mg/m^3$。

⑤ 大气污染物排放浓度限值　氯气$\geqslant 5mg/m^3$，参《烧碱、聚氯乙烯工业污染物排放标准》（GB 15581—2016）。

⑥ 企业边界大气污染物排放浓度限值　氯气$\geqslant 0.1mg/m^3$，参《烧碱、聚氯乙烯工业污染物排放标准》（GB 15581—2016）。

⑦ 工程控制　生产过程密闭，全面通风。提供安全淋浴和洗眼设施。

⑧ 监测方法　甲基橙比色法；甲基橙分光光度法。

⑨ 呼吸系统防护　高浓度环境中，应该佩戴正压式空气呼吸器（全面罩）。

⑩ 眼睛防护　戴安全防护眼镜。

⑪ 皮肤和身体防护　穿防腐工作服。

⑫ 手防护　戴耐酸碱手套。

⑬ 其他防护　工作现场禁止吸烟、进食和饮水。工作毕，淋浴更衣。保持良好的卫生习惯。进入罐、限制性空间或其他高浓度区作业，必须有人监护。

（8）毒理学资料

① 急性毒性　LD_{50} 为 $850mg/m^3$，1h（大鼠吸入）。

② 皮肤刺激或腐蚀　高浓度下会严重刺激，造成灼热刺痛感、发红、起泡，直接接触其液体，会造成严重的刺激、灼伤，以及冻疮。

③ 眼睛刺激或腐蚀　眼睛接触氯会严重刺激，造成灼热、刺痛感、发红、流泪及起泡，直接接触其液体可能造成灼伤或永久损伤，甚至失明。

④ 呼吸或皮肤过敏　吸入氯气会刺激鼻、咽喉及上呼吸道，过量可能造成肺积水。

⑤ 生殖细胞突变性、致癌性、生殖毒性、特异性靶器官系统毒性无资料。

⑥ 吸入危害　吸入性急性氯气中毒后，呼吸道、肺脏和机体将发生一系列病理变化。呼吸道黏膜水肿伴弥漫渗出，严重的2～24h后呼吸道黏膜组织坏死脱落，分泌物和坏死组织可使气管支气管阻塞。

(9) 生态学资料

① 生态毒性　LC_{50}：0.44mg/L/(96h，鱼)；0.49mg/L/(96h，水蚤)。

② 持久性和降解性、潜在的生物累积性、土壤中的迁移性无资料。

(10) 废弃处置

① 废弃处置方法　把废气通入过量的还原性溶液（亚硫酸氢盐、亚铁盐、硫代亚硫酸钠溶液）。

② 废弃注意事项　处置前应参阅国家和地方有关法规。用还原性溶液中和后，用水冲入下水道。

(11) 运输信息　联合国危险货物编号（UN号）：1017。联合国运输名称：氯。联合国危险性分类：8。包装标志：有毒气体。包装类别：Ⅱ类。包装方法：槽车和钢质气瓶。海洋污染物：是。运输注意事项：夏季应早晚运输，防止日光曝晒，不可与易燃或可燃物、金属粉末等混运。运输按规定路线行驶，勿在居民区和人口稠密区停留。装上车的钢瓶要妥善固定，不得松动。车辆应配备相应品种和数量的消防器材和泄漏应急处理设备。

12.2.4.3　职业健康教育

氯生产企业应加强对职业病防治的宣传教育，增强员工的职业病防治观念，提高员工自我健康保护意识。

(1) 各部门人员和岗位员工都必须熟悉本岗位职业卫生与职业病防治职责，掌握本岗位及管理范围内职业病危害情况、治理情况和预防措施。

(2) 生产岗位管理和作业人员必须掌握并能正确使用、维护职业卫生防护设施和个体职业卫生防护用品，掌握生产现场中毒自救互救基本知识和基本技能，开展相应的演练活动。

(3) 从事具有职业病危害因素作业岗位员工必须接受上岗前职业卫生和职业病防治法规教育、岗位劳动保护知识教育及防护用具使用方法的培训，经考试合格后方可上岗操作。

（4）做好生产检维修前的职业卫生教育与培训，结合检维修过程中会产生和接触到的职业病危害因素及可能发生的急性中毒事故，重点掌握自我防护要点和急性职业病危害事故情况下的紧急处理措施。

岗位人员职业卫生培训内容应当包括：①安全生产和职业卫生规章制度；②岗位安全、环保、职业卫生职责、操作技能及强制性标准；③工作环境及危险有害因素；④所从事工种可能遭受的职业伤害和伤亡事故；⑤安全设备设施、个人防护用品的使用和维护；⑥自救互救、急救方法、疏散和现场紧急情况的处理；⑦预防事故和职业危害的措施及应注意的安全事项；⑧有关事故案例；⑨其他需要培训的内容。

12.2.4.4　职业健康日常管理档案

《中华人民共和国职业病防治法》规定，对从事接触职业病危害作业的劳动者，用人单位应当按照国务院卫生行政部门的规定组织上岗前、在岗期间和离岗时的职业健康检查。

依据《中华人民共和国职业病防治法》（2018 年 12 月 29 日修正）要求，用人单位应当建立健全职业健康监护制度，保证职业健康监护工作的落实。用人单位应当组织从事接触职业病危害作业的劳动者进行职业健康检查。

（1）用人单位应当建立健全职业卫生档案管理制度，并指定专人按规定妥善管理和保存职业卫生档案。用人单位应建立完善本单位的职业卫生档案，职业卫生档案应包括：①单位基本资料；②职业卫生宣传培训资料；③职业病危害因素接触及防护措施资料；④健康监护资料；⑤建设项目卫生审核资料；⑥工作记录资料；⑦法律法规资料；⑧其他资料。

（2）用人单位应当组织从事接触职业病危害作业的劳动者进行职业健康检查。职业健康检查应当根据所接触的职业危害因素类别，按《职业健康检查项目及周期》的规定确定检查项目和检查周期。体检机构应当自体检工作结束之日起 30 日内，将体检结果书面告知用人单位，有特殊情况需要延长的，应当说明理由，并告知用人单位。用人单位应当及时将职业健康检查结果如实告知劳动者。发现健康损害或者需要复查的，体检机构除及时通知用人单位外，还应当及时告知劳动者本人。

（3）用人单位应当建立职业健康监护档案。职业健康监护档案应包括：①劳动者职业史、既往史和职业病危害接触史；②相应作业场所职业病危害因素监测结果；③职业健康检查结果及处理情况；④职业病诊疗等劳动者健康资料；⑤劳动防护用品配发及监督检查。

（4）用人单位应当按规定妥善保存职业健康监护档案。

（5）劳动者有权查阅、复印其本人职业健康监护档案。劳动者离开用人单位时，有权索取本人健康监护档案复印件。用人单位应当如实、无偿提供，并在所提供的复印件上签章。

12.2.4.5 职业健康体检

氯生产企业对将要从事有害作业人员（包括转岗人员），应在就业前针对可能接触的有害因素进行健康检查。对从事有害作业的员工按一定的间隔时间（周期）及规定的项目进行健康检查，对曾从事过粉尘作业或从事过已确定为人类致癌物作业的人员，虽然已经脱离作业环境（包括离岗、离退休者），也应按一定周期进行健康检查。工作场所发生危害员工健康的紧急情况时，需立即组织同一工作场所的员工进行健康检查。对已诊断为职业病的患者或观察对象，根据职业病诊断的要求，进行定期复查。各危害因素或作业检查内容和周期详见表 12-2。

表 12-2　职业健康体检内容及体检周期汇总表

危害因素或作业	上岗前检查项目	在岗期间检查项目	体检周期	职业禁忌证
氯气	常规项目	内科常规，血、尿常规，心电图，胸部X射线摄片，肝功能*，肝脾B超*，肺功能测定*	1年	（1）明显的呼吸系统慢性疾病 （2）明显的心血管系统疾病
氨气	常规项目	内科常规，血、尿常规，心电图，胸部X射线摄片，肝功能*，肝脾B超*，肺功能测定*	1年	（1）明显的呼吸系统疾病 （2）明显的肝、肾疾病 （3）明显的心血管疾病
致中毒性呼吸系统疾病的化学物	常规项目	内科常规，血、尿常规，心电图，胸部X射线摄片，肝功能*，肝脾B超*，肺功能测定*	1年	α-抗胰蛋白酶缺乏症；较严重的鼻、咽、喉慢性疾病；慢性呼吸系统疾病、轻度肺功能减退；器质性心血管系统疾病
无机粉尘　焊尘	内科常规，心电图；肝功能，血、尿常规，高千伏胸部X射线摄片，肺功能	内科常规，心电图；肝功能，血、尿常规，高千伏胸部X射线摄片，肺功能	2年	（1）活动性结核病 （2）慢性呼吸系统疾病 （3）明显影响肺功能的疾病
高温	内科常规，握力，腱反射，肝功能，血、尿常规，心电图，胸部X射线片	内科常规，握力、腱反射，肝功能，血、尿常规，胸部X射线片，心电图，肝脾B超*	1年	（1）心血管疾病 （2）中枢神经系统疾病 （3）消化系统疾病

续表

危害因素或作业	上岗前检查项目	在岗期间检查项目	体检周期	职业禁忌证
局部振动	常规项目，手部痛觉、触觉、振动觉检查	内科常规，手部痛觉、触觉、振动觉检查，神经肌电图检查*、冷水复温试验*	1 年	(1) 明显的中枢或周围神经系统疾病 (2) 末梢血管性疾病，尤其是雷诺病 (3) 严重的心血管疾病 (4) 明显的内分泌功能失调 (5) 严重的听力减退
致职业性皮肤病化学物质	常规项目，皮肤检查	常规项目，皮肤检查	1 年	严重的变应性皮肤病，或手及前臂等暴露部位有湿疹，严重皲裂等慢性皮肤病患者不宜接触可诱发或加剧该病的致病物质
致化学性眼灼伤的化学物	眼部检查：包括视力、角膜荧光素染色及裂隙灯观察(检查角膜及内眼)；内科、耳鼻咽喉科、血常规、尿常规，肝功能	眼部检查*：包括视力、角膜荧光素染色及裂隙灯观察（检查角膜及内眼）；内科、耳鼻咽喉科、血常规、尿常规、肝功能	1 年	(1) 活动性角膜疾病 (2) 明显的角膜遗留病变
噪声	内科常规，耳鼻检查，血、尿常规，心电图，纯音听力测试	内科常规，耳鼻检查，血、尿常规，心电图，纯音听力测试	1 年	(1) 各种病因引起的永久性感音神经性听力损失（500～1000和 2000Hz 中的任一频率的纯音气导听阈）大于 25dB (2) 各种能引起内耳听觉神经系统功能障碍的疾病
致牙酸蚀病的酸物和酸酐	常规项目，口腔、鼻腔检查*	内科常规，口腔、鼻腔检查，血常规*，尿常规*，心电图*，肝脾 B 超*、胸部 X 射线摄片*	1 年	(1) 严重的牙质发育不全或其他全口性牙体硬组织疾病 (2) 影响呼吸的各种鼻腔疾病 (3) 错牙和畸形所致前牙前突外露和深覆合所致下前牙过度磨耗
视屏作业	内科常规，肱二头肌、肱三头肌、膝反射，视力、晶状体、眼底，血、尿常规	内科常规，肱二头肌、肱三头肌、肌力、膝反射，视力、晶状体、眼底，血、尿常规，颈椎正侧 X 线摄片	2 年	(1) 矫正视力小于 0.3 (2) 严重颈椎病 (3) 上肢骨骼肌肉疾病
压力容器操作	内科常规，肱二头肌、肱三头肌、膝反射，视力、色觉，血、尿常规，心电图、脑电图*，纯音听力测试	内科常规，肱二头肌、肱三头肌、膝反射，视力、色觉，血、尿常规，心电图、脑电图*，纯音听力测试	3 年	(1) 癫痫 (2) 色盲 (3) 明显听力减退

续表

危害因素或作业	上岗前检查项目	在岗期间检查项目	体检周期	职业禁忌证
高处作业	内科常规，肱二头肌、肱三头肌、膝反射、三颤、肌力，视力、色觉，血、尿常规，心电图、脑电图*，头、颈、四肢骨关节，运动功能	内科常规，肱二头肌、肱三头肌、膝反射、三颤、肌力，视力、色觉，血、尿常规，心电图、脑电图*，头、颈、四肢骨关节，运动功能	2年	（1）心血管系统疾病 （2）癫痫或晕厥史 （3）肢体肌肉骨骼疾病

注：检查项目中有*号的为根据职业危害严重程度和劳动者健康损害状况而定的选检项目，其他为必检项目。

12.2.4.6 氯职业危害日常监督及检查

依据《危险化学品从业单位安全标准化通用规范》（AQ 3013—2008）要求，根据安全检查计划，开展综合性检查、专业性检查、季节性检查、日常检查和节假日检查；各种安全检查均应按相应的安全检查表逐项检查，建立安全检查台账，并与责任制挂钩。

定期开展氯气安全规程符合性专项检查、安全设施专项检查、职业卫生防治专项检查、危险化学品管理专项检查、重大危险源、关键装置重点部位专项检查工作，做好预防性管理检查工作。

做好检查后各类问题的落实整改。对于查出的问题，要根据责任区域限期进行整改。对于一些治理有难度、投入成本高的隐患，检查部门要及时和相关部门做好协调联系，并采取措施；对于一些重复出现的问题，要找出原因所在，制定改进措施或攻关计划，避免再次发生。

12.2.5 氯职业危害日常监测及分析

12.2.5.1 氯生产企业作业场所职业危害因素的各项指标（最低标准）

（1）工作场所空气中物质容许浓度

① 氯气 1mg/m^3（MAC）。

② 氯化氢及盐酸 7.5mg/m^3（MAC）。

③ 氢氧化钠（氢氧化钾）2mg/m^3（MAC）。

④ 硫酸 1mg/m^3（PC-TWA），2mg/m^3（STEL）。

（2）工作场所的噪声应满足表 12-3 中的规定。

企业应对职业危害因素检测结果超出规定值的作业场所，制定整改措施，限期整改。

表 12-3　工作场所噪声限值

日接触噪声时间/h	噪声限值/dB（A）
8	85
4	88
2	91
1	94
1/2	97
1/4	100
1/8	103
最高不得超过 115dB（A）	

12.2.5.2　职业危害监测

用人单位应在生产区存在有毒、有害、易燃、易爆物质，粉尘，以及噪声、高温因素的作业场所设立监测点，对职业危害因素进行监测分析，监测案例见表 12-4。

表 12-4　企业职业卫生监测表

序号	监测项目	监测指标	监测地点	监测频次	备注
1	氯气	≤1mg/m^3（MAC）	电解厂房	每月一次	
			氯气干燥厂房	每月一次	
			液氯储槽区	每月一次	
			液氯包装现场	每月一次	
			氯气泵房	每月一次	
2	盐酸	≤7.5mg/m^3（MAC）	盐酸操作室	每月一次	
3	氢氧化钠	≤2mg/m^3（MAC）	电解厂房内	每月一次	
4	硫酸	≤1mg/m^3（MAC）	硫酸储槽区域	每月一次	
5	电焊烟尘	≤4mg/m^3（PC-TWA）	检维修工序	每月一次	
6	铵（氨）	<30g/m^3（MAC）	氨制冷冰机处	每月一次	
7	噪声	≤85dB	氢气泵房	每月一次	
			氯气泵房	每月一次	
			循环水泵房	每月一次	
8	高温	≤37℃	电解槽二楼两处	每年夏季（6 月～9 月），每周进行一次	

12.2.5.3　危害因素监测告知

依据生产现场实际每年更新所需监测的职业危害点，由企业统一制定、下发次年度职业卫生监测计划，定期检测作业环境中职业病危害因素，通过培训告知或现场公示牌告知的方式，将监测结果及时告知作业人员，并将监测结果存入职业卫生档案。针对影响职业危害因素的超标情况，要有针对性地进行整治，并纳入日常职业卫生管理，切实从维护全体员工的身体健康出发，不断改善有职业危害因素工作岗位作业条件和作业环境。

12.2.6 氯职业危害事故与应急

12.2.6.1 应急管理

依据《危险化学品从业单位安全标准化通用规范》（AQ 3013—2008）要求，企业应明确事故报告制度和程序。发生生产安全事故后，事故现场有关人员除立即采取应急措施外，应按规定和程序报告本单位负责人及有关部门。按国家有关规定，配备足够的应急救援器材，并保持完好。应组织从业人员进行应急救援预案的培训，定期演练，评价演练效果，评价应急救援预案的充分性和有效性，并形成记录。

12.2.6.2 应急预案

氯生产企业编制综合应急救援预案，针对可能发生的具体事故类别，制定相应的专项应急预案和现场处置方案。应重点考虑：

（1）供电故障应急预案；

（2）氯气泄漏及人员中毒专项应急预案；

（3）供水应急预案；

（4）盐酸合成炉防爆膜爆破应急预案；

（5）氯中含氢超标爆炸应急预案；

（6）电解停进料盐水应急预案；

（7）停仪表气应急预案；

（8）酸碱泄漏或人员灼伤应急预案。

氯生产企业应定期组织进行应急预案演练，每半年至少组织 1 次厂级应急救援预案演练；每季度至少进行 1 次车间级应急救援预案演练；每月进行一班组级应急预案演练。

氯生产企业应按照计划开展各项应急培训与演练工作，并根据演练效果及异常情况下的应急响应效果，及时评审应急体系的充分性和有效性，总结、分析应急管理中存在的问题与不足，不断加以完善和改进，实现应急体系的动态管理，提高企业整体的综合应急能力。

12.2.6.3 应急处置

（1）症状体征　吸入性急性氯气中毒后，呼吸道、肺脏和机体将发生一系列病理变化：呼吸道黏膜水肿伴弥漫渗出，严重的 2～24h 后气道黏膜组织坏死脱落，分泌物和坏死组织可使气管支气管阻塞。肺毛细血管壁通透性增加，肺毛细血管静压升高导致肺泡性、肺间质性肺水肿。由于气道阻力增高，弥漫功能障碍，通气换气功能降低，出现低氧血症、高碳酸血症、急性呼吸窘迫综合征（ARDS）、呼吸功能衰竭、心律失常、心功能衰竭等。

（2）诊断检查　参照《职业性急性氯气中毒诊断标准》（GBZ 65—2002）。

① 诊断原则　结合临床症状、体征、胸部 X 线表现，参考现场劳动卫生学调查结果，综合分析，排除其他原因引起的呼吸系统疾病，方可诊断。

② 刺激反应　出现一过性眼和上呼吸道黏膜刺激症状，肺部无阳性体征或偶有散在性干啰音，胸部 X 线无异常表现。

（3）诊断及分级标准

① 轻度中毒　临床表现符合急性气管-支气管炎或支气管周围炎。如出现呛咳、胸闷，可有少量痰，两肺有散在性干、湿啰音或哮鸣音，胸部 X 线表现可无异常或可见下肺野有肺纹理增多、增粗、延伸、边缘模糊。

② 中度中毒　凡临床表现符合下列诊断之一者，为中度中毒。

a. 急性化学性支气管肺炎　如有呛咳、咯痰、气急、胸闷等，可伴有轻度发绀；两肺有干、湿性啰音；胸部 X 线表现常见两肺下部内带沿肺纹理分布呈不规则点状或小斑片状边界模糊、部分密集或相互融合的致密阴影。

b. 局限性肺泡性肺水肿　上述症状、体征外，胸部 X 线显示单个或多个局限性轮廓清楚、密度较高的片状阴影。

c. 间质性肺水肿　如胸闷、气急较明显；肺部呼吸音略减低外，可无明显啰音；胸部 X 线可见肺纹理增多模糊，肺门阴影增宽境界不清，两肺散在点状阴影和网状阴影，肺野透亮度减低，常可见水平裂增厚，有时可见支气管袖口征及克氏 B 线。

d. 哮喘样发作　症状以哮喘为主，呼气尤为困难，有发绀、胸闷，两肺弥漫性哮鸣音，胸部 X 线可无异常发现。

③ 重度中毒　符合下列表现之一者为重度中毒。

a. 弥漫性肺泡性肺水肿或中央性肺水肿。

b. 急性呼吸窘迫综合征（ARDS）。

c. 严重窒息。

d. 出现气胸、纵膈气肿等严重并发症。

（4）治疗方案

① 治疗原则

a. 现场处理　立即脱离接触，保持安静及保暖。出现刺激反应者，严密观察至少 12h，并予以对症处理。吸入量较多者应卧床休息，以免活动后病情加重，并应用喷雾剂、吸氧；必要时静脉注射糖皮质激素，有利于控制病情进展。

b. 合理氧疗　可选择适当方法给氧，吸入氧浓度不应超过 60%，使动脉血氧分压维持在 8～10kPa。如发生严重肺水肿或急性呼吸窘迫综合征，给予鼻面罩持续正压通气（CPAP）或气管切开呼气末正压通气（PEEP）疗法，呼气末压力宜在 0.5kPa 左右。

c. 应用糖皮质激素　应早期、足量、短程使用，并预防发生副作用。

d. 维持呼吸道通畅　可给予支气管解痉剂，去泡沫剂可用二甲基硅油（消泡净）；如有指征应及时施行气管切开术。

e. 预防发生继发性感染。

f. 维持血压稳定，合理输液及应用利尿剂，纠正酸碱和电解质紊乱，良好的护理及营养支持等。

② 其他处理

a. 治愈标准　由急性中毒所引起的症状、体征、胸部 X 线异常等基本恢复，患者健康状况达到中毒前水平。

b. 中毒患者治愈后，可恢复原工作。

c. 中毒后如常有哮喘样发作，应调离刺激性气体作业岗位。

（5）氯气中毒的预防　国内外因氯气引起的中毒事件主要都是由于以下原因造成的。

① 违章操作。

② 设备维修更新不及时。

③ 氯气的生产、贮存、运输、使用环节没有遵守安全操作规程。

④ 人为破坏。

以上任何环节的任何疏漏都可能引起重大事故。反之，若能严格按规定办事，正规操作，定期检修，按时更新设备零件，不隐瞒事故隐患，氯气中毒事件是完全可以避免的。

所以，氯气中毒的预防要注意加强安全教育，健全操作规程，定期检查生产设备，防止跑、冒、滴、漏，加强通风；更应注意运输过程中的安全和个人防护等；同时，还要把好就业前体检关。

一旦发生突发性氯气中毒事件时首先不要惊慌，一定要按突发事件应急预案进行操作，要有统一的指挥领导，封锁现场，处理事故源，疏散受污染地区的居民（尤其是下风向的居民）；其次，事故地区的医疗卫生单位要立即动员，全力以赴，积极投入到中毒抢救和治疗中去；第三，要做好新闻报道和卫生宣传工作，以安定人心，保持社会稳定，使抢救工作得以有条不紊地进行。

12.3 个体作业劳动防护

12.3.1 氯生产企业劳动防护用品配置基本要求

(1) 接触氯气（含液氯）岗位应按照不低于操作人员总数配备过滤式防毒面具、按照不低于岗位操作人员总数30%的比例配备隔离式空气呼吸器。涉及有关氯气、液氯应急处置的人员必须佩戴隔离式空气呼吸器，应选择全身式化学防护服（含简易、轻型、重型）。

(2) 接触酸、碱的操作岗位，操作人员应按照《个体防护装备选用规范》(GB/T 11651—2008)、《化工企业劳动防护用品选用及配备》(AQ/T 3048—2013)，穿戴防酸碱工作服、防酸碱手套、防酸碱工作鞋及防酸碱防护镜或防护面罩。电解工艺操作工以及涉及氯气、液氯介质作业的电焊工、变配电工、电工和仪表工还应配备具有绝缘功能的防护靴和防护手套。

(3) 接触碳酸钠、原盐等固体粉尘的操作人员应配备防尘口罩（KN95以上级别）。

(4) 液氯的生产、贮存、灌装等重大危险源装置或区域，应就近设置正压通风室，以确保在泄漏状态下为该区域参与应急处置的员工提供临时应急庇护。企业应设置气防站（室），气防站（室）的配置应符合SY/T 6772的规定。

(5) 涉及氯气（含液氯）介质的钢瓶、槽罐的运输车辆，应随车配备过滤式防毒面具，且应定期检查并确保完好。

(6) 有关氯气（含液氯）的岗位操作人员应熟练掌握各类防毒面具（含过滤式、隔离式）、化学防护服（含轻型、重型）等应急防护用品的使用方法，定期培训。

12.3.2 个体防护配置标准

根据国家标准《劳动防护用品选用导则》（GB/T 11651—2008），制定氯产品劳动防护用品配备标准，如表12-5所示。

12.3.3 作业中个体防护需注意的问题

(1) 在生产作业现场使用各类劳动防护用品必须依据作业所接触的危险介质的危险特性做好风险识别，正确选择使用适合于对应风险的个体劳动防护用品。

(2) 作业中涉及毒害、腐蚀、燃爆等风险的作业，应当设置专人监护。有关作业人员、监护人员及协助作业的人员的个体防护应依据实际作业风险进行全面配备，杜绝发生直接、间接的个体防护缺失或职业危害事故。

表 12-5 氯产品劳动防护用品配备标准

工种名称	躯干防护						头部防护		足部防护					手部防护			眼部防护	呼吸器官防护				听觉防护		防坠落		其他			
	防静电防酸碱防护服（夏）	防静电防酸碱防护服（春秋）	防静电防酸碱防护服（防寒）	化学品防护服	焊接防护服	雨衣	工作帽	安全帽	安全鞋（防酸碱、防静电）	防水胶靴	防寒鞋	焊接防护鞋	高压绝缘靴	普通防护手套	耐酸碱手套	焊接手套	防化学液护目镜	过滤式防毒口罩	过滤式防毒面具	隔离式空气呼吸器	防尘口罩	耳塞	耳罩	安全带	安全网	毛巾	香皂	洗衣粉	护肤剂
	月/套	月/套	月/套	月/套	月/套	月/件	月/顶	月/顶	月/双	月/双	月/双	月/双	月/双	月/副	月/副	月/副	月/副	月/副	月/副	月/套	月/个	月/副	月/副	月/条	月/张	月/条	月/块	月/kg	月/100g
管理人员	18	24	48	备	—	备	18	30	24	备	备	—	—	1	3	—	3	24	备	备	3	3	备	备	备	6	1	6	12
整流电工	18	24	48	备	—	48	18	30	24	48	36	—	备	1	—	—	3	—	备	备	3	3	备	备	备	6	1	6	12
盐水处理工	12	24	48	备	—	48	12	30	24	48	36	—	—	1	3	—	3	备	备	备	3	3	备	备	备	6	1	6	12
隔膜电解	12	24	48	备	—	48	12	30	24	48	36	—	—	1	3	—	3	24	备	备	3	3	备	备	备	6	1	6	12
离子膜电解	12	24	48	备	—	48	12	30	24	48	36	—	—	1	3	—	3	24	备	备	3	3	备	备	备	6	1	6	12
氢气干燥与压缩	12	24	48	备	—	48	12	30	24	48	36	—	—	1	3	—	3	24	备	备	3	3	备	备	备	6	1	6	12
氯气干燥与压缩	12	24	48	备	—	48	12	30	24	48	36	—	—	1	3	—	3	24	备	备	3	3	备	备	备	6	1	6	12
氯化氢合成工	12	24	48	备	—	48	12	30	24	48	36	—	—	1	3	—	3	24	备	备	3	3	备	备	备	6	1	6	12
次钠生产工	12	24	48	备	—	48	12	30	24	48	36	—	—	1	3	—	3	24	备	备	3	3	备	备	备	6	1	6	12
液氯工	12	24	48	备	—	48	12	30	24	48	36	—	—	1	3	—	3	24	备	备	3	3	备	备	备	6	1	6	12
化工检修	12	24	48	备	12	48	12	30	24	48	36	24	—	1	—	3	3	备	备	备	3	3	备	备	备	6	1	6	12

(3) 各类个体、公共使用的防护用品必须专人负责检查、维护、保养，定点保存。作业前，必须对防护用品进行使用前检查，确保完好、无缺陷。

(4) 各类防护用品在使用完毕后，应进行全面消毒、保养，设置配置检查记录、使用维护记录，并做好有效交接。

12.3.4　个体劳动用品日常维护保养

(1) 公用类　对于现场公用劳动防护用品设置固定存放区域，设置检查记录本，专人进行管理，定期进行检查。对于存在的问题及时予以上报、完善；特殊防护用品空气呼吸器设置检查本，检查压力、附件、备用情况，对于存在压力不足、安全附件不全、缺陷，不能完好备用的及时联系安全管理部门进行更换、完善，确保正常备用；对于防护面具等应保持整洁、完好，使用后应该用干净的温水或肥皂水清洗，忌使用含有油类的清洁剂擦拭，清洗后再用 75%酒精或 0.5%高锰酸钾溶液消毒，然后晾干，严禁火烤和日晒。

(2) 个体类　对于发放至个人的劳动防护用品，个人劳动防护用品领用发放信息应填入个人劳动防护用品发放登记本，日常使用完毕保持整洁、完好，对于防护面罩、防护眼镜出现破损、缺陷、附件不全的及时联系安全管理部门进行更换，确保佩戴的劳动防护用品有效。

12.3.5　氯生产企业个体劳动防护用品管理要点

(1) 建立和完善生产现场岗位职业危害个体劳动防护用品台账（领用、发放、报废台账），严格按照岗位职业危害因素接触情况，发放相适应的劳动防护用品。

(2) 建立个人劳动防护用品发放领用登记本，一人一册，以便于落实配发情况及按要求领取使用。

(3) 对于现场岗位人员劳动防护用品的使用情况进行检查，出现未按照要求及规定使用个体劳动防护用品的情况，进行通报、纳入绩效考核，督促员工按照要求做好个体防护，防止职业危害发生。

(4) 建立个人劳动防护用品报废、更新制度，明确岗位人员使用个人劳动防护用品的要求，使得员工明白劳动防护用品的报废、更新流程，提高岗位人员正确使用个人劳动防护用品的意识和能力。

12.3.6　气体防护用品的使用和维护常识

呼吸防护用品按用途可分为防尘、防毒和供气式 3 类，按防护原理可分为过滤式（又称净化式）、自给式（又称隔绝式）。呼吸防护用品是预防尘肺病和职业中毒等职业病的重要防护产品，主要品种有防尘口罩、防毒面具、空气呼吸器、氧气呼吸器等。日常使用防毒面罩，应急救援时普遍使用空气呼吸器等防护用具。

防毒面具是一种过滤式呼吸防护用品，分为半面罩和全面罩，它通过面罩与人面部周边形成密合，使人员的眼睛、鼻子、嘴巴和面部与周围染毒环境隔离，同时依靠滤毒罐中吸附剂的吸附、吸收、催化作用和过滤层的过滤作用将外界染毒空气进行净化，提供人员呼吸用洁净空气。防毒面具一般由面罩、滤毒罐、导气管、防毒面具袋等组成，面罩与滤毒罐、滤毒盒配套使用。

防毒面具从结构上可分为导气管式防毒面具和直接式防毒面具 2 种。导气管式防毒面具由面罩、大型或中型滤毒罐和导气管组成。直接式防毒面具由面罩和小型滤毒罐组成。直接式防毒面具体积小、重量轻、便于携行。而导气管式防毒面具体积和重量都稍大一些，可提供较长时间的防护。

当人员佩戴防毒面具后，染毒气体通过滤毒罐吸除有害物质后成为洁净空气，通过吸气活门进入面罩内，气流经口鼻罩或阻水罩引导进入人员呼吸道内；呼气时，人体呼出的气体经面罩呼气活门排入大气中。

（1）面罩　面罩是使人员面部与外界染毒空气隔离的部件。面罩一般由罩体、阻水罩（导流罩）、眼窗、通话器、呼（吸）气活门及头带组成，有的还根据需要设置有视力矫正镜片。

面罩根据固定系统的不同，可分为头盔式、头带式和网罩式 3 种；根据眼窗的数量和大小，可分为双目式、单目式和全脸式 3 种。头盔式面罩的主体与头顶部分连在一起，具有佩戴方便，佩戴后稳定性和气密性好等特点，但缺点是对头面部的压痛较大，影响听力，且对不同人员面型的适应性差，满足全体人员面型所需要的面罩规格较多。头带式面罩是用头带或头罩将面罩固定在人员的面部，优点是对人员头型和尺寸的适应性强，面罩规格少，不影响听力，缺点是佩戴较复杂，增加了对密合框的压力。网罩式则综合了上述 2 种固定系统的优点。

① 防护原理　面罩的防护效果取决于面罩各个接口的气密性，如眼窗、通话器、过滤罐等部位接口的气密性，即平常所说的面罩装配气密性。另外，我们可以将面罩密合框与人员头面部的密合部位也看作一个接口，这是面罩在使用时最重要的佩戴气密性接口。

在面罩罩体的内侧周边有密合框，它是面罩与佩戴者面部贴合的部分或部件，由橡胶材料制成。在双目式和单目式面罩结构中，密合框与罩体主体是一个整体部件；在全脸式面罩中，密合框是一个独立的部件。密合框的功能是将面罩内部空间与外部空间隔绝，防止有毒、有害气体漏入面罩内部空间，保障防毒面具的正常工作，确保防毒面具的防护性能。

② 佩戴方法　佩戴防毒面罩时，使用者首先要根据自己的头型选择合适的面罩。佩戴防毒面罩时，将中、上头带调整到适当位置，并松开下头带，用两手分

别抓住面罩两侧，屏住呼吸，闭上双眼，将面罩下巴部位罩住下巴，双手同时向后上方用力撑开头带，由下而上。戴上面罩后，拉紧头带，使面罩与脸部贴合，然后深呼一口气，睁开眼睛。

③ 检查面罩佩戴气密性的方法　用双手掌心堵住呼吸阀体进出气口，然后猛吸一口气，面罩应紧贴面部、无漏气，否则应查找原因，调整佩戴位置直至气密。

佩戴时应注意不要让头带和头发压在面罩密合框内，也不能让面罩的头带爪弯向面罩内。另外，使用者在佩戴面具之前应当将自己的胡须剃刮干净。

（2）滤毒罐　滤毒罐内的装填物由吸附剂层和过滤层两部分构成。其中，吸附剂层用于过滤有毒蒸气，过滤层用于过滤有害气溶胶。滤毒罐根据装填方式的不同，分为轴流式（层装式）和径流式（套装式）两种。根据滤毒罐与面罩的连接方式不同，滤毒罐可分为直接式和导气管式两类。

（3）滤毒盒　滤毒盒是防毒面具的重要组成部件之一，是防毒面具的过滤毒气的过滤件。根据滤毒盒的应用场合和作业环境可分为防尘滤毒盒和防毒滤毒盒，防尘滤毒盒一般由滤盒主体、滤毒棉、滤棉盖三部分组成。防尘滤毒盒缺少了滤毒棉部分，主要是为了减小呼吸阻力，更适合长期劳动作业使用。防尘滤毒盒适合防毒烟毒雾，防毒滤毒盒主要针对不同毒气防护。当毒气经过滤毒盒后，被滤毒盒内部的活性炭等物质吸附或反应后转化为无害气体后供人体所需。

滤毒盒最为常见的规格为有机气体滤毒盒，多用于喷漆、有机实验、石油化工等作业环境。酸性气体滤毒盒和无机气体滤毒盒更广泛应用于化工厂。滤毒盒根据不同的劳动作业环境可分为 5 大规格，滤毒盒一般为圆柱状、T 形柱状等，详细规格参数如表 12-6 所示。

表 12-6　滤毒盒型号规格表

产品型号及规格	材质	重量	标色（GB 2890—2009）	防护对象举例	防毒类型
1 号（B 型）滤毒盒	有机塑料	95g	灰色	无机气体或蒸气：氢氰酸、氰气等	单一防毒
3 号（A 型）滤毒盒	有机塑料	85g	褐色	有机气体与蒸气：苯、丙酮、醇类、四氯化碳、三氯甲烷等	单一防毒
4 号（K 型）滤毒盒	有机塑料	95g	绿色	氨、甲胺等	单一防毒
7 号（E 型）滤毒盒	有机塑料	95g	黄色	酸性气体和蒸气：二氧化硫、氯化氢等	单一防毒
8 号（H2S 型）滤毒盒	有机塑料	105g	蓝色	硫化氢	单一防毒

随着现代劳动环境的不断复杂化，劳动作业的安全性要求不断提高，对防毒面具滤毒件的性能要求也不断提高。滤毒盒的有效防护时间、保质期、防护对象等关键指标直接决定滤毒盒是否满足人类安全生产的需要，常用滤毒盒的规格见表 12-6。

滤毒盒一般与不同防毒面罩搭配使用，滤毒盒使用方法如下。

① 首先，要打开滤毒盒的外包装，将滤毒盒拿出来，仔细检查一下，看看滤毒盒上面是不是有出现裂痕的情况，如果有则应该立刻将其更换。

② 接着用双手拿起滤毒盒将其对准自己的嘴部进行呼吸，测试通过滤毒盒是不是可以正常的呼吸，如果呼吸时比较困难，那么该滤毒盒可能是使用过的。

③ 仔细看一看滤毒盒的卡口，看它上面有没有被磨损，将卡口用力卡在防毒面罩卡口接口的地方，以证实滤毒盒卡口上面的密封软垫是没有问题的。

④ 最后将防毒面具戴在头上，用自己的双手将滤毒盒堵住，用力吸气，如果感觉没有空气进入里面，那么防毒面罩的密封性能就是比较好的，然后将双手放开，呼气，如果觉得此时里面十分的畅通的话，那就说明滤毒盒是完好的。

以下建议可供化学滤毒盒使用者参考。

① 对于稳定作业，结合原有的使用经验，并根据作业现场污染种类和浓度水平、作业强度、温度、湿度、物质的挥发性等，建立滤毒盒更换时间表，并按照执行。若滤毒盒制造商根据现场参数提供滤毒盒使用寿命的建议，将会有所帮助。

② 若认为所吸附的物质比较容易挥发，且滤毒盒使用中途有几天停止使用，如周末期间，建议更换滤毒盒。

③ 即使认为吸附的有机物质不容易挥发，若滤毒盒使用中途有两周左右的时间停止使用，建议更换滤毒盒。

④ 滤毒盒一般较薄，容易引起穿透，也就是失去过滤的能力，建议在毒气较浓的作业环境下使用滤毒罐作为最佳滤毒件。滤毒罐的防护时间一般是滤毒盒的 3 倍左右。

12.3.7 防护服的使用

(1) 一般劳动防护服　一般劳动防护服是适用一般作业环境的防护服，主要是防一般性油污、粉尘，以及机械性擦伤。国家和行业没有指定统一的一般劳动防护服产品标准，但有些省市制订了地方标准，并纳入地方产品管理范围。一般劳动防护服除应符合国家有关服装的通用标准外，在安全方面应考虑以下原则。

① 结构　穿着轻便、舒适，便于穿脱，利于人体活动。

② 款式　分身式上装要求袖口紧，下摆紧，暗扣、暗兜带盖，下装为直筒裤或工装裤、连衣裤式，要求裤口紧（简称“三紧”），其他款式也可根据工作性

质、劳动条件、用户需要进行设计，如医用手术防护服。

③ 面料 应采用透气性良好的材料。禁用易燃材料。

（2）防酸服 防酸防护服是用耐酸织物或橡胶、塑料等材料制成的防护服，用于从事与酸接触的人员穿用。防酸防护服产品根据材料的性质分为透气型和不透气型两种。透气型防酸服用于中、轻度酸污染场所的防护，有分身式和大褂式两种款式；不透气型防酸服用于严重酸污染场所，有连体式、分身式以及围裙等款式。

（3）防静电工作服 涉氢岗位应根据《防静电服》（GB 12014—2009）标准配备防静电工作服。

参考文献

[1] 张堃.危化品应急个体防护装备配备与使用.劳动保护，2019（7）：20-23.

[2] 吕琳.呼吸防护用品选用与个体防护措施评价.中国卫生工程学，2005（3）：172-173.

[3] 陈国华.危险化学品作业中的个体防护概述.中国个体防护装备，2008（1）：26-28.

[4] 孙万付，郭秀云，李运才.危险化学品安全技术全书.第 3 版.北京：化学工业出版社，2017.

[5] 刘国桢.现代氯碱技术手册.北京：化学工业出版社，2018.

[6] GB 11984—2008.氯气安全规程.

[7] 刘喜房.职业性急性氯气中毒的预防.劳动保护，2017（008）.

[8] 胡智平.氯气对作业工人肺通气功能的影响.职业与健康，2005（05）.

[9] 王 伟，孙继国，叶鹏云.氯气职业病危害及防护对策.现代职业安全，2011（008）：10-106.

第13章 氯气泄漏事故应急响应

氯气泄漏检测报警→应急人员个体防护→现场应急处置等要素，构成了氯碱企业（生产装置）在应对氯气泄漏事故及处置过程中的必要环节，对于氯气泄漏事故的所有相关人员，掌握这些基本要素显得尤为重要。

13.1 氯气泄漏的检测报警

氯气泄漏实时检测和报警，是氯气泄漏事故应急响应的第一道防线。实际上，氯气泄漏的场景是很复杂的，泄漏介质特性、环境条件、探测器型式和布点、探测器的可靠性等因素对探测器是否能及时探测到泄漏现象都有影响。气体探测器是一种被动的探测仪器，只有气云飘到监测点时才有可能被探测到，尽管如此，这也是应急响应过程必不可少的安全设施之一。探测器布点技术分析时，应判断氯气泄漏和扩散气云可能的位置或状态，这对确定探测器类型和布点的数量很重要。

氯碱企业的氯气泄漏检测报警设计及管理要求，可参考《石油化工可燃气体和有毒气体检测报警设计标准》（GB/T 50493—2019）以及其他适用的标准如《工作场所有毒气体检测报警装置设置规范》（GBZ/T 223—2009）、《氯气职业危害防护导则》（GBZ/T 275—2016）、《氯气安全规程》（GB 11984—2008）、《液氯泄漏的处理处置方法》（HG/T 4684—2014）、《危险化学品从业单位安全标准化通用规范》（AQ 3013—2008）、《液氯使用安全技术要求》（AQ 3014—2008）、《氯碱生产企业安全标准化实施指南》（AQ/T 3016—2008）、《烧碱装置安全设计标准》（T/HGJ 10600—2019）。

13.1.1 检测报警的基本要求

氯气泄漏检测报警设计的基本要求如下。

（1）在生产或使用氯气（液氯）的生产设施及储运设施的区域内，氯气泄漏浓度可能达到报警设定值的，应设置有毒气体探测器。

（2）氯气和可燃气体同时存在的多组分混合气体，泄漏时氯气和可燃气体有可能同时达到报警设定值，应分别设置探测器。

（3）检测报警应采用两级报警。在同一场所，同级别的氯气和其他可燃气体同时报警时，氯气的报警级别应优先。

① 一级报警为常规的氯气泄漏警示报警，提示操作人员及时到现场巡检确认。二级报警时，提示操作人员应采用紧急处理措施。

② 现场探测器自带的警报器接收一、二级报警信号，现场区域警报器接收二级报警信号，消防控制中心接收二级报警信号。

③ 氯气泄漏检测报警信号应送至有人值守的现场控制室、中心控制室等进行显示报警；氯气检测报警系统报警控制单元的故障信号应送至消防控制室。

④ 正常运行时，人员不得进入的危险场所，探测器应对氯气释放源进行连续检测、指示、报警，并对报警进行记录或打印，以便随时观察发展趋势和留作档案资料。

⑤ 控制室操作区应设置声、光报警，现场区域报警器应有声、光报警功能。为提示现场操作人员，通常在生产现场主要出入口处及高噪声区［噪声超过85dB（A）］等部位设置现场区域警报器。

⑥ 安装在爆炸危险场所的氯气探测器必须防爆。用标准气体做校核气时，厂家需提供实际气体与标准气体的关联曲线。

⑦ 受生产现场条件和气象条件所限，探测器的设置常常难以及时反映出释放源的正确地点和方位。一旦发生泄漏有着巨大危害性，为防止操作人员盲目施救造成二次伤害，氯气现场作业人员应配备便携式探测器，便携式探测器选用时需考虑安全管理水平，选择配备能接收远传报警信号的便携式检测报警仪表（或可燃气体/有毒气体可采用多传感器类型）。

⑧ 氯气检测与报警信号的功能应不受对应装置生产工艺控制仪表系统故障的影响，检测报警系统应独立于其他系统而单独设置。

⑨ 氯气检测报警系统作为装置的安全独立保护层，可靠性是确保安全的基本条件。氯气检测报警系统的气体探测器、报警控制单元、现场报警器等的供电负荷，应按一级用电负荷中特别重要的负荷考虑，宜采用UPS电源装置供电。

⑩ 确定有氯的职业接触限值时，应按最高允许浓度、时间加权平均允许浓度、短时间接触允许浓度的优先次序选用。按数值高低，IDLH大于职业接触限值［其中，最高容许浓度（MAC）小于时间加权平均允许浓度；时间加权平均允许浓度小于短时间接触允许浓度］。

依据《氯气职业危害防护导则》（GBZ/T 275—2016）标准，氯气的报警设定值为1mg/m³。（这也是基于职业接触限值的考虑）。

按照职业卫生防护要求，在每天工作8h且每周工作5d的条件下，应以时间加权平均允许浓度为依据设定限值。实际上，在以时间加权平均允许浓度作为检测浓度限值时，按当前探测器制造水平则市场上并无适宜的探测器可选。

由于泄漏不是正常的工作状态，属于氯气的意外释放事件或事故，为便于检测工作的工程实施，按顺序选用浓度限值［当缺少三项限值时可选用直接致死浓度值（IDLH）］。

13.1.2 氯气检测点的确定

13.1.2.1 一般要求

（1）氯气释放源周围应布置检测点，比如：①压缩机、泵的动密封；②液体采样口和气体采样口；③液体（气体）排液（气）口和放空口；④经常拆卸的法兰和经常操作的阀门组。

（2）点式探测器通常安装在氯气释放源附近或易于氯气聚集（足够的浓度和停留时间）的场所。并考虑以下要求。①当现场具有较大的开放式空间时，如管廊、装置周边、罐区、泵组区，可选择线型探测器。②当介质泄漏后形成的气体能显著改变释放源周围环境温度时，可选用红外成像气体探测器。③线型探测器需与点式气体探测器联合使用。

（3）有毒气体探测器所检测的释放源的特点是在正常情况下不会释放，即使释放也仅偶尔短时释放，且泄漏可能达到有毒气体的浓度限值。但是，对于事故状态泄漏，氯气泄漏对周边环境安全有影响需要监测时，应沿生产设施及储运设施区域周边按适宜的间隔布置探测器或设置线性气体探测器。比如：①监测点的布置要考虑在不同泄漏场景下，探测器的可靠性和有毒气云探测布点覆盖率。②沿装置进出口、道路、生产区和储运区周边布置有毒气体探测器时，需要考虑泄漏介质的扩散特性，敏感目标的距离，确定位于装置边界的探测器的间隔距离和安装高度，以期达到监控目的。

13.1.2.2 生产设施

（1）氯气释放源处于露天或敞开式厂房布置的设备区域内，氯气探测器距其所覆盖范围内的任一释放源的水平距离不宜大于4m。

（2）封闭式或半敞开式厂房，探测器距其所覆盖范围内的任一释放源的水平距离不宜大于2m。

（3）有毒气体探测器的布点，应有利于及早发现有毒气体的泄漏，防止有毒气云的扩散影响操作人员和周边环境安全。标准的要求是有害气体泄漏30～60s

即应响应报警。

13.1.2.3　储运设施

（1）液氯贮罐防火堤内应设探测器，探测器距其所覆盖范围内的任一释放源的水平距离不宜大于 4m。当防火堤内有隔堤且隔堤高度高于探测器的安装高度时，隔堤分隔的区域内需设探测器。

（2）液氯汽车装卸站的装卸臂与探测器的水平距离不应大于 10m。

13.1.2.4　液氯气瓶充装站

（1）灌装口与监测点距离小于 5m 时，在正常灌装时可能报警，两者间距离不得过小，过大又不灵敏，因此规定为 5～7.5m。

（2）封闭式、半敞开式液氯储瓶库氯气探测器距其所覆盖范围内任一释放源的水平距离按规定不宜大于 2m；敞开式沿四周每隔 15～20m 应设一台探测器，当四周边长总和小于 15m 时，应设一台探测器。

标准：缓冲罐排水口或阀组与探测器的水平距离宜为 5～7.5m。

建议：液氯贮罐平台上罐体阀组（包括安全阀、管法兰）等较高处发生液氯泄漏时，呈低温氯气流下泄趋势，探测器水平距离布置以外，宜在释放源下方或地面上同样也有布置。

13.1.2.5　氯气的扩散与聚集场所

（1）设在氯气泄漏源 2 区范围内的在线分析仪表间，应设探测器，并同时设置氧气探测器。

（2）控制室、机柜间的空调新风引风口等，应设探测器。

（3）有人进入巡检操作的工艺阀井、管沟等，应设探测器。

13.1.3　氯气检测报警系统设计

13.1.3.1　一般要求

（1）报警系统应由氯气探测器、现场报警器、报警控制单元等组成。

（2）检测信号作为安全仪表系统的输入信号时，探测器宜独立设置，探测器输出信号应送至相应的安全仪表系统，探测器的硬件配置应符合《石油化工安全仪表系统设计规范》（GB/T 50770—2013）的有关规定。

13.1.3.2　探测器选用

（1）探测器的输出可选用 4～20mA 的 DC 信号、数字信号、触点信号。

（2）氯气探测器宜选择电化学型探测器。常用有毒气体探测器使用寿命：电化学式 1～3 年；半导体式 3～4 年；光致电离型 1～3 年；红外线式不小于 2 年。

（3）宜采用扩散式探测器。

13.1.3.3 现场警报器选用

（1）应按照装置或单元进行报警分区，各报警分区分别设置现场区域报警器。区域报警器的启动信号应采用第二级报警设定值信号。区域报警器的数量宜使在该区域内任何地点的现场人员都能感知到报警。

（2）区域报警器的报警信号应高于110dB（A），且距警报器1m处总声压值不得高于120dB（A）。

（3）有毒气体探测器宜带一体化的声、光报警器，一体化的声、光报警器的启动信号应采用第一级报警设定值信号。

13.1.3.4 报警控制单元选用

（1）报警控制单元应采用独立设置的以微处理器为基础的电子产品，并具备下列基本功能。

① 能为探测器及其附件供电。

② 能接收探测器输出的信号，显示气体浓度并发出声、光报警。

③ 能手动消除声、光报警信号，再次报警信号输入时仍能发出报警。

④ 具有相对独立、互不影响的报警功能，能区分和识别报警场所位号。

⑤ 在下列情况下，报警控制单元应能发出与有毒气体浓度报警信号有明显区别的声、光故障报警信号。

a. 报警控制单元与探测器之间连线断路或短路。

b. 报警控制单元主电源欠压。

c. 报警控制单元与电源之间连线断路或短路。

⑥ 具有以下记录、存储、显示功能

a. 报警时间，且日计时误差不应超过30s。

b. 能显示当前报警部位的总数。

c. 能区分最先报警部位，后续报警点按报警时间顺序连续显示。

d. 具有历史事件记录功能。

（2）控制室内声、光报警器的声压等级应满足设备前方1m处不小于75dB（A），声、光报警器的启动信号应采用第二级报警设定值信号。

13.1.3.5 测量范围及报警值设定

有毒气体的职业接触限值（OEL）有三种：最高容许浓度（MAC）、短时间容许接触浓度（PC-STEL）、时间加权平均容许浓度（PC-TWA）。对于有毒气体，我国以美国政府工业卫生学家会议（ACGIH）提出的暴露限值作为工作场所的卫生管理依据。2015年2月提出了峰值暴露（peak exposure）的概念，要求：劳动者瞬时暴露超过3倍的TWA，每次少于15min，每次间隔1h，每班不超过4次。任何情况下，劳动者的暴露浓度不得超过8hTWA。

《工作场所有害因素职业接触限值 第 1 部分：化学有害因素》（GBZ 2.1—2019）中采用的是 TWA 值和超限倍数，对未制定 PC-STEL 的，TWA 小于 $1mg/m^3$，超限倍数为 3；TWA 小于 $10mg/m^3$，超限倍数为 2；TWA 小于 $100mg/m^3$，超限倍数为 1.5。

氯气 MAC 为 $1mg/m^3$，IDLH 为 88 mg/m^3。

（1）测量范围 有毒气体的测量范围应为 0～300%OEL；当现有探测器的测量范围不能满足上述要求时，有毒气体的测量范围可为 0～30%IDLH。

（2）报警值设定 有毒气体的一级报警设定值应小于或等于 100%OEL，二级报警设定值应小于或等于 200%OEL。当现有探测器的测量范围不能满足测量要求时，有毒气体的一级报警设定值不得超过 5%IDLH，二级报警设定值不得超过 10%IDLH。

13.1.4 检测报警系统安装

13.1.4.1 探测器安装

（1）探测器应安装在无冲击、无振动、无强电磁场干扰、易于检修的场所，探测器安装地点与周边工艺管道或设备之间的净空不应小于 0.5m。

（2）氯气探测器安装高度宜距地面（或楼板）0.3～0.6m。

13.1.4.2 有毒气云的监控

沿生产区周边布置的有毒气体探测器的实际安装高度，需满足对泄漏的有毒气云的监控要求。

为及时监测生产区泄漏的有毒气云，线型探测器安装高度一般为 1.5～2.0m（主要根据操作与维护人员的身高而定）。

13.1.4.3 报警控制单元及现场区域警报器安装

（1）报警系统人机界面应安装在操作人员常驻的控制室内。

（2）现场区域警报器应就近安装在探测器所在报警区域。

（3）现场区域报警器的安装高度应高于现场区域地面或楼板 2.2m，且位于工作人员易察觉的地方。

13.1.5 检测报警系统安全管理

检测报警系统作为应急响应技术的重要部分，应纳入安全生产设施管理范畴。

13.1.5.1 检测报警器布点效果评价

需要开展有毒气体检测报警器的布点效果评价。应结合现场气体扩散模拟计算结果，依据探测器选型、测量范围、探测器数量、安装位置和角度、系统的校验要求等设计参数，验证检测报警系统是否符合规范标准和项目要求。

13.1.5.2 灵敏区范围

通常，强制通风或自然通风的小时通风体积高于6倍建筑体积时为通风良好。

据资料报道，试验表明：在泄放量5～10L/min，连续释放5min，探测器与泄放点间的最灵敏区范围为10m以内，有效检测距离是20m。

13.1.5.3 毒性气体云团

有毒气体探测器的布置主要用于职工健康防护，以TWA为报警阈值一般布置在巡查、检修及逃生路线上。Shell公司的规定也是以气云检测为导向的。目标气云的气团直径分别为5m、7m、10m。其中，5m是封闭或设备密集场所，7m是半敞开空间和设备管路比较密集的场所，10m是开放式空间。毒性气体云团直径取8m。

13.1.5.4 专项管理要求

（1）应当制定氯气泄漏探测器报警系统专项管理规定，定区域划分、定管理制度、定责任人。

（2）氯气泄漏探测器报警系统是“工程技术防护措施”的一部分，为保证其运行可靠性，每年应制定维护保养计划和落实专项经费。

（3）常规的探测器报警记录和介入SIS系统的报警记录，每月打印并做趋势分析，对于频繁报警的区域或点，应进行原因分析和可靠性分析，采取泄漏点纠正措施和预防措施。原始记录长期保存，便于事故案例分析。

（4）报警信号与事故氯吸收装置联锁的系统，应当每月专项维护保养和检查一次；每季度人工干预冷试验启动一次，确保有效；纳入专项检查，确保员工应急响应能力。

（5）探测器使用寿命（电化学式）1～3年，应当规定每年计量标定一次，达到检测技术指标要求。建立报废和更新周期、台账和档案。

13.1.5.5 职业危害防护

（1）工作场所应设置固定式和便携式氯气检测报警仪。在不具备设置固定式氯气检测报警仪的工作场所应配置便携式氯气检测报警仪。氯气的报警设定值为$1mg/m^3$。检测报警仪的运行记录、标定记录、维护记录和计量检定资料等应及时存档。

（2）应当在便于观察处设置醒目的风向标，风向标的设置宜采用高点和低点双点的设置方式，高点设置在场所最高处，低点设置在人员相对集中的作业区、控制室、休息室等区域。

(3) 在厂区常年主导风向的两侧设立安全区域用于人员疏散或集结，应急疏散路线和安全集结区域应有明显的标志。

13.2　氯气泄漏的个体防护装备

当氯气泄漏报警后，现场作业人员或应急人员应在佩戴呼吸器和适用的其他个体防护用品后，进行探查并采取恰当的措施。当空气中氯浓度超过 10mg/kg 这个直接危及生命和健康的浓度值时，没有适当的个体防护用品和后备人员（安全监护）时，任何人员都不能进入危险区域。

在氯气正常生产、异常情况或事故状态过程，现场人员/或应急人员都必须配备符合标准要求的个体防护用品或气防器材，包括在危险区域的人员在逃生时也应易于获取个体防护器材或采取有效措施。

13.2.1　个体防护装备标准

氯气作业的个体防护措施，是指在生产、操作处置、搬运和使用作业过程中，为保护作业人员免受化学危害而采取的保护方法和手段。主要包括呼吸系统防护，眼睛防护，手、脚和全身防护。

13.2.1.1　适用的标准规范

(1) GB 2890—2009《呼吸防护 自吸过滤式防毒面具》

(2) GB/T 11651—2008《个体防护装备选用规范》

(3) GB 14866—2006《个人用眼护具技术要求》

(4) GB/T 18664—2002《呼吸防护用品的选择、使用与维护》

(5) GB/T 24536—2009《防护服装　化学防护服的选择、使用和维护》

(6) GB 24539—2009《防护服装 化学防护服通用技术要求》

(7) AQ/T 3048—2013《化工企业劳动防护用品选用及配备》

(8) AQ/T 6107—2008《化学防护服的选择、使用和维护》

13.2.1.2　氯气作业场所个体防护装备

呼吸器选择如图 13-1 所示。

(1) 氯泄漏浓度 5mg/kg　装药剂盒的呼吸器、供气式呼吸器。

(2) 氯泄漏浓度 12.5mg/kg　连续供气式呼吸器、动力驱动滤毒盒空气净化呼吸器、装药剂盒的全面罩呼吸器、装滤毒盒的空气净化式呼吸器、自携式呼吸器、全面罩呼吸器。

(3) 应急或有计划进入氯泄漏浓度未知区域，或处于立即危及生命或健康的

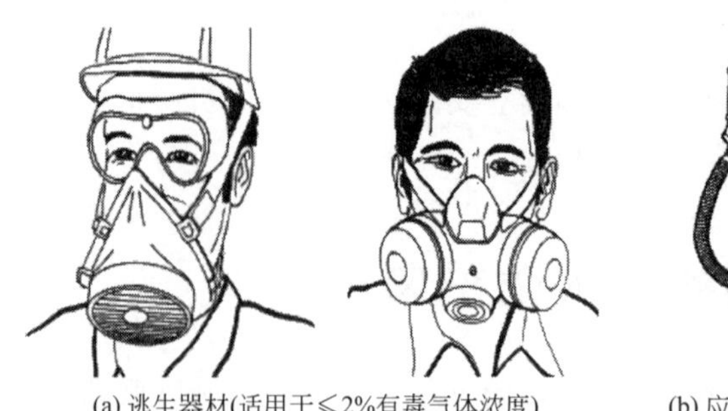

(a) 逃生器材(适用于≤2%有毒气体浓度)

(b) 应急器材(正压呼吸器)

图 13-1 呼吸器材的选择

情况 自携式正压全面罩呼吸器、供气式全面罩呼吸器辅之以辅助自携式正压呼吸器。

(4) 逃生 装滤毒盒的空气净化式呼吸器、自携式逃生呼吸器。

13.2.1.3 应急人员的个体防护装备

(1) 依据标准，选择适用的应急防护器材。如可参考《化工企业劳动防护用品选用及配备》(AQ/T 3048—2013) 根据作业类别、事故类型等进行选用。

(2) 应急响应中的个体防护装备，可参考美国标准 OSHA 29 CFR 1910.120 危险废物处理和反应作业的方法，可直观地确定在氯气泄漏事故应急处置中应急人员的个体防护装备分级。

① A 级防护 接触氯气未知浓度、达到可立即威胁生命和健康浓度(IDLH)、缺氧环境，大量液氯液态泼溅浸润等极端危险环境。

② B 级防护 氯气(气态)未知浓度或达到 IDLH 浓度，但不需要气密性防护，缺氧环境。

③ C 级防护 氯气浓度已知，非 IDLH 浓度，不缺氧(空气中氧含量不低于 19.5%)，不需要气密性皮肤防护，有适合的过滤手段，并建立有定时更换滤毒罐的时间表。

13.2.1.4 应急准备

(1) 根据本单位危险化学品的种类、数量和危险化学品事故可能造成的危害进行配置，按照《危险化学品单位应急救援物资配备要求》(GB 30077—2013) 配备相应的应急物资。

(2) 生产、贮存和使用氯气、氨气、光气、硫化氢等吸入性有毒有害气体的企业，还应当配备至少 2 套以上全封闭防化服。建立应急设施和物资装备的管理制度和台账清单，按要求经常性维护、保养，确保完好。

13.2.2 常用防毒面具

不管是氯的处理还是使用，都可能与氯接触，因此，在可能要受氯污染的区域中总应有适用的个体防护用品可供应急使用，并且在作业场所就近地点（器材室/柜）能够方便获取。

只要空气中的氧含量不低于 19.5%，并且氯浓度没有超过该呼吸器的额定容量，选择合适的全面罩、滤毒罐式防毒面具，就可以提供暂时的保护。

当然，在氯泄漏的环境下同时展开应急抢险作业，并且氯气持续泄漏且浓度上升，就应当采用全面罩增压自给式呼吸器（SCBA），甚至要求穿戴气密性防护服。保护眼睛、皮肤不受氯伤害也是适用呼吸设备的评估内容之一。

13.2.2.1　常用防毒面具

（1）YYJB-01 型防毒全面罩　配小型滤毒罐，可选配 1 号、3 号、4 号、7 号小型滤毒罐，见图 13-2。

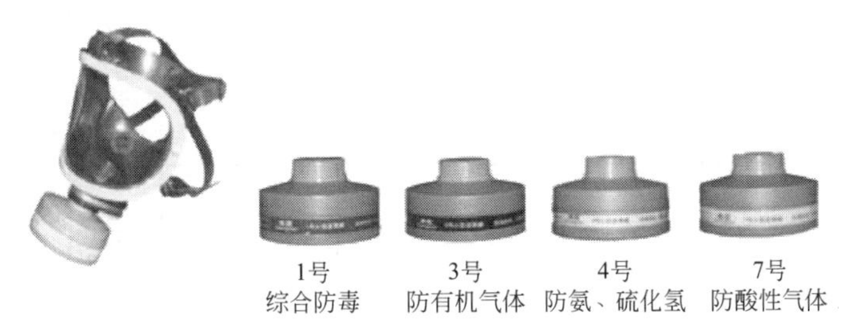

图 13-2　YYJB-01 型防毒全面罩

（2）YYJB-02 型防毒全面罩　配中型滤毒罐，可选配 1 号、3 号、4 号、7 号中型滤毒罐，见图 13-3。

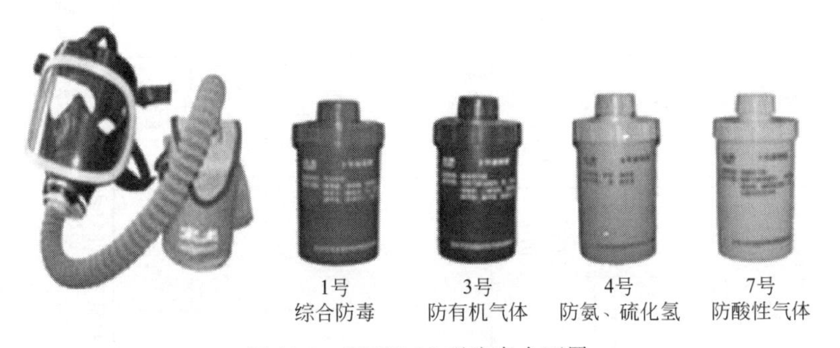

图 13-3　YYJB-02 型防毒全面罩

13.2.2.2　滤毒罐防毒类型及标准浓度下的防护时间

滤毒罐防毒类型和新老标准对照见表 13-1 和表 13-2。

13.2.2.3　注意事项

（1）滤毒罐为自吸过滤式呼吸防护面具的一部分，不能单独使用。

（2）环境中氧气浓度低于 19.5%时不适宜使用。

表 13-1 过滤件的标色及防护时间

过滤件类型	标色	防护对象举例	测试介质	4级		3级		2级		1级		穿透浓度/(mL/m^3)
				测试介质浓度/(mg/L)	防护时间/min	测试介质浓度/(mg/L)	防护时间/min	测试介质浓度/(mg/L)	防护时间/min	测试介质浓度/(mg/L)	防护时间/min	
A	褐	苯、苯胺类、四氯化碳、硝基苯、氯化苦	苯	32.5	≥135	16.2	≥115	9.7	≥70	5.0	≥45	10
B	灰	氯化氰、氢氰酸、氯气	氢氰酸（氯化氰）	11.2（6）	≥90（80）	5.6（3）	≥63（50）	3.4（1.1）	≥27（23）	1.1（0.6）	≥25（22）	10[a]
E	黄	二氧化硫	二氧化硫	26.6	≥30	13.3	≥30	8.0	≥23	2.7	≥25	5
K	绿	氨	氨	7.1	≥55	3.6	≥55	2.1	≥25	0.76	≥25	25
CO	白	一氧化碳	一氧化碳	5.8	≥180	5.8	≥100	5.8	≥27	5.8	≥20	50
Hg	红	汞	汞	—	—	0.01	≥4800	0.01	≥3000	0.01	≥2000	0.1
H_2S	蓝	硫化氢	硫化氢	14.1	≥70	7.1	≥110	4.2	≥35	1.4	≥35	10

注：本标准过滤件与原标准的对照参见表 13-2。

[a] C_2N_2 有可能存在于气流中，所以（C_2N_2+HCN）总浓度不能超过 10mL/m^3。

表 13-2　过滤件类型与原标准对照

新标准过滤件类型	新标准规定的过滤件防护气体类型	GB 2890—1995 规定的滤毒罐（盒）类型	新标准规定的过滤件标色	GB 2890—1995 规定的滤毒罐（盒）标色
A	用于防护有机气体或蒸气	3 号	褐	褐
B	用于防护无机气体或蒸气	1 号	灰	绿
E	用于防护二氧化硫和其他酸性气体或蒸气	7 号	黄	黄
K	用于防护氨及氨的有机衍生物	4 号	绿	灰
CO	用于防护一氧化碳气体	5 号	白	白
Hg	用于防护汞蒸气	6 号	红	黑
H_2S	用于防护硫化氢气体	8 号	蓝	蓝

（3）根据作业环境有毒有害气体浓度、性质的不同选择滤毒罐。

（4）根据滤毒罐适用时限，不得超时使用，及时更换。

（5）滤毒罐的防护性能具有专一性，通常，氯气滤毒罐选用 7 号（黄色）。

（6）不适用于消防热区用呼吸防护用品。

（7）滤毒罐可贮存 5 年，库房应干燥通风。

13. 2. 3　气防站（柜）设置

13. 2. 3. 1　气防站

大量生产、使用有毒有害气体并危害人身安全的化工建设项目应设计气防站。适用的标准规范如下。

（1）《化工企业安全卫生设计规定》（HG 20571—2014）

（2）《气体防护站设计规范》（SY/T 6772—2009）

（3）《化工企业气体防护站工作和装备标准》（HG/T 23004—92）（该标准尽管已经废止，但是明确氯碱大中型企业单独设立气防站的要求是对的，可以参考）

（4）《烧碱装置安全设计标准》（T/HGJ 10600—2019）

（5）《危险化学品企业生产安全事故应急准备指南》

13. 2. 3. 2　现场气防柜

《危险化学品单位应急救援物资配备标准》（GB 30077—2013）第 9.1、9.3

条：企业应在有毒有害岗位配备应急器材柜（气防柜），设置与柜内器材相符的应急器材清单。应急器材完好有效。

标准提出了气防柜的要求，但是现场检查气防柜设置并不完善。很多企业气防器材的现场暴露设置，存在着诸多隐患。

（1）现场环境暴露式器材点，器材易于遭受腐蚀，特别是滤毒罐易失效。

（2）器材柜“堆放”形式易造成橡胶制全面罩呼吸阀瓣（片）变形。

（3）一旦氯气泄漏，在氯气气氛环境中佩戴防毒面具，特别是氯气浓度较高时现场穿戴防护服、气防器材很困难，对于重型气防器材也未设穿戴时的必要辅助条件（图 13-4）。

图 13-4　氯气泄漏现场穿戴气防器具存在风险（演练画面）

13.2.3.3　正压式气防室

（1）建议在液氯（氯气）重点作业场所建立正压式气防室（应急器材室），用于防护器材（应急工具）存放和泄漏状态下便于应急人员在气防室内穿戴个体防护用品（特别是气密性防护服穿戴需要足够的时间和辅助人员的帮助），提供安全的应急准备条件。

（2）在《液氯汽车罐车、罐式集装箱装卸场地（厂房）安全设计技术规范》（DB32/T 3381—2018）中提及的“隔离室”，其功能等效于正压式气防室，可供现场人员避险和用于气防设施存放、应急使用。

正压式气防室设计可参考“隔离室”技术要求，具体如下。

① 封闭厂房内应设隔离室，主要用于现场作业人员应急避险、应急控制操作、气防设施和应急工具存放等，并可作为现场应急救援处置室。

② 隔离室宜根据现场条件设计，布置在逃逸方向的一端且地面高度不得低于装卸平台，面积应不小于 15m^2，在应急状态下可以密闭并保持空气正压（25～60Pa），隔离室的围护结构应严密。通往密闭厂房内应设两道密闭门，两道密闭门之间作为风淋室（风淋结构），空气正压不低于 10Pa 并有足够的风量，两道密闭门不得同时开启，正压空气压力设微压表指示、失压报警。

③ 隔离室应实时监测室内氧浓度保持在 19.5%～23.5%之间，含氯不得大于 1mg/m^3，超限时报警；管道、电缆、管沟等穿过墙体、地面及屋顶时，应做封堵密封处理；隔离室另设逃生门、逃生通道并直接朝向封闭厂房外，不得经由泄漏区。

④ 隔离室应采用高架清洁气源增压管线连续供气。采用备用供气方案或备用压缩空气柜（罐、气瓶组），应确保安全供气≥1h 以上。

⑤ 隔离室连续供气取下列各项中的最大值：为保证室内正压值所必需的新风量；为稀释室内（风淋室）有害物质所必需的新风量；室内工作人员每人≥50m^3/h 的新风量的要求。

⑥ 隔离室配备的应急抢修器材和防护器材应满足 GB 11984—2008 的规定要求，并按 AQ/T 3048 标准每人配备适用的逃生器材……

13.3　氯气泄漏事故应急响应

氯释放和暴露持续造成的影响区域取决于：释放总量、释放速度、释放点的高度，天气状况以及正在释放氯的物理状态。在紧急情况下，这些因素很难评估。对于泄漏现场，情况也是比较复杂的。

（1）氯是以液体还是以气体形式泄漏，要由压力和温度来决定。液氯气化后体积膨胀近 460 倍，所以泄漏源是液氯还是氯气对下风向的扩散有显著的影响。

（2）在一次氯释放期间，氯可以气体、液体或者两者兼有的形式出现。当压缩液体或气体从贮罐中释放出来时，贮罐内的温度和压力会下降，这样释放的速率就会减小。

（3）逸出的液氯可以聚集成液池，实际上也会形成流淌的液流。当液氯进入大气环境中时，会立即冷却到它的沸点（-34℃）。一旦与热源接触（空气、地面或水），就很容易使液氯气化。通常，液氯气化速率开始时很高，随着液氯周围的热源逐渐变冷，气化速率也逐渐降低。

（4）由于大量水可以为液氯气化提供大的热源，所以落进水中的任何液氯都呈现气化状态。为此，必须防止水靠近氯液池，并防止液氯流入下水道。

（5）氯气相对密度大约是空气的 2.5 倍，以重气云状态向低洼区域或下风向扩散。

综上所述，企业必须依据适用的事故模型，拟定氯气泄漏事故应急响应计划，以指导事故状态时初期的应急响应，使现场任何一个作业人员/管理人员（经过培训）都能正确应对氯气泄漏突发事件，实时启动应急响应计划，超脱“虚假演练”中的格式化和形式化。

重大氯气泄漏事故初期的隔离与防护距离，是实施应急响应计划中最迫切的关键点。

13.3.1 氯气泄漏事故隔离与防护距离

13.3.1.1 氯气泄漏事故应急防护距离

（1）ERG2000 首次隔离与防护距离（表 13-3）

表 13-3 首次隔离与防护距离（ERG2000）

ID	英文名称	中文名称	少量泄漏			大量泄漏		
			首次隔离距离/m	下风向撤离范围/km		首次隔离距离/m	下风向撤离范围/km	
				白天	夜晚		白天	夜晚
1017	chlorine	氯，氯气	30	0.3	1.1	275	2.7	6.8

注：少量泄漏表示小包装（≤200L）泄漏或大包装少量泄漏；大量泄漏表示大包装（＞200L）泄漏或多个小包装同时泄漏。

（2）ERG2016 首次隔离和防护距离（表 13-4、表 13-5）

表 13-4 液氯泄漏首次隔离和防护距离（ERG2016）

化学品名称	少量泄漏（≤200L）			大量泄漏（＞200L）		
UN No/化学品名称	首次隔离距离/m	下风向防护距离/km		首次隔离距离/m	下风向防护距离/km	
		白天疏散	夜间疏散		白天疏散	夜间疏散
1017 氯（液化的）	60	0.3	1.1	见表 13-5		

注：少量泄漏表示小包装（≤200 L）泄漏或大包装少量泄漏；大量泄漏表示大包装（＞200 L）泄漏或多个小包装同时泄漏。

表 13-5 液氯大量泄漏首次隔离和防护距离（ERG2016）

容器	首次隔离距离/m	下风向防护距离					
		白天			夜晚		
		低风（＜3m/s）/km	中等风（3～5.5m/s）/km	大风（＞5.5m/s）/km	低风（＜3m/s）/km	中等风（3～5.5m/s）/km	大风（＞5.5m/s）/km
铁路槽罐车	1000	9.9	6.4	5.1	11＋	9.0	6.7
汽车罐车	600	5.8	3.4	2.9	6.7	5.0	4.1
多个气瓶	300	2.1	1.3	1.0	4.0	2.4	1.3
1t 气瓶	150	1.5	0.8	0.5	2.9	1.3	0.6

（3）ERG2000 已经影响了有关标准的制定，比如《液氯泄漏的处理处置方法》（HG/T 4684—2014）中的疏散、隔离距离采用了相应的格式（见表 13-6）。

表 13-6 液氯泄漏初始疏散、隔离距离

产品名称	少量泄漏			大量泄漏		
	首次隔离距离/m	下风向疏散距离/m		首次隔离距离/m	下风向疏散距离/m	
		白天	夜晚		白天	夜晚
液氯	60	400	1500	500	3000	7900

13.3.1.2　首次隔离和防护距离控制

首次隔离和防护距离控制见图 13-5。

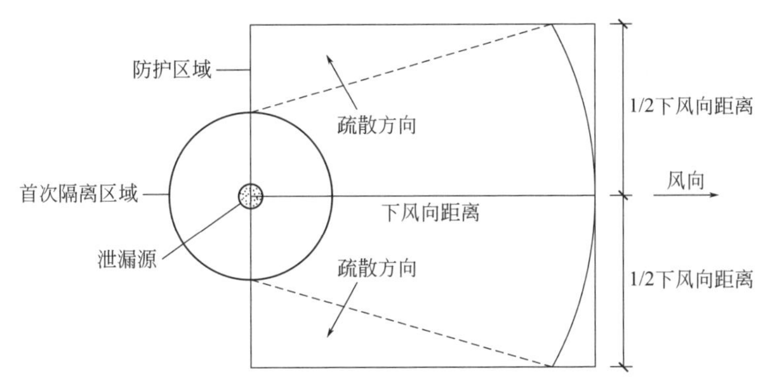

图 13-5　首次隔离和防护距离控制示意图

13.3.1.3　应急响应计划区划分

对于氯气大量泄漏事故，应当根据泄漏量、扩散浓度、覆盖面积，确定下风向隔离、疏散、知情区域的防护距离，同时应根据风向、风速实时需要进行调整。有资料介绍了一种氯气泄漏扩散模型，以铁路罐车泄漏（全泄漏）为例，并采用示踪气体模拟氯气扩散，分别以氯扩散浓度 1mg/kg、3mg/kg、20mg/kg 予以评估和划分危险区域具体划分标准为：20mg/kg，1000m 以内，定义为隔离区；3mg/kg，1000～2700m 范围，定义为疏散区；1mg/kg，2700～6800m 范围，定义为知情区（广播、电视或公众知情）。

有关资料例举了氯接触阈值与报告的人体反应：0.2～0.4mg/kg，气味阈值（随时间延长嗅觉灵敏度降低）；1～3mg/kg，轻微的粘膜刺激，可以忍受 1h；5～15mg/kg，呼吸道受到中等程度的刺激；30mg/kg，立即出现胸痛、呕吐、呼吸困难、咳嗽；40mg/kg，中毒性肺炎和肺水肿；430mg/kg，超过 30min 死亡；1000mg/kg，几分钟内死亡（$1mg/kg=2.9mg/m^3$）。

13.3.2　氯气泄漏事故应急疏散

一旦有氯泄漏的报警（征兆），必须立即采取措施预防事故扩大化。但对于可能演变为氯气泄漏事故或重特大事故的，应当预先建立事故应急计划，应让不相关的人员离开现场并隔离危险区域，尽可能避免人员伤亡。

当进行疏散时，潜在暴露人员应向泄漏点的上风向移动。因为氯气比空气重，所以逃逸方向的地势越高越安全。

疏散人员应注意不要呆在没有逃生路线的地方，风向的改变会使原来安全的地方也变成危险区域。还应注意可能发生新的或原有泄漏会变得更严重的情况。

对于风向对疏散的影响，在事故前的预案制定中，必须进行推演并掌握各种情况。

13.3.2.1 风向影响

由于氯气泄漏危险区域与风向和风力相关，以致应急响应最重要的任务是确保泄漏源下风向危险区域内人员的安全，或及时组织周边社会风险影响范围内的人员疏散。

13.3.2.2 大气稳定性影响

有关资料表述了一种表示空中微粒在大气中扩散的数学模型，被用来预测气体逸散源下风区域的浓度情况。

大气稳定性情况按一系列的等级分类：从A级（不稳定，降温天气，非常炎热的晴天），经D级（介稳型，多云或大风）到F级（稳定，逆风，晴朗，有微风的霜夜）。在A级情况下，扩散最大，其中气体横向分布（°）和气体纵向分布（m）值大；在F级情况下，扩散最差，其中逸散气体将形成非常长而狭窄的缕烟。

所以，在ERG2016中，疏散距离考虑了风力大小和疏散距离。

13.3.2.3 氯气泄漏危险区域与人口分布评估

如果氯气泄漏污染区域在荒野，风险影响就很小。对于危险区域人员密集，常住人口（毗邻单位、社区）或流动人口的分布应预先统计评估，以便应急响应计划并制定应急疏散采取的相应组织措施。

制订影响周边企业或社区时的应急响应程序，应按以下要求推演社会风险和制订对策措施。

（1）建立重特大氯气泄漏事故不同风向时下风向应急响应地图和疏散指南。

（2）制订重特大氯气泄漏事故应急响应隔离、疏散危险区人员的逃生路线图、风向标、集结地点，及时广播通知和引导。

（3）制订重特大氯气泄漏事故危险区域或下风侧毗邻单位、社区等敏感目标的联络机制和信息表，较大变更时及时对接。

（4）建立氯气中毒伤害人员的应急救援程序，包括规划救护车辆行驶路线和医院收治人员或数量安排。

（5）依据疏散方向、集结点、人数，安排后勤及生活保障工作。

13.3.3 氯气泄漏事故现场应急处置

氯气泄漏事故，瞬时释放的特征是在一个相对较短的时间（几分钟）内有氯气释放到大气环境中，形成重气云向下风向扩散，同时范围变大浓度变小。因此，在下风向任何指定点监测到的氯气浓度自始至终都随着氯气云位置的变化而变化。

持续释放的特征是在一个较长时间内（通常超过 15min），氯气持续向大气中释放，形成一种连续的空气污染带，该污染带扩展成一种平衡体积和浓度梯度。因此，在氯释放延续期间，释放源下风向任何指定地点监测到的浓度始终稳定，大容器上的阀门或部件故障泄漏是持续释放的一种实例。

对于持续释放源的现场处置，简单情况时关闭、堵漏可奏效，但复杂情况或较长时间泄漏时的现场处置，应当制定特别的应急计划。

13.3.3.1　氯的处理

（1）如果在使用场所发生持续的氯气泄漏，最好的办法就是通过常规的消耗工艺过程或增加临时管线把这些氯气送到使用处。

（2）如果在紧急情况下这个氯消耗工艺过程不能及时处置氯气时，应考虑使用备用的碱液吸收系统（事故氯吸收塔）。

（3）必须认识到这些装置处理液氯的速度很慢，不能显著降低供氯容器的压力。为了降低供氯容器的压力，必须以高速度让部分液氯（约 20%）以气态形式逸出，从而使容器内的温度降低，使氯保持在液态，降低泄漏速率。此时可以观察到以下状态。

① 液氯气瓶温度降低后，瓶体外表面有霜冻。

② 液氯容器温度降低后，表压力降低。应在压力降低后或趋近于大气压时，采取堵漏措施，阻止氯气的持续泄漏。

③ 在《液氯泄漏的处理处置方法》（HG/T 4684—2014）提及："针对泄漏容器、管道、槽车的泄漏部位为液相部位并为渗漏时，先用浸水的纱头放在泄漏处，利用液氯气化吸收热量让其结成冰，延缓泄漏，随后进行相应的堵漏程序。"这在液氯泄漏初始状态（氯饱和蒸气压较高）时是做不到的，只有在持续泄漏气化降温减压（接近大气压）时或许可以，但此时也没有必要采用"湿纱头"了，"氯＋水"对于孔洞有加剧腐蚀作用，应使用堵漏专用工具（图 13-6）。

(a) 管道堵漏器

(b) 筒体堵漏器

(c) 槽罐顶或安全阀堵漏器

图 13-6　堵漏专用工具

13.3.3.2　氯气回收

在氯消耗工艺过程不能处置氯气时，或泄漏到空气中，也应当预先考虑事故氯的回收处理装置。

液氯气瓶的事故氯回收，国外是设计氯回收贮罐，用来整体罩住泄漏的液氯气瓶。一个泄漏钢瓶可以放到回收贮罐中，然后把贮罐关闭，容纳泄漏物，氯气可以从贮罐中回收。国内多见的是采用事故房（密闭），把泄漏钢瓶吊（推）入事故房，用负压系统处置事故氯。

厂房内氯气设备泄漏或无序排放，将会污染环境和扩大事故影响，捕集或回收泄漏到厂房内空气中氯气，也已经为相关文件的规定和标准所采纳。工艺装置的负压系统、负压管路以及密闭化厂房，为泄漏氯气的捕集或回收提供了可行的方案。

13.3.3.3 吸收装置

（1）《关于氯气安全设施和应急技术的指导意见》《烧碱装置安全设计标准》（T/HGJ 10600—2019）均提出了吸收装置要求。

（2）重点危险化学品特殊管控安全风险隐患排查表对于吸收装置也提出了相关要求。

（3）《液氯汽车罐车、罐式集装箱卸载安全技术要求》（DB32/T 3255—2017），《液氯汽车罐车、罐式集装箱装卸场地（厂房）安全设计技术规范》（DB32/T 3381—2018），江苏省地方标准提出了吸收装置技术设计要求。

13.3.3.4 氯气泄漏洗消和装备

（1）一般情况下在发生事故的初始阶段（10～30min 内），很难采取有效的应急措施。如果泄漏液氯，高浓度气化氯首先沿地面、地形（坑、沟）形成事故池，扩散呈层流状态，然后在风力搅动下呈紊流状态向周围或下风侧扩散；如果是气化氯泄漏，则是随空气流扩散；此时，如果能在泄漏点周围建立水幕墙，将起到非常有效的应急作用。

（2）在敞开式、半敞开式厂房氯气泄漏源周围，可以预先设置水幕喷淋装置，在需要时打开水源（或含碱约 3%），即可形成水幕墙，以滞缓氯气无序扩散。但是氯在水中的溶解度有限，加入碱可以适当加大吸收量。

（3）重大氯气泄漏、罐车（移动危险源）泄漏，利用消防车供水（水箱加碱）及时建立水幕墙，也可以最大程度控制、滞缓扩散，对被氯污染空气进行隔离、洗消。

13.4 重大氯气泄漏事故应急计划区建设

应急计划区是指事先在危险源周围建立的应急设备设施区域，在发生事故时能及时有效地实施应急计划，提升应急预案的有效性。

设立应急计划区的目的，在于确定液氯重大危险源（以下简称危险源）应急计划区建设的范围、原则，加强现场应急设施硬件建设和硬核指标，提高应急计划的科学性和针对性，抵御液氯重大危险源风险，遏制重特大氯气泄漏事故。可供参考的标准如下。

（1）《重大毒气泄漏事故应急计划区划分方法》（GB/T 35622—2017）

（2）《氯气泄漏事故应急预案编制导则》（T/JSLJ 001—2018）

13.4.1 重大氯气泄漏事故应急计划区基本要求

13.4.1.1 确定应急计划范围的原则

（1）应考虑重大氯气泄漏事故，应急设备设施能应对持续泄漏时的工况。

（2）应考虑氯气泄漏强度、气象条件、地理环境、下风向或周边的单位、社区人员密集情况等多种因素，评估其风险影响（个人风险和社会风险）。

（3）应分析氯气泄漏大气扩散模型，预期的有毒气体浓度、暴露的时间和危险区域划分。

13.4.1.2 应急计划区实际边界的确定

（1）参考ERG2016氯气大量泄漏首次隔离和防护距离标准。

（2）以泄漏源为中心，以周边区域360°划分为6个60°辐射面（扇形）制定雷达图，应对不同风向氯气泄漏扩散影响范围和应急响应措施，制定紧急隔离、安全疏散和告知（知情）区域的范围。

（3）对于边缘距离小于500m的临近分布的多个危险源，确定一个统一的应急计划区，其范围包括各危险源应急计划区边界的包络线。

13.4.1.3 应急计划与准备

应急计划即依据事故模型或推演，预先制定危险区域的隔离、疏散和告知区域，有效落实应急响应计划。

应急准备即为有效应对事故而事先采取的各种措施的总称，包括人力资源、装备设施、培训演练和外部救援等各种准备。

（1）应急计划区信息资源

① 危险源基础数据　包括液氯贮存地点、储量、重大危险源评估等级。

② 地图信息　以危险源为中心、半径3km区域卫星地图。

③ 周边单位分布资料　以6个60°辐射面为评估单元（雷达图），按不同半径间隔区域单位、影响范围、统计人数（统计表）。

④ 应急计划区实际边界的包络线（范围图）。

⑤ 风玫瑰图。

（2）应急响应通讯联络一览表，应包括相关单位、社区、外部救援机构和政府应急机制部门联络人员等。

(3) 紧急隔离区、安全疏散区和告知区（社区）应急响应分工到人（职责划分）。

(4) 应急物资、交通、后勤保障（物资及人员清单）。

(5) 日常管理、公众宣传和培训演练等。

13.4.1.4 应急响应分级与联动

(1) 液氯或氯气泄漏量≤200kg为小泄漏，泄漏量>200kg为大泄漏，泄漏≥1000kg为重大泄漏。氯气泄漏事故推演和预警按以下分类。

① 氯气小泄漏——应急响应Ⅰ级，实施现场处置方案，紧急切断、封堵或采用移动式软管吸风罩、吸收装置等现场处置措施，有效应急响应和控制风险，没有人员中毒伤亡，最坏情况的预警为单元界区内或氯气可能扩散的下风向范围。

② 氯气大泄漏——应急响应Ⅱ级，实施专项应急预案，紧急切断、紧急停车或采用密闭厂房、吸收装置等现场处置措施，有效应急响应和控制风险，但是现场有人员中毒或重度中毒，需要外援（如联动110、119、120应急救援等），最坏情况的预警为公司界区内或氯气溢出可能扩散至界区外毗邻范围。

③ 重大氯气泄漏事故——应急响应Ⅲ级，实施综合应急预案，全面紧急停车或采用密闭厂房、吸收装置等设施，有效应急响应和控制风险，但是泄漏导致多人中毒或重度中毒（或伤亡），并有事故扩大化趋势，需要相关方和政府部门启动应急响应机制（如下风侧毗邻企业人员疏散、道路交通管制、河道封航以及人员密集区疏散等敏感目标的应急响应等），最坏情况的预警应根据现场推演和评估确定企业风险影响范围和社会风险影响范围。

(2) 参考《氯气泄漏事故应急预案编制导则》（T/JSLJ 001—2018）条文“6.3分级联动”，应急响应Ⅰ级与Ⅱ级联动，应急响应Ⅱ级与Ⅲ级联动，应急响应Ⅲ级与外部救援联动（政府部门应急响应机制）；明确各级联动原则。

① 重大氯气泄漏事故现场发现的第一人和负有职责的任何一级应急组织的人员，都应当被授予紧急情况下启动应急计划、逐级或越级报告事故情况、寻求外援支持的权力。

② 应当首先利用氯气泄漏设防设施和现场处置装置，确保在现场人员有限时也能实施应急响应计划。

③ 应根据事故现场信息和风险趋势，各级联动应急响应或预警，应对最坏情况并预防事故扩大化，最大程度降低社会风险。

(3) 企业负责人或应急总指挥，应根据重大氯气泄漏负荷、风向、雷达图开展事故趋势推演，不失时机与毗邻单位、社区、相关方（政府应急部门）联动应急响应机制。

13.4.1.5　应对风向变化应急计划区推演（案例）

（1）基本气象指标（表 13-7）

表 13-7　基本气象指标

序号	气象类别	气象指标	
1	全年主导风向及频率	ESE 向	11.5%
2	夏季主导风向及频率	ESE 向	13.6%
3	冬季主导风向及频率	NNE 向	9%（静风频率 9.6%）
4	多年平均风速	2.6m/s	—
5	实测最大风速	18.5m/s	—
6	多年最大瞬时风速	24m/s	—
7	大风日数	平均 3.8 天/年，最多 12 天/年	风力≥8 级

（2）风向变化推演和应急响应

① 如果发生氯气大泄漏事故，在不同风向情况下，以某公司总图及毗邻区域范围可能遭受的风险影响评估如下（图 13-7）。

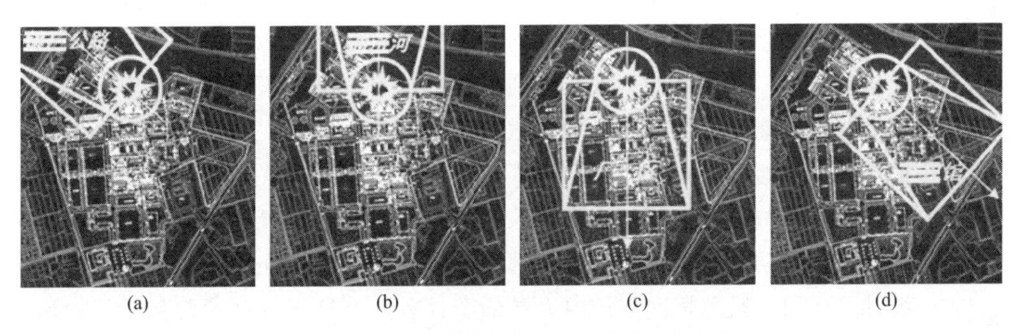

图 13-7　风向变化推演和评估（总平面图示意）

a. 如图 13-7（a）所示，如果液氯泄漏事故发生时正值东南风，影响厂区范围较小，界区外可能影响毗邻范围的××公路路段。

b. 如图 13-7（b）所示，如果液氯泄漏事故发生时正值南风，影响厂区范围较小，界区外可能影响毗邻范围的××河段。

c. 如图 13-7（c）所示，如果液氯泄漏事故发生时正值北风，影响厂区范围最大。

d. 如图 13-7（d）所示，如果液氯泄漏事故发生时正值西北风，影响厂区范围较大，界区外可能影响毗邻的××场所（流动人员密集区）。

也可以根据企业需求按 6 个基本风向推演或按风玫瑰图划分 16 个风向进行详细分析，推演氯气泄漏事故风险在不同风向时对下风向的影响区域范围（图 13-8）。

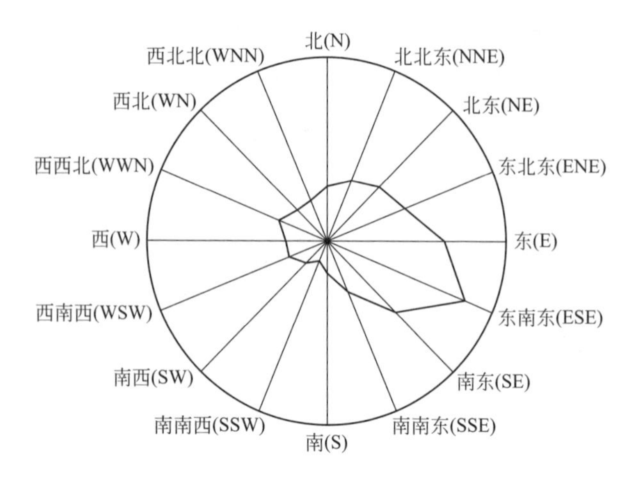

图 13-8 某企业所在地区风玫瑰图

② 个人风险设防和应急计划 根据上述氯气泄漏事故推演，给予危险区域隔离、员工疏散撤离和应急救援的行动指南。

a. 撤离 应制订针对车间所有人员在紧急情况下都可以撤离的程序并提供方便这些人员逃逸的呼吸防护装备，沿不同方向设置规定集合地点，以便根据紧急情况发生地和风向，使所有撤离人员都到达指定地点。所有车间人员都应接受撤离程序培训，包括氯气释放期间的逆风撤离。

b. 隐蔽 应制订针对要隐蔽的所有人员的程序。隐蔽方式包括关闭所有的通风口、门窗及在事故持续期间的人员、人数和时间限制，设置室内空气含氧检测报警仪，配备应急防护器材。选择紧急逃逸方向或选择安全通道（路线）。

c. 统计 应制订紧急情况下厂内人员的统计程序。这个程序通常包括厂内所有的外来人员、学习参观人员，和由指定人员规定的附属责任。

d. 救援 应考虑建立救援小分队并培训。配备适当的安全通信器材。培训应在装置现场进行，培训协同作业（互相监护）。

没有使用过呼吸装备和未经使用培训的人员，不得进入已达到 IDLH 的区域。

e. 急救/医疗服务 应建立伤害救护的适当处理程序，包括现场处理和在应急医疗条件下的处理。

f. 公用工程考虑 应就公用工程欠缺对应急救援功能的影响进行评价，评估以下项目。

（a）采用发电机作为临时电源。

（b）在重要地点，如楼梯、门口、安全设施地点和应急响应指挥中心，都要安装自动应急照明。

（c）安装淋浴和洗眼器的可用性。

（d）在供电、供水、供气（气防室）及故障期间事故氯吸收塔（装置）的可用性。

（e）气防器材的更新、更换、清洗。

13.4.2　应急计划区建设准备事项

13.4.2.1　应急计划区需要考虑的潜在要素

（1）引发事故的原因

① 设备故障或人为疏忽。

② 公用工程断供水、电、气等。

③ 自然灾害如飓风、龙卷风、洪水、地震。

④ 交通运输事故（铁路、公路等）。

⑤ 厂内和厂外管道事故。

⑥ 蓄意破坏。

⑦ 其他工厂的爆炸和火灾影响等。

（2）应急响应协调（值班）人员注意事项

① 确定泄漏源、风向以及最安全的疏散方向。

② 启动适当的紧急切断阀来隔离泄漏。

③ 拉响撤离警报，使用撤离计划（指南）向全厂发出通告。

④ 拨打电话通知应急部门（政府）并申明处于一级紧急状态，让相关人员知道紧急状态的性质。

⑤ 如有人暴露于氯气并导致呼吸困难，根据程序要求将这一信息与应急部门（卫生）沟通。

⑥ 确保氯气泄漏吸收系统安全运行。

⑦ 撤离人员根据紧急撤离指南（厂内的所有人员应当得到）进行撤离，至安全区域后清点所有人员。

⑧ 切断受氯气影响的交通道路，隔离泄漏地区。

⑨ 通知受影响的毗邻单位、社区。

13.4.2.2　保持应急响应计划的时效性

（1）有资质的应急响应人员每年审核。

（2）设备改变时及时审核。

（3）人员或组织有变化时及时更新。

（4）执行来自于演习或实际发生的紧急状况的建议的改变。

（5）定期的人员培训，并且有重要改变时及时进行重新培训。

13.4.2.3 应急响应演练计划的要素

（1）应急响应人员职责、分工。

（2）培训和审核、演练和总结评估。

（3）演练指挥。

（4）内部沟通。

（5）外部沟通。

（6）应急响应演练设备。

（7）撤离、躲避及人员的清点演练。

（8）急救及医疗服务的演练。

（9）紧急状态下重大执行授权的考虑。

13.4.2.4 控制室设备

（1）考虑紧急状态下能够关闭通风系统，使控制室大楼密闭成为躲避场所的可能。

（2）自动监测空中的氯，控制室提供可呼吸气体，保证操作人员能够继续工作并协调应急响应。

（3）保证每个人在需要安全撤离时能够得到逃生的呼吸器。

（4）利用掩体（疏散），所有基于氯气泄漏做出的决定与必须提前计划并考虑到以下因素。

① 泄漏的大小和持续时间。

② 掩体的“质量”，密闭和新鲜空气的供气。

③ 要求疏散到掩体的人员的知识，实施需要的时间，人员安全撤离的能力。

13.4.3 公众知情权

13.4.3.1 应急手册（指南）

（1）编制《氯气泄漏事故应急响应员工手册》，制订继续教育方案，以避免在事故发生时慌乱，最大限度地减少人员伤亡。

（2）编制《应急人员手册》，掌握应急安全技能。

（3）建议应急手册包含相关方的告知，包括用户、公众和适当的机构（警察、消防、安监、环保、医疗），能通过教育帮助他们辨识氯气泄漏事故的严重性并采取相应有效的自我保护措施。

13.4.3.2 公众知情

（1）应急响应计划应审核、公布，确保相关区域的公众知情权，确保符合法规并适用。

（2）编制应急手册，发放给相关方（政府应急部门、毗邻单位和社区的联络人）。

13.4.3.3 应急体系

周边受风险影响的每个工厂，都应协同构建一个相关方知晓的应急响应体系，以便向那些区域中的相关方人员提醒氯的潜在泄漏情况。必要时组织人员疏散、撤离或待命，直到解除危险。

13.4.4 其他要求

13.4.4.1 应急计划区建设要求

（1）使用事故模拟（模型）来协助编制计划。

（2）与毗邻单位、社区合作来共同应对氯气泄漏事故。

① 使当地社区积极参与到应急响应计划的制定和执行的整个过程中。

② 借助相关方或其他组织完善企业的应急响应计划。

③ 设置公众告示板。

13.4.4.2 企业管理者的职责

（1）制定应急计划区建设方案。

（2）为应急计划区的建设、有效使用和维持提供适当的资源、经费。

（3）提供一个可以监督应急计划区时效性和有效性的系统，以便计划区的修改或必要的改变；确保应急计划区建设符合工厂的需要和法规的要求；确保应急响应计划（EPR）可以在工厂内人员最少的情况下，能由有限的人员实施；建立执行培训计划；确保EPR与外面的适当的机构沟通（如消防、医院、应急部门等）。

13.4.4.3 外部联络

尽管重大事故发生时，有些情况已经超出工厂的控制能力，并可能超出工厂边界，由此影响到社区。但在应急响应的许多方面，特别是与公众的直接接触，都将通过各种地方机构来处理，这些机构如消防、公安部门、卫生部门、环境保护、安监部门、新闻媒体以及政府应急办等。特别是参与现场的快速应急行动的人员，也应当确保他们的安全，这也是工厂的责任。应当指定部门人员负责此项工作，予以专业对口。

（1）发生紧急情况时，由地方政府机构组织指挥厂界外、社区人员撤离或疏散，企业也应当参与制定应急计划并提供协助。

（2）公共应急资源储备物资的调配，对于企业应对重大事故是重要的应急保障措施，应当及时联络。

（3）现场媒体的报道，企业应给与技术支持，以防止过度负面影响或失实。

① 为媒体准备有关氯的背景资料（书面）。

② 形成原型或实例新闻报道陈述（事故初步原因或原因正在调查之中）。

③ 尽可能提供信息或准备说明情况（现场控制情况和伤亡情况）。

④ 正确提供工厂采取的应急措施和效果以及下一步的计划（或更新情况）。

参 考 文 献

[1] 危险化学品事故应急救援指南（ERG2000）. 北京：中国协和医科大学出版社，2003.

[2] Emergency Response Guidebook 2016（ERG2016）.

[3] 秦文浩，等. 液氯重大危险源安全评估体系研究. 2010年江苏省安全生产科技项目成果（江苏安全生产技术奖）二等奖.

[4] GB/T 35622—2017 重大毒气泄漏事故应急计划区划分方法.

第14章 氯碱行业安全生产先进适用技术、工艺、装备和材料推广目录

14.1 第一批推广目录

根据《国家安全总局、国家煤矿安监局关于加强安全生产科技推广的指导意见》(安监总科技〔2010〕1号)精神,中国氯碱协会安全专业委员会在总结近年来氯碱行业采用安全生产先进技术、工艺、装备和材料状况的基础上,组织相关企业编制了《氯碱行业安全生产先进适用技术、工艺、装备和材料推广目录(第一批)》,详见表14-1。

表14-1 氯碱行业安全生产先进适用技术、工艺、装备和材料推广目录(第一批)

序号	工序	名称	内容摘要
1	一次盐水	膜法除硝技术	膜法除硝技术是通过膜过滤将硫酸根离子脱除的技术。主要是利用过滤膜将硫酸根阻截在浓缩液中,再通过冷冻技术使浓缩液中的硫酸根以硫酸钠结晶的形式分离出来,达到脱除硫酸根的目的并得到副产物芒硝。该技术改变了传统加入氯化钡与硫酸反应生成硫酸钡沉淀的方法,替代了具有毒性的氯化钡
2	电解	离子膜电解制烧碱技术	相比隔膜法工艺,离子膜法电解产生的氯气纯度高,氯中含氧、含氢低,一般氯中含氧1%~1.5%(体积分数),氯中含氢在0.1%(体积分数)以下,不仅能保证液氯生产的安全,而且能提高液化效率。此外,产生的氢气纯度高,一般在99.9%(体积分数),对提高氯化氢纯度和压缩氢的生产有利

续表

序号	工序	名称	内容摘要
3	整流	事故氯、动力和控制系统双路电源的应用	事故氯、动力和控制系统供电系统采用双电源供电和应急电源系统。正常情况下属于热备状态，当发生生产事故及供电停电故障时会自动投入运行，使离子膜生产系统继续正常运行，防止了氯气外溢。在DCS后台供电上采用UPS供电装置，在事故发生后会自动投入，使DCS操作保持稳定
		电解、整流、氢气压缩机、氯气压缩机安全联锁停车系统	在电解、整流、氢气压缩机、氯气压缩机自行联锁（俗称小联锁）基础上，采用上述四个系统中一个系统停车即全部停车的安全联锁停车系统
4	氯氢处理	采用离心式压缩机输送氯气技术	利用离心式透平压缩机压缩氯气除具有高效节能优势外，还具有避免浓硫酸污染氯气、腐蚀设备，自动联锁等安全功能，确保氯碱装置“心脏”长周期运行。(1) 设置与系统联锁、机器内部联锁，在机械性能异常、保护气缺少时自动停运机器，在后系统氯气压力高时自动联锁氯气吸收装置，确保系统安全；(2) 不采用浓硫酸作液环介质避免浓硫酸污染氯气，保证后系统用氯安全，如合成炉安全控制，液氯安全充装
		氯内含水在线分析仪	随时监控干燥效果，有效指导工艺指标的控制，减少了对后续设备的腐蚀和维修频次，延长设备寿命和运转周期
		氯气处理塔（事故塔）的使用	在氯碱生产过程中，当氯泵故障突然停止运行时，氯气系统形成大正压，造成大量氯气泄漏，无法保证安全生产，给企业生产造成严重的安全隐患。氯气事故塔的作用就是防止这些安全隐患。氯气事故塔由风机、循环碱泵、氯气吸收塔、两个正压水封和一个负压水封组成。对于动力系统突然停电或氯气抽力波动，使氯气操作系统出现大正压后，氯气将冲破氯气正压水封，进入事故塔吸收；同时风机、循环碱泵与氯气系统压力联锁，当出现正压时，风机和碱泵自动启动，风机产生负压，使氯气自下而上，循环碱泵使碱向下喷淋，吸收外泄的氯气
5	HCl合成及吸收	自动点火、联锁停炉系统	国产盐酸合成炉装置引入自动点火系统和重要控制点失控自动联锁停炉系统，提高了盐酸炉点火安全性和装置运行本质安全性
		合成炉安全自动化控制	选用副产蒸汽二合一氯化氢合成炉，并采取氯气和氢气流量比例调节自动控制和自动点火技术。较好控制氯气和氢气配比，停炉时自动切断气源，点炉时电子打火，人员可远离现场操作，降低危险性。提高装置本质安全性，同时将余热生产蒸汽

续表

序号	工序	名称	内容摘要
6	氯气液化	采用氟利昂螺杆压缩机氯气液化技术	氯气液化器是钢制壳管换热器，制冷工质 R22 在管外蒸发吸收管内氯气的热量，氯气在管内冷凝液化，它与氨盐法液化工艺相比除具有减少了系统设备、操作自动化、降低投资费用和大大降低每吨液氯的电耗外，制冷介质泄漏对环境危害程度降低，完全排除氯气与氨相接触的可能，杜绝氨氯混合导致液氯系统爆炸的可能
	液氯贮存	液氯贮槽厂房采用密闭结构	液氯贮槽厂房采用密闭结构，厂房密闭的同时配备事故氯处理和氯气报警装置，此外，在厂房内配置固定式吸风口，配备可移动式非金属软管吸风罩，软管半径覆盖厂房内的所有设备和管道，如发生氯气泄漏，氯气报警装置立即报警，立即启动厂房内事故氯吸收装置
		液氯贮罐采用外测式液位计	外测液位测量方式不同于其他液位计，其特点是无需在容器上开孔，利用贮槽内液氯介质微振动原理，在容器外部能够不间断测液位的精确高度，从而减少了氯气泄漏点。使用时极为安全可靠，安装维护特别方便，可广泛用于各种重大危险源内液面的连续精确测量
	液氯充装	液氯充装采用变频的液下泵技术	用液下泵代替传统的气化器气化充装液氯，利用液下泵输送液氯进行包装，可消除气化法带来的液氯贮槽受压变化频繁引起系统压力不稳的状况。完全消除液氯中的三氯化氮的浓缩富集而引起爆炸的危险，从而提高了操作的安全系数和可靠性。此外，为了保证液下泵输送的压力稳定，不受充装量的影响，液下泵采用变频技术，使得液下泵的输出压力保持恒定
		液氯充装自动化控制系统通用技术	液氯充装自动化控制系统是由传感器、控制单元、执行机构、监控报警设备、电子标签读写系统以及工业数据通信网络等仪表和附件所组成的数据采集与监控系统(以下简称系统)，用以完成液氯的定量充装，实现自动控制、声光报警、监控信息显示、打印、数据传输以及安全数据或状态记录存储等。该控制系统能有效杜绝违规气瓶充装、避免超装危险，确保充装安全
		液氯钢瓶堵漏专用装置	实用、有效
		液氯钢瓶死瓶处理设施的应用	在液氯包装厂房设置真空房，在包装过程中出现液氯钢瓶泄漏时，能够使泄漏的钢瓶迅速地被推到该真空房内，将泄漏的氯气通过负压抽吸到事故氯处理系统中处置，降低了钢瓶泄漏对现场和周边环境造成的危害
7	次氯酸钠	次氯酸钠氯化终点控制技术	该技术采用专用仪表来测定次氯酸钠反应终点，改变了次氯酸钠生产终点依靠 pH 试纸或 pH 计测定造成员工劳动强度大、不稳定性等缺陷，解决次氯酸钠生产过程中过氯而造成的跑氯事故
		双塔串联保护吸收制次氯酸钠工艺	利用氯处理的淡氯吸收塔装置，通过两塔串联使用，主塔吸收，副塔保护，主副可切换的工艺代替反应釜式吸收制合格次氯酸钠工艺，充分利用现有设备，简化流程；重要的是可以避免吸收系统各种原因的跑气现象

续表

序号	工序	名称	内容摘要
8	控制系统	紧急停车系统 ESD	安全联锁系统 ESD（emergent shut down），即采用 DCS 系统在氯碱生产系统（电解、氯氢处理、氯化氢合成、氯乙烯合成、事故氯处理）中设置安全联锁装置，使生产系统能在紧急状况下自动实现安全联锁。当发生事故或出现异常时，触发联锁信号，由 DCS 系统发出安全联锁信号，系统自动按照工艺预先设置的先后顺序依次停止或切断相关工序的设备，停止生产。该系统的特点是不需要操作人员干预而自动执行，减少发现、判断、报告、再下达命令等人为因素影响，既能保证大型设备运行安全，又能有效防止了事故状态下有毒有害物质外泄造成的环境污染，保证生产系统安全、平稳、经济运行
9	氯碱生产系统	《氯中三氯化氮安全规程》	由中国氯碱工业协会提出制定的《氯中三氯化氮安全规程》是集氯碱行业几十年经验之总结，具有相当的科学性和可行性，为了彻底消除三氯化氮爆炸隐患，推广执行《氯中三氯化氮安全规程》是非常必要的
		三氯化氮测定装置	通过中国氯碱工业协会技术鉴定的三氯化氮测定装置，测定准确度高，化学工业氯碱氯产品质量监督检验中心发文要求使用该款产品以确保三氯化氮安全。经中国氯碱工业协会认定的测铵装置加工精良，符合设计要求，测定准确度高，上述两款测定装置在处理多起三氯化氮爆炸事故中发挥过重要作用，在本行业三氯化氮安全监控工作中具有不可替代的地位
		测铵装置	
		可燃、有毒气体报警器、探测器	参照《石油化工可燃气体和有毒气体检测报警设计标准》GB 50493—2019
		QHSE（质量、健康、安全、环境）信息化管理系统	QHSE 信息化管理系统是将 ISO9000、ISO14000 和 OHSMS18000 等体系加以整合，建立一种四位一体的科学、系统、完善的信息化管理平台。该系统以解决现有的质量、健康、安全、环保日常工作面临的繁杂问题为目标，促进 QHSE 管理标准化、规范化、信息化，并具有国际可比性，实现 QHSE 资源共享，为进一步提高企业的决策水平、管理水平和经济效益提供支持。该系统在安全标准化管理工作中发挥了显著的作用

14.2 第二批推广目录

中国氯碱工业协会现根据行业发展现状，组织行业专家编制了第二批《氯碱行业安全生产先进适用技术、工艺、装备和材料推广目录》详见表 14-2。

表 14-2　氯碱行业安全生产先进适用技术、工艺、装备和材料推广目录（第二批）

序号	工序	名称	内容摘要
1	电解	电解事故氯吸收塔碱液浓度在线监控装置	在事故氯吸收塔安装碱液浓度在线监控，可随时监控碱浓度变化，防止跑氯事故
2	氯氢处理	氯气水封改造	将原敞开式的氯气水封改为封闭式的，并用管道与氯气事故处理装置相连接，从而保证了事故状态下氯气不从水封泄漏到空气中
3	氯氢处理、液氯	硫酸、烧碱、盐酸管路法兰防喷罩	在法兰塑片处发生泄漏时不会直接喷至人身上
4	液氯输送	液氯输送管道采用双套管（在套管中进行氯浓度监控或压力监控）	在液氯输送管外面再套一根管，由对套管中进行氯浓度或压力监控，可及时发现液氯管泄漏状况，且可堵绝液氯外泄
5	液氯液化	液氯双壳体立式磁力泵	（1）无泄漏，所有密封点均由静密封垫密封，通过磁性联轴器驱动。不需要氮气密封 （2）结构紧凑，通用性强，维修方便 （3）采用双隔离套结构，双重保护，可实现单层隔离套泄漏报警，此时液氯仍然被完全密封、无泄漏，安全可靠
6	液氯贮存	液氯双层贮槽	采用双层夹套液氯贮槽，显著降低个人风险
7	液氯充装	液氯槽车充装计量及充装鹤管应用	质量流量计计量液氯的充装量，联锁切断阀控制，液氯充装鹤管充装。该系统能减少充装管道泄漏，避免超装危险，确保槽车充装安全
8	盐酸工序	盐酸贮罐尾气处理装置	在盐酸罐增加氮气管线，利用氮气对高纯酸罐内的空气进行置换，确保高纯酸罐内不含或仅含有较少量的空气，打破氢气的爆炸条件；并在进入酸罐前的氮气管线上增加过滤器，使氮气管线内的铁在此过滤器内进行过滤去除
9	电解、合成炉、次氯酸钠	采用带回收的危化品液体密闭取样器	由一个圆柱体和圆锥体组成，并在圆柱体上开一长方形取样孔的密闭容器，带有回收取样物，既防止在取样过程中危化品物料溅在人身上，又回收取样过程中的剩余物料
10	公用系统	管架上采用安全绳（生命线）	在管架上巡检和检修作业时，有挂安全带的地方
11	液氯使用	次氯酸钠代替液氯进行水消毒应用技术	根据安监总厅管三〔2010〕15 号文精神，借鉴北京奥运会和上海世博会的经验，在使用液氯的场所不符合相关规定时采用

第15章 氯碱行业的典型涉氯事故案例

15.1 温州电化厂液氯工段液氯钢瓶爆炸事故

1979年9月7日13时55分，浙江省温州市温州电化厂液氯工段1只液氯钢瓶发生爆炸，并引发连续爆炸及其他损害，造成59人死亡、779人中毒的特大伤亡事故，直接经济损失63万元。

（1）事故经过　1979年9月7日13时55分，温州市电化厂液氯工段在生产中，1只充装量为0.5t的电化30＃钢瓶突然发生爆炸，钢瓶碎片击中立于现场的其他59只钢瓶中的4只并引发爆炸。还击穿5只钢瓶，击伤或导致严重变形13只钢瓶。这次大爆炸，使液氯工段404m^2混合结构包装厂房全部倒塌，相邻的砖木结构冷冻厂房部分倒塌，1台5t的电动行车坠毁，钢丝被击断，工字梁多处被击穿，2台3t地磅被压毁，5t计量槽被击漏，10t液氯贮罐的一个阀门被打断，液热源工段的全部管线被破坏，当班的8名操作工当场死亡。爆炸后扩散的10.2t氯气波及7.35km^2，造成大量人员中毒。这起事故共导致59人死亡、779人中毒。

（2）事故设备情况

① 发生爆炸的电化30＃钢瓶由北京金属结构厂制造，材质为16MNR，壁厚8mm，充装量为0.5t，皮重237kg。经水压试验27kg/cm^2合格，气压试验20kg/cm^2不漏，设计使用年限为12年，容积415L，装液量500kg，最高使用温度为60℃。该瓶于1978年8月购进，1978年2月12日开始使用，先后共用过16次。1979年8月29日充装后运往温州市药物化工厂，9月3日空瓶运回，9月7日充装氯气后于当日13时55分发生爆炸。

② 瑞化45＃钢瓶和瑞化09＃钢瓶由杭州化工机械二厂制造，材质为16MNR，充装量为1t，皮重567kg。受电化30＃钢瓶的爆炸碎片撞击而发生

爆炸。

③ 电化 02＃钢瓶由杭州化工机械二厂制造，材质为西德进口 HⅡ钢板（相当于国产 22＃锅炉钢），充装量为 1t，皮重 754kg。受电化 30＃钢瓶的爆炸碎片撞击而发生爆炸。

④ 电化 02＃钢瓶由北京金属结构厂制造，材质为 16MNR，充装量为 0.5t，皮重 235kg，1977 年 7 月出厂。受电化 30＃钢瓶的爆炸碎片撞击而发生爆炸。

（3）事故原因分析

① 作为使用单位的温州市药物化工厂氯化石蜡工段的生产工艺不符合化工部制定的《氯化石蜡生产安全技术规程》HGA 009—83 第三章第四条，关于“氯化反应釜前必须配套装设氯气缓冲器；缓冲器上要设压力计、排液阀等装置，并定期排放缓冲器内液体物料”的规定，在液氯钢瓶和氯化釜之间未设缓冲器等装置，氯气由钢瓶针形阀通过紫铜管直接进入氯化釜。

② 温州市药物化工厂氯化石蜡工段的操作人员违反了关于“瓶内气体不能用尽，必须留有剩余压力”和“钢瓶内液氯不能用尽，防止物料倒吸入钢瓶”的规定，在电化 30＃钢瓶中的氯气压力与氯化反应釜压力相近时，开动真空泵将瓶内剩余压力吸尽。

该厂生产记录表明，9 月 2 日至 7 日生产牛蹄油 2 锅，共投料 601kg，应出产品 813.3kg，但实得仅 700kg，这说明短缺石蜡半成品倒灌入电化 30＃钢瓶内，留下了事故隐患。

③ 温州电化厂当班液氯充装人员违反了关于“未判明装过何种气体或瓶内没有余压的钢瓶严禁充装气体”“液氯钢瓶在每次充装前，均须经整修、检查并确认无异物后，方可进行充装”及“在充装液氯钢瓶前必须对皮重进行校核。凡实际皮重与原皮重之差超过充装量的 15%时，必须查找原因”等规定，在灌装液氯前，未检查电化 30＃钢瓶内有无余压，瓶内存有何种异物，也未过磅核对，仅依据钢瓶钢印注明的皮重计算灌装量后就开始灌装液氯，致液氯遇钢瓶中的石蜡，在瓶内残存的三氯化铁的催化下，发生自由基链式反应，并放出大量热量，由此而发生钢瓶爆炸。

（4）事故教训与防范措施

① 严格遵照气瓶安全监察规程的要求充装、使用、运输和贮存危险性气体。

② 对生产和使用氯气单位的职工及企业附近的居民进行有关氯气性质、危害作用、临床症状及防护方法的普及性教育。

③ 生产和使用氯气的厂矿企业医院、卫生所的医护人员，应学习并掌握有关氯气中毒的抢救方法。

④ 生产和使用氯气的单位应配备一定数量的过滤式、隔离式及其他形式的防毒面具。

15.2 重庆天原化工总厂氯气贮罐连续爆炸泄漏事故

2004年4月15日，位于重庆市江北区的重庆天原化工总厂氯冷凝器发生局部三氯化氮爆炸后，16日凌晨、16日下午液氯贮罐连续发生爆炸，导致氯气泄漏，在整个事故中造成9人死亡和失踪，3人受伤，15万人紧急大转移。

（1）事故经过　重庆天原化工总厂始建于1939年，1956年公私合营为地方国有企业，是国内最早的氯碱企业之一。

事故发生前的2004年4月15日白天，该厂处于正常生产状态。15日17时40分，该厂氯氢分厂冷冻工段液化岗位接总厂调度令开启1＃氯冷凝器。18时20分，氯气干燥岗位发现氯气泵压力偏高，4＃液氯贮罐液面管在化霜。当班操作工两度对液化岗位进行巡查，未发现氯冷凝器有何异常，判断4＃液氯贮罐进口管有可能堵塞，于是转5＃液氯贮罐（停4＃贮罐）进行液化，其液面管也不结霜。21时，当班人员巡查1＃液氯冷凝器和盐水箱时，发现盐水箱内氯化钙（$CaCl_2$）盐水大量减少，有氯气从氨蒸发器盐水箱泄出，从而判断氯冷凝器已穿孔，约有$4m^3$的$CaCl_2$盐水进入了液氯系统。

发现氯冷凝器穿孔后，厂总调度室迅速采取1＃氯冷凝器从系统中断开、冷冻紧急停车等措施，并将1＃氯冷凝器内的$CaCl_2$盐水通过盐水泵进口倒流排入盐水箱。将1＃氯冷凝器余氯和1＃氯液气分离器内的液氯排入排污罐。

15日23时30分，该厂采取措施，开启液氯包装尾气泵抽取排污罐内的氯气到次氯酸钠和漂白液装置。16日0时48分，正在抽气过程中，排污罐发生爆炸。1时33分，全厂停车。2时15分左右，排完盐水后4h的1＃盐水泵在静止状态下发生爆炸，泵体粉碎性炸坏。

险情发生后，该厂及时将氯冷凝器穿孔、氯气泄漏事故报告了集团，并向市安监局和市政府值班室作了报告。为了消除继续爆炸和大量氯气泄漏的危险，重庆市于16日上午启动实施了包括排危抢险、疏散群众在内的应急处置预案，16日9时成立了以一名副市长为指挥长的重庆天原化工总厂“4·16”事故现场抢险指挥部，在指挥部领导下，立即成立了由市内外有关专家组成的专家组，为指挥部排险决策提供技术支撑。

经专家论证，认为排除险情的关键是尽量消耗氯气，消除可能造成大量氯气泄漏的危险。指挥部据此决定，采取自然减压排氯方式，通过开启三氯化铁、漂白液、次氯酸钠3个耗氯生产装置，在较短时间内减少危险源中的氯气总量；然后用四氯化碳溶解罐内残存的三氯化氮（NCl_3）；最后用氮气将溶解NCl_3的四氯化碳废液压出，以消除爆炸危险。10时左右，该厂根据指挥部的决定开启耗氯生产装置。

16 日 17 时 30 分，指挥部召开全体成员会议，研究下一步处置方案和当晚群众的疏散问题。17 时 57 分，当专家组正向指挥部汇报情况，讨论下一步具体处置方案时，突然听到连续两声爆响，液氯贮罐发生猛烈爆炸，会议被迫中断。

据勘察，爆炸使 5#、6#液氯贮罐罐体破裂解体并形成一个长 9m、宽 4m、深 2m 的炸坑。以炸坑为中心，约 200m 半径的地面和构、建筑物上有散落的大量爆炸碎片，爆炸事故导致 9 名现场处理人员因公殉职，3 人受伤。

4 月 18 日，重庆市动用了部队官兵和精良装备，从 11 时开始进入预定程序。部队组成了精锐小分队，使用了高射机枪、火箭炮和坦克。消防官兵也准备了够量、够压的水和碱液。11 时 35 分，指挥部下达了射击命令。解放军驻渝某部先后用机枪、火箭炮、坦克对重庆天原化工总厂的 2#罐、3#罐、8#罐 3 个罐进行了 21 次射击，其中火箭炮发射了 10 枚穿甲弹，坦克发射了 9 枚穿甲弹，炸毁了 2 个罐，最后一个液氯罐用人工放置 24kg 炸药将其炸毁，到 18 日 17 时 35 分，危险源和污染源被销毁。4 月 18 日 18 时 30 分，紧急疏散的群众陆续回家过夜。

爆炸事故发生后，引起党中央、国务院领导的高度重视，温家宝、黄菊、华建敏等中央领导同志对事故处理与善后工作作出重要指示，国家安监局副局长孙华山等领导亲临现场指导，并抽调北京、上海、自贡共 8 名专家到重庆指导抢险。这个过程一直持续到 4 月 19 日，在对所有液氯贮罐与气化器中的余氯和 NCl_3 进行引爆、碱液浸泡处理后，才彻底消除了危险源。

（2）事故原因分析

事故调查组认为，天原“4·16”爆炸事故是该厂液氯生产过程中因氯冷凝器腐蚀穿孔，导致大量含有铵离子的 $CaCl_2$ 盐水直接进入液氯系统，生成了极具危险性的 NCl_3 爆炸物。NCl_3 富集达到爆炸浓度，启动事故氯处理装置振动引爆了 NCl_3。

① 造成事故的直接原因

a. 设备腐蚀穿孔导致盐水泄漏，是造成 NCl_3 形成和聚集的重要原因。根据重庆大学的技术鉴定和专家的分析，造成氯气泄漏和盐水流失的原因是氯冷凝器列管腐蚀穿孔。腐蚀穿孔的原因主要有五个方面：一是氯气、液氯、氯化钙冷却盐水对氯冷凝器具有普遍的腐蚀作用；二是列管内氯气中的水分对碳钢的腐蚀；三是列管外盐水中由于离子电位差对管材发生电化学腐蚀和点腐蚀；四是列管与管板焊接处的应力腐蚀；五是使用时间已长达 8 年并未进行耐压试验，使腐蚀现象未能在明显腐蚀和腐蚀穿孔前及时发现。

调查中还了解到，液氯生产过程中会副产极少量 NCl_3。但通过排污罐定时排放，采用稀碱液吸收可以避免发生爆炸。但 1992 年和 2004 年 1 月，该液氯冷冻岗位的氨蒸发系统曾发生泄漏，造成大量的氨进入盐水，生成了含高浓度铵离子的 $CaCl_2$ 盐水（经抽取事故现场 $CaCl_2$ 盐水测定，盐水中含 NH_4^+ 与 NH_3 总量为

17.64g/L)。由于1#氯冷凝器列管腐蚀穿孔，导致含高浓度铵离子的$CaCl_2$盐水进入液氯系统，生成了约486kg（理论计算值）的NCl_3爆炸物，为正常生产情况下的2600余倍，是16日凌晨排污罐和盐水泵相继发生爆炸以及16日下午抢险过程中演变为爆炸事故的内在原因。

b. NCl_3富集达到爆炸浓度和启动事故氯处理装置造成振动，是引起NCl_3爆炸的直接原因。经调查证实，该厂现场处理人员未经指挥部同意，为加快氯气处理的速度，在对NCl_3富集爆炸危险性认识不足的情况下，急于求成，判断失误，凭借以前的操作处理经验，自行启动了事故氯处理装置，对4#、5#、6#液氯贮罐及1#、2#、3#气化器进行抽吸处理。在抽吸过程中，事故氯处理装置水封处的NCl_3因与空气接触和振动而首先发生爆炸，爆炸形成的巨大能量通过管道传递到液氯贮罐内，搅动和振动了罐内的NCl_3，导致5#、6#液氯贮罐内的NCl_3爆炸。

② 造成事故的间接原因

a. 压力容器日常管理差，检测检验不规范，设备更新投入不足　《压力容器安全技术监察规程》(以下简称《容规》) 第117条明确规定："压力容器的使用单位，必须建立压力容器技术档案并由管理部门统一保管"，但该厂设备技术档案资料不齐全，近两年无维修、保养、检查记录，压力容器设备管理混乱。《容规》第132条、133条分别规定："压力容器投用后首次使用内外部检验期间内，至少进行一次耐压试验。"但该厂和重庆化工节能计量压力容器监测所没有按照该规定对压力容器进行首检和耐压试验，检测检验工作严重失误。发生事故的氯冷凝器在1996年3月投入使用后，一直到2001年1月才进行首检，2002年2月进行复检，两次检验都未提出耐压试验要求，也没有做耐压试验，致使设备腐蚀现象未能在明显腐蚀和腐蚀穿孔前及时发现，留下了重大事故隐患。此外，该厂设备陈旧老化现象十分普遍，压力容器等安全设备腐蚀严重，设备更新投入不足。

b. 安全生产责任制落实不到位，安全生产管理力量薄弱　2004年2月12日，重庆化医控股（集团）公司与该厂签订安全生产责任书以后，该厂未按规定将目标责任分解到厂属各单位并签订安全目标责任书，没有将安全责任落实到基层和工作岗位，安全管理责任不到位。安全管理人员配备不合理，安全生产管理力量不足，重庆化医控股（集团）公司分管领导和该厂厂长等安全生产管理人员不熟悉化工行业的安全管理工作。

c. 事故隐患督促检查不力　重庆天原化工总厂对自身存在的事故隐患整改不力，特别是该厂"2·14"氯化氢泄漏事故后，引起了市领导的高度重视，市委、市政府领导对此作出了重要批示。为此，重庆化医控股（集团）公司和该厂虽然采取了一些措施，但是没有认真从管理上查找事故的原因和总结教训，在责任追究上采取以经济处罚代替行政处分，因而没有让有关责任人员从中吸取事故的深刻教训，整改措施不到位，督促检查力度也不够，以至于在安全方面存在的问题没有得到有效整改。“2·14”事故后，本应增添盐酸合成尾气和四氯化碳尾气监控系统，但直到“4·16”事故发生时都未配备。

d. 对 NCl_3 爆炸的机理和条件研究不成熟，相关安全技术规定不完善 国内有关权威专家在《关于重庆天原化工总厂“4·16”事故原因分析报告的意见》中指出：“目前国内对 NCl_3 爆炸的机理、爆炸的条件缺乏相关技术资料，对如何避免 NCl_3 爆炸的相关安全技术标准尚不够完善”“因含高浓度铵的 $CaCl_2$ 盐水泄漏到液氯系统，导致爆炸的事故在我国尚属首例”。这表明此次事故对 NCl_3 的处理方面，确实存在很大程度的复杂性、不确定性和不可预见性。故这次事故在氯碱行业当时的技术条件下难以预测、没有先例，人为因素不占主导作用。同时，全国氯碱行业尚无对 $CaCl_2$ 盐水中铵离子含量定期分析的规定，该厂 $CaCl_2$ 盐水十余年未更换和检测，造成盐水中的铵离子不断富集，为生成大量的 NCl_3 创造了条件，并为爆炸的发生埋下了重大的隐患。

根据以上对事故原因的分析，调查组认为“4·16”事故是一起责任事故。

(3) 事故教训与防范措施 重庆天原化工总厂“4·16”事故的发生，留下了深刻的、沉痛的教训，对氯碱行业具有普遍的警示作用。

① 天原化工总厂有关人员对氯冷凝器的运行状况缺乏监控，有关人员对 4 月 15 日夜里氯干燥工段氯气输送泵出口压力一直偏高和液氯贮罐液面管不结霜的原因缺乏及时准确的判断，没能在短时间内发现氯气液化系统的异常情况，最终因氯冷凝器渗漏扩大，使大量冷冻盐水进入氯气液化系统，这个教训应该认真总结。有关氯碱企业应引以为戒。

② 目前大多数氯碱企业均沿用液氨间接冷却 $CaCl_2$ 盐水的传统工艺生产液氯，尚未对盐水含铵离子量引起足够重视。有必要对冷冻盐水中的含铵离子量进行监控或添置自动报警装置。

③ 加强设备管理，加快设备更新步伐，尤其是要加强压力容器与压力管道的监测和管理，杜绝泄漏的产生。对在用的关键压力容器，应增加检查、监测频率，减少设备缺陷所造成的安全隐患。

④ 进一步研究国内有关氯碱企业关于 NCl_3 的防治技术，减少原料盐和水源中的铵离子形成 NCl_3 后在液氯生产过程中富集的风险。

⑤ 尽量采用新型制冷剂取代液氯生产传统工艺，提高液氯生产的本质安全水平。

⑥ 从技术上进行探索，尽快形成一个安全、成熟、可靠的预防和处理 NCl_3 的应急预案，并在氯碱行业推广。

⑦ 加强对 NCl_3 的深入研究，完全弄清其物化性质和爆炸机理，使整个氯碱

行业对 NCl_3 有更充分的认识。

⑧ 加快城市主城区化工生产企业，特别是重大危险源和污染源企业的搬迁步伐，减少化工安全事故对社会的危害及其负面影响。

15.3 京沪高速公路淮安段液氯槽罐车泄漏事故

2005 年 3 月 29 日下午 6 时 50 分，在京沪高速公路淮安段，一辆载有液氯的槽罐车与一辆货车相撞，导致液氯大面积泄漏，公路附近 3 个村镇的居民因此遭遇重大伤亡，死亡 28 人，350 人入院治疗，上万人疏散。

（1）事故经过　2005 年 3 月 29 日下午 6 时 50 分，京沪高速公路淮安段上行线 103km＋300m 处发生一起交通事故，一辆载有约 35t 液氯的山东槽罐车与一辆山东货车相撞，导致槽罐车液氯大面积泄漏。两车相撞后，由于肇事的槽罐车驾驶员逃逸，货车驾驶员死亡，延误了最佳抢险救援时机，造成公路附近村民重大伤亡。中毒死亡 28 人，送医院治疗 350 人，组织疏散村民群众上万人，造成京沪高速公路宿迁至宝应段（约 110km）关闭近 20h。

由于槽罐车阀门内的一个木塞脱落，导致第二次液氯泄漏，造成现场部分工作人员受伤。据了解，液氯泄漏事故肇事逃逸司机康某某、王某二人，3 月 30 日下午被淮安警方刑事拘留。事故发生后，在有关部门协调下，上海化学研究所派出专家赶赴淮安，协同抢险。

由于肇事司机逃逸，泄漏化学品不明，现场专家经反复确认，才证实现场毒气为泄漏的液氯挥发所致。淮安市紧急调动近 400 名部队、武警、公安战士参加抢险救援，迅速堵漏，控制毒气源，救治中毒人员。由于槽罐的进气口与出气口阀门均被震飞，消防员冒着危险靠近槽罐，用木塞堵住漏气口，并随后用铁丝固定木塞。

在抢险过程中，抢险人员多次遇险，有十多位消防官兵中毒入院治疗。3 月 30 日早晨，事故现场东北侧的田野间突然升起一股薄雾，氯气突然再次扩散，现场工作人员立即要求在场所有人员向远离事故现场的东南侧撤退。短短半个小时内，抢险人员不得不 3 次外撤。当天下午 3 时左右，翻落的液氯槽罐已安全起吊移至水池，进行液碱稀释中和，消除了危险源。3 时 30 分，现场清理工作完毕，封闭了近 20h 的京沪高速公路恢复正常通车。

此次受灾地区涉及淮阴区、涟水县 3 个乡镇的 11 个村庄，受灾农作物面积 20620 亩，畜禽死亡 15000 头（只）。受灾最严重的是淮安市淮阴区王兴镇的高荡、长兴两个村，离京沪高速公路仅数百米远。为全力抢救中毒群众，江苏省紧急从南京抽调 30 名专家，分成 5 个小组奔赴各个医院指导抢救，并调集 8 套呼吸机、4 套监护仪，每位重症患者都有专门的治疗小组，实行 24h 监护治疗。

（2）事故原因分析　肇事司机逃逸是酿成这起重大事故的主要原因，也给事故应急救援带来了困难。3 月 30 日下午，逃逸司机康某某、王某二人在南京向警方自首，随即被淮安警方刑事拘留。据他们二人交代，他们是山东济宁科迪化学危险品货运中心的司机。3 月 29 日晚，二人驾驶“红岩”牌罐装车，由山东济宁前往南京金陵石化公司。事故发生时由康某某驾车。事故发生是由于其所驾车左前胎爆裂，撞上护栏后侧翻至高速公路另一侧，与迎面驶来的运输空液化气气瓶的山东货车相撞，造成液氯泄漏。

事故发生后，康某某向高速公路交管部门打电话报告，但并没有说明是什么危险化学品。随后，他与副驾驶王某（押运员）在安全地带停滞至当晚 10 时左右，才绕道乘出租车逃至南京，与他们所在公司南京办事处人员取得联系。后经人劝说，于 30 日下午 5 时向南京警方投案自首，淮安警方当晚将二人带回淮安。

事故处理人员在现场发现，这辆肇事车标示吨位为 15t，但据康某某交代，实际装载 29.44t，属严重超载。调查人员发现，如此超载的危险品运输车居然从山东出发却一路畅通，直至发生事故。交警部门表示，造成车轮爆胎的直接原因可能就是超载。

据事后警方发布的信息，康某某驾驶的肇事车辆标示吨位为 15t，但实际装载 29.44t，超载近 100%。从其始发地山东济宁到江苏淮安事发地点，沿途至少有 3 个收费站，其中在京沪高速公路苏鲁交界处有一个计重收费站。按肇事司机事后的供述，数百公里的路途中，他们没有受到任何盘问检查就进入江苏境内。事故发生后，康某某曾向高速公路交管部门打电话，但没有提到车内装有危险化学品。事故处理人员认为：司机没有及时报告险情，又没有参与抢救，导致最佳的抢险和营救时机错失，对此应负有责任。

（3）事故教训与防范措施　运输危险货物必须保证安全，禁止超载、超速，遵守安全管理规定。

① 运输危险货物作业人员必须具有“道路危险货物运输操作证”，车辆应具有加盖危险货物运输专用章的“道路运输证”或“道路危险货物临时运输证”。运输特殊危险货物时，还应具有公安部门核发的有关证件。

② 运输危险货物时，必须严格遵守交通、消防、治安等法规。车辆运行应控制车速，确保行车安全。

③ 装载危险货物的车辆不得进入或停放在居民聚居点、行人稠密地段、政府机关、名胜古迹、风景旅游区，如必须在这些地区经过、临时停车或装卸，应采取安全措施并征得当地公安部门批准。

④ 运输危险货物必须配备随车人员。运输爆炸品和需要特殊防护的烈性危险货物，托运人须派熟悉货物性质的人员指导操作、交接和随车押运。运输危险货物的车辆内严禁吸烟。

⑤ 危险货物运输应优先安排，到达港口、车站时应迅速疏运。

⑥ 凡装运危险货物的车辆，必须按《道路运输危险货物车辆标志》（GB 13392—2005）悬挂规定的标志和标志灯。

⑦ 在危险货物运输中车辆发生故障，应选择安全地点进行修理。需进入修理厂时，不准载货进入厂内。运输途中发生货物丢失或泄漏等情况时，应及时报告有关部门并进行应急处理。

⑧ 在高速公路上进行危险品运输时，《中华人民共和国道路交通管理条例》和《高速公路交通管理办法》都明确规定：危险品车辆上路行驶，必须经公安机关交通管理部门批准后，按指定的路线、时间、车道、速度行驶，必须悬挂明显标志。有的省市高速公路交通管理部门对高速公路品运输有着严格的通行证审批发放制度，对于无高速公路"三色"通行证的危险品运输车辆，一律禁止进入高速公路。

此外，在运输危险货物的过程中，如果发生燃烧、爆炸、污染、中毒等事故，驾乘人员必须根据承运危险货物的性质，按规定要求采取相应的救急措施，防止事态扩大，保护现场并及时向当地道路运政管理部门和有关部门报告，共同采取措施，消除危险。逃避责任是不可取的，其结果必然会造成事态的扩大，也会加重处罚。

我国目前已经研制出利用GPS系统监管危险品运输车辆的技术。这项技术的核心就是利用GPS对运输危险化学品的车辆进行全程监控。一旦遇到险情或发生事故，监控终端能够在最短时间内获取信息，通知有关部门启动应急机制，有效控制事故的发生和发展。运输危险化学品车辆应配置此系统，这对于防范事故的发生和事故发生后的应急救援有重要作用。

第16章

氯安全管理相关支持性文件

16.1 通用性法律、法规、规章及规范性文件

(1)《中华人民共和国安全生产法》

(2)《中华人民共和国劳动法》

(3)《中华人民共和国职业病防治法》

(4)《中华人民共和国消防法》

(5)《中华人民共和国特种设备安全法》

(6)《监控化学品管理条例》

(7)《危险化学品安全管理条例》

(8)《使用有毒物品作业场所劳动保护条例》

(9)《工伤保险条例》

(10)《安全生产许可证条例》

(11)《劳动保障监察条例》

(12)《易制毒化学品管理条例》

(13)《特种设备安全监察条例》

(14)《中共中央国务院关于推进安全生产领域改革发展的意见》

(15)《关于全面加强危险化学品安全生产工作的意见》

(16)《工作场所职业卫生监督管理规定》

(17)《生产经营单位安全培训规定》

(18)《安全生产事故隐患排查治理暂行规定》

(19)《生产安全事故应急预案管理办法》

(20)《特种作业人员安全技术培训考核管理规定》

(21)《危险化学品重大危险源监督管理暂行规定》

(22)《危险化学品生产企业安全生产许可证实施办法》

(23)《危险化学品建设项目安全监督管理办法》

(24)《关于修改和废止部分规章及规范性文件的决定》

(25)《起重机械安全监察规定》

(26)《特种设备作业人员监督管理办法》

(27)《特种设备生产单位许可目录》

(28)《气瓶安全监察规定》

(29)《建设工程消防监督管理规定》

(30)《仓库防火安全管理规则》

(31)《建设项目职业病危害分类管理办法》

(32)《道路危险货物运输管理规定》

(33)《危险化学品建设项目安全设施目录(试行)》

(34)《国家安监总局 工业和信息化部 公安部 交通运输部 国家质检总局关于在用液体危险货物罐车加装紧急切断装置有关事项的通知》

(35)《危险化学品目录》

(36)《危险化学品目录(2015版)实施指南(试行)》

(37)《高毒物品目录》

(38)《易制爆危险化学品名录》

(39)《职业病分类和目录》

(40)《国家安监总局关于公布首批重点监管的危险化工工艺目录的通知》

(41)《国家安监总局关于公布首批重点监管的危险化学品目录的通知》

(42)《首批重点监管的危险化学品安全措施和应急处置原则》

(43)《关于公布第二批重点监管危险化工工艺目录和调整首批重点监管危险化工工艺中部分典型工艺的通知》

(44)《关于公布第二批重点监管危险化学品目录的通知》

(45)《爆炸危险场所安全规定》

(46)《企业安全生产费用提取和使用管理办法》

(47)《关于加强化工过程安全管理的指导意见》

(48)《危险化学品生产、贮存装置个人可接受风险标准和社会可接受风险标准(试行)》

(49)《关于进一步严格危险化学品和化工企业安全生产监督管理的通知》

(50)《关于进一步加强化学品罐区安全管理的通知》

(51)《关于企业非药品类易制毒化学品规范化管理指南的通知》

(52)《关于加强化工企业泄漏管理的指导意见》

(53)《关于加强化工安全仪表系统管理的指导意见》

(54)《国家安监总局办公厅关于开展化工和危险化学品及医药企业特殊作业安全专项治理的通知》

(55)《国家安监总局关于印发淘汰落后安全技术装备目录（2015 年第一批）的通知》

(56)《化工（危险化学品）企业安全检查重点指导目录》

(57)《危险化学品企业安全风险隐患排查治理导则》

(58)《化工（危险化学品）企业保障生产安全十条规定》

(59)《化工和危险化学品生产经营单位重大生产安全事故隐患判定标准（试行）》

(60)《危险化学品生产贮存企业安全风险评估诊断分级指南（试行）》

(61)《应急管理部关于全面实施危险化学品企业安全风险研判与承诺公告制度的通知》

(62)《国家安监总局、住房城乡建设部关于进一步加强危险化学品建设项目安全设计管理的通知》

(63)《作业场所安全使用化学品公约》

(64)《作业场所安全使用化学品建议书》

(65)《剧毒化学品目录（2015 版）》

(66)《剧毒化学品购买和公路运输许可证件管理办法》

16.2　通用性国家标准和行业标准

(1)《建筑设计防火规范》GB 50016—2014（2018 版）

(2)《石油化工企业设计防火标准》GB 50160—2008（2018 版）

(3)《化工企业总图运输设计规范》GB 50489—2009

(4)《工业企业总平面设计规范》GB 50187—2012

(5)《生产设备安全卫生设计总则》GB 5083—1999

(6)《生产过程安全卫生要求总则》GB/T 12801—2008

(7)《化工企业安全卫生设计规范》HG 20571—2014

(8)《工业企业厂内铁路、道路运输安全规程》GB 4387—2008

(9)《工业建筑防腐蚀设计标准》GB/T 50046—2018

(10)《建筑灭火器配置设计规范》GB 50140—2005

(11)《建筑物防雷设计规范》GB 50057—2010

(12)《防止静电事故通用导则》GB 12158—2006

(13)《化工企业静电接地设计规程》HG/T 20675—1990

(14)《用电安全导则》GB/T 13869—2017

(15)《爆炸危险环境电力装置设计规范》GB 50058—2014
(16)《工业企业设计卫生标准》GBZ 1—2010
(17)《石油化工可燃气体和有毒气体检测报警设计标准》GB/T 50493—2019
(18)《火灾自动报警系统设计规范》GB 50116—2013
(19)《工业企业厂界环境噪声排放标准》GB 12348—2008
(20)《20kV 及以下变电所设计规范》GB 50053—2013
(21)《低压配电设计规范》GB 50054—2011
(22)《电气装置安装工程爆炸和火灾危险环境电气装置施工及验收规范》GB 50257—2014
(23)《电气装置安装工程接地装置施工及验收规范》GB 50169—2016
(24)《危险场所电气防爆安全规范》AQ 3009—2007
(25)《过程工业领域安全仪表系统的功能安全》GB/T 21109—2007
(26)《石油化工安全仪表系统设计规范》GB/T 50770—2013
(27)《自动化仪表选型设计规定》HG/T 20507—2014
(28)《自动化仪表工程施工及质量验收规范》GB 50093—2013
(29)《控制室设计规范》HG/T 20508—2014
(30)《工业金属管道设计规范》GB 50316—2000(2008 版)
(31)《化学品分类和危险性公示通则》GB 13690—2009
(32)《危险货物品名表》GB 12268—2012
(33)《危险化学品重大危险源辨识》GB 18218—2018
(34)《常用化学危险品贮存通则》GB 15603—1995
(35)《易燃易爆性商品储存养护技术条件》GB 17914—2013
(36)《腐蚀性商品储存养护技术条件》GB 17915—2013
(37)《毒害性商品储存养护技术条件》GB 17916—2013
(38)《危险货物包装标志》GB 190—2009
(39)《危险货物运输包装通用技术条件》GB 12463—2009
(40)《化学品安全标签编写规定》GB 15258—2009
(41)《化学品安全技术说明书 内容和项目顺序》GB/T 16483—2008
(42)《职业性接触毒物危害程度分级》GBZ 230—2010
(43)《高毒物品作业岗位职业病危害告知规范》GBZ/T 203—2007
(44)《工作场所有害因素职业接触限值 第 1 部分:化学有害因素》GBZ 2.1—2019
(45)《工作场所有害因素职业接触限值 第 2 部分:物理因素》GBZ 2.2—2007
(46)《个体防护装备选用规范》GB/T 11651—2008

(47)《化学品分类和标签规范 第 18 部分：急性毒性》GB 30000.18—2013
(48)《工业管道的基本识别色、识别符号和安全标识》GB 7231—2003
(49)《安全色》GB 2893—2008
(50)《安全标志及其使用导则》GB 2894—2008
(51)《压力容器》GB/T 150.1～4—2011
(52)《压力管道规范工业管道 第 1 部分：总则》GB/T 20801.1—2020
(53)《压力管道规范工业管道 第 2 部分：材料》GB/T 20801.2—2006
(54)《压力管道规范工业管道 第 3 部分：设计和计算》GB/T 20801.3—2006
(55)《压力管道规范工业管道 第 4 部分：制作与安装》GB/T 20801.4—2006
(56)《压力管道规范工业管道 第 5 部分：检验与试验》GB/T 20801.5—2006
(57)《压力管道规范工业管道 第 6 部分：安全防护》GB/T 20801.6—2006
(58)《压力管道安全技术监察规程——工业管道》TSG D0001—2009
(59)《压力管道定期检验规则——工业管道》TSG D7005—2018
(60)《特种设备生产和充装单位许可规则》TSG 07—2019
(61)《固定式压力容器安全技术监察规程》TSG 21—2016
(62)《安全阀安全技术监察规程》TSG ZF001—2006/XG1—2009
(63)《特种设备生产和充装单位许可规则》TSG 07—2019
(64)《气瓶安全技术监察规程》TSG R0006—2014
(65)《压力容器中化学介质毒性危害和爆炸危险程度分类标准》HG/T 20660—2017
(66)《特种设备作业人员考核规则》TSG Z6001—2019
(67)《气瓶附件安全技术监察规程》TSG RF001—2009
(68)《移动式压力容器安全技术监察规程》TSG R0005—2011/XG1—2014/XG2—2017
(69)《特种设备使用管理规则》TSG 08—2017
(70)《化学品生产单位特殊作业安全规范》GB 30871—2014
(71)《危险化学品单位应急救援物资配备要求》GB 30077—2013
(72)《生产经营单位生产安全事故应急预案编制导则》GB/T 29639—2013
(73)《生产经营单位生产安全事故应急预案评估指南》AQ/T 9011—2019
(74)《生产安全事故应急演练基本规范》AQ/T 9007—2019
(75)《火灾自动报警系统施工及验收标准》GB 50166—2019
(76)《消防给水及消火栓系统技术规范》GB 50974—2014

(77)《气体防护站设计规范》SY/T 6772—2009
(78)《化工企业劳动防护用品选用及配备》AQ/T 3048—2013
(79)《氢气使用安全技术规程》GB 4962—2008
(80)《氢气站设计规范》GB 50177—2005
(81)《气瓶充装站安全技术条件》GB 27550—2011
(82)《气瓶警示标签》GB 16804—2011
(83)《气瓶颜色标志》GB/T 7144—2016
(84)《碱类物质泄漏的处理处置方法 第1部分氢氧化钠》HG/T 4334.1—2012
(85)《酸类物质泄漏的处理处置方法 第1部分盐酸》HG/T 4335.1—2012
(86)《酸类物质泄漏的处理处置方法 第2部分硫酸》HG/T 4335.2—2012
(87)《剧毒化学品、放射源存放场所治安防范要求》GA 1002—2012
(88)《危险化学品从业单位安全标准化通用规范》AQ 3013—2008
(89)《危险化学品生产装置和储存设施外部安全防护距离确定方法》(GB/T 37243—2019)
(90)《化工建设项目安全设计管理导则》AQ/T 3033—2010
(91)《化工企业工艺安全管理实施导则》AQ/T 3034—2010
(92)《危险化学品重大危险源安全监控通用技术规范》AQ 3035—2010
(93)《危险化学品重大危险源罐区现场安全监控装备设置规范》AQ 3036—2010
(94)《危险化学品应急救援管理人员培训及考核要求》AQ/T 3043—2013
(95)《化学品作业场所安全警示标志规范》AQ 3047—2013
(96)《呼吸防护自吸过滤式防毒面具》GB 2890—2009
(97)《液体装卸臂工程技术要求》HG/T 21608—2012
(98)《气瓶阀通用技术要求》GB 15382—2009

16.3 专用性氯安全管理各类标准及规范性文件

(1)《氯气安全规程》GB 11984—2008
(2)《工业用液氯》GB 5138—2006
(3)《基础化学原料制造业卫生防护距离 第1部分：烧碱制造业》GB 18071.1—2012
(4)《废氯气处理处置规范》GB/T 31856—2015
(5)《液氯使用安全技术要求》AQ 3014—2008
(6)《氯气捕消器技术要求》AQ 3015—2008

(7)《液氯钢瓶充装自动化控制系统技术要求》AQ 3051—2015

(8)《氯碱生产企业安全标准化实施指南》AQ/T 3016—2008

(9)《液氯生产安全技术规范》HG/T 30025—2018

(10)《液氯泄漏的处理处置方法》HG/T 4684—2014

(11)《氯气职业危害防护导则》GBZ/T 275—2016

(12)《职业性急性氯气中毒诊断标准》GBZ 65—2002

(13)《氯气检测报警仪校准规范》JJF 1433—2013

(14)《烧碱装置安全设计标准》T/HGJ 10600—2019

(15)《液氯汽车槽车事故应急救援预案指南》YZ 0206—2009

(16)《氯碱生产安全标准化指导手册》

(17)《关于氯气安全设施和应急技术的补充指导意见》

(18)《氯碱行业安全生产先进适用技术、工艺、装备和材料推广目录(第一批)》

(19)《液氯使用安全技术规范》(DB32/T 3617—2019)

(20)《液氯汽车罐车、罐式集装箱卸载安全技术要求》(DB32/T 3255—2017)

(21)《液氯汽车罐车、罐式集装箱装卸场地(厂房)安全设计技术规范》(DB32/T 3381—2018)

(22)《氯气泄漏事故应急预案编制导则》T/JSLJ 001—2018

(23)《液氯(氯气)长输管道安全技术要求》T/JSLJ 003—2018

(24)《氯碱安全生产技术规范》DB37/T 1933—2011

(25)《关于在我省大中型城市、人口密集区不推荐使用次氯酸钠发生器用于自来水消毒的指导意见》

(26)《氯碱行业企业安全生产风险分级管控体系实施指南》(DB37/T 3351—2018)

(27)《氯碱行业企业安全生产隐患排查治理体系实施指南》(DB37/T 3261—2018)

(28)《山东省液氯储存装置及其配套设施安全改造和液氯泄漏应急处置指南(试行)》

附件一

关于氯气安全设施和应急技术的指导意见

GB 11984—2008《氯气安全规程》和 AQ 3014—2008《液氯使用安全技术要求》施行以来，对氯气生产和使用等涉氯企业安全生产起到了一定的规范作用。同时，一些企业学习、借鉴国内外先进技术，在氯气安全设施和应急技术方面进一步改进，对贯彻上述标准又有了新的要求。

设计单位、安全评价机构、安全生产监督管理部门及相关企业，在具备条件时应当予以考虑和采用先进技术，提高涉氯企业安全生产的能力，提高事故预防能力和氯气泄漏突发事件的应对能力。但是，上述两项标准施行以来，有些设计单位、安全评价机构及监管部门仅局限于符合标准、满足基本的要求，对于氯碱行业安全技术的发展关注不够；对于上述标准的基本要求以及标准条款未明确的事项，认识不足；尤其是低标准、低要求的一些做法，对贯彻落实国务院安委会办公室安委办〔2008〕26 号《关于进一步加强危险化学品安全生产工作的指导意见》，提高化工生产装置和危险化学品贮存设施本质安全水平，对涉氯产品高危工艺生产装置进行自动化改造和技术改造工作将会产生不良影响。

中国氯碱工业协会安全专业委员会针对国内涉氯企业现状，为正确理解和执行 GB 11984—2008《氯气安全规程》和 AQ 3014—2008《液氯使用安全技术要求》，对以下有关问题提出指导意见。

一、液氯贮槽安全技术要求

1. 液氯贮槽厂房

液氯贮槽厂房推荐采用密闭结构，建构筑物设计或改造应防腐蚀；有条件时把厂房密闭结构扩大至液氯接卸作业区域；厂房密闭化同时配备事故氯处理装置，在密闭结构厂房内不仅配置固定式吸风口且配备可移动式非金属软管吸风罩，软管半径覆盖密闭结构厂房内的设备和管道范围；密闭结构厂房内事故氯应输送至吸收装置。

不推荐使用氨冷冻盐水液化装置，尤其是盐水压力高于氯气压力的液化装置。

2.液氯贮槽应急备用槽

根据液氯贮槽体积大小，至少配备一台体积最大的液氯贮槽作为事故液氯应急备用受槽，应急备用受槽在正常情况下保持空槽，管路与各贮槽相连接能予以切换操作，并应具备使用远程操作控制切换的条件。液氯贮槽进水管阀门应采用双阀。

3.液氯贮槽液面计

液氯贮槽液面计应采用两种不同方式，采用现场显示和远传液位显示仪表各一套，远传仪表推荐罐外测量的外测式液位计；现场显示液氯液位应标识明显的低液位、正常液位和超高液位色带（黄、绿、红），远传仪表应有液位数字显示和超高液位声光报警；液氯充装系数为≤1.20kg/L，并以此标定最高液位限制和报警。

4.事故液氯捕集

在液氯贮槽周围地面，设置地沟和事故池，地沟与事故池贯通并加盖栅板，事故池容积应足够；液氯贮槽泄漏时禁止直接向罐体喷淋水，可以在厂房、罐区围堰外围设置雾状水喷淋装置，喷淋水中可以适当加烧碱溶液，最大限度洗消氯气对空气的污染。

5.液氯贮槽一级释放源泄漏报警

厂房、围堰内液氯贮槽一级释放源范围，应设置氯气泄漏检测报警仪，设计时应考虑主导风向、人员密集区和重要通道的影响，并能满足风向变化时的报警要求，泄漏检测报警仪现场布置应充分。

二、液氯气瓶充装和使用安全技术要求

1.淘汰釜式气化器液氯气瓶充装设备，采用机械泵充装工艺；推荐机械泵变频技术，变频设计设置超压起跳联锁系统，防止小流量引起管路超压而造成事故。

2.推荐使用液氯气瓶充装自动控制、电子衡称重计量和超装报警系统，超装信号与自动充装紧急切断阀联锁，并设置手动阀。

3.液氯气瓶使用，推荐电子衡称重计量和余氯报警系统，余氯报警信号与紧急切断阀联锁，并设置手动阀。

4.液氯气瓶充装厂房、液氯重瓶库推荐采用密闭结构，多点配备可移动式非金属软管吸风罩，软管半径覆盖密闭结构厂房、库房内的设备、管道和液氯重瓶

堆放范围；一旦氯气泄漏，采用移动吸风罩捕集，事故氯输送至吸收装置。

5.液氯气瓶泄漏时禁止直接向气瓶喷淋水，应将泄漏点朝上（气相泄漏位置），宜采用专用工具堵漏，并将液氯瓶阀液相管抽液氯或紧急使用。

6.液氯气瓶泄漏，无法堵漏时可采用专用真空房紧急处置，将泄漏的气瓶处于密闭真空房，启动真空房事故氯吸收装置。

三、液氯气化安全技术要求

1.禁止液氯＞1000kg的容器直接液氯气化，禁止液氯贮槽、罐车或半挂车槽罐直接作为液氯气化器使用。

2.不推荐液氯气瓶直接气化工艺，如采用液氯气瓶直接气化，使用不当的负压瓶和连续过度使用的空瓶不得立即充装液氯，用户应作出标记，液氯充装单位应进行充装前检验或洗瓶。

3.推荐使用盘管式或套管式气化器的液氯全气化工艺，液氯气化温度不得低于71℃，建议热水控制温度75～85℃。采用特种气化器（蒸汽加热），温度不得大于121℃，气化压力与进料调节阀联锁控制，气化温度与蒸汽调节阀联锁控制。

4.原则上氯气缓冲罐容积不得小于用氯的第一级设备容积，缓冲罐底设有排污口，应定期排污，排污口接至碱液吸收池；缓冲罐应布置在用氯的第一级设备临近处或高于用氯设备；布置在气化站的缓冲罐或低于用氯设备，应防止管道积液产生虹吸倒灌。

5.进反应釜的氯气管道（液下氯分布器），应设置氯气止回阀或增加高度（提高倒流时液柱高度），建议采用气化氯负压信号与反应釜氯气切断阀连锁控制，防止物料倒灌。

6.所有管道不得在积聚液氯时密闭，应确认无液氯后方可关闭管道阀门；管道、法兰、阀门材质应满足常温下液氯气化产生的低温状态和强度。

7.普通温度下的干氯（气体或液体）能与铝、砷、金、汞、硒、碲和锡发生反应，干氯与钛发生剧烈反应，干燥氯系统禁止使用钛材，碳钢在干氯工艺过程中使用时，必须保持在限定的温度范围，当工艺过程的温度超过149℃，应采用比碳钢更耐氯气高温腐蚀的材料，温度超过200℃，氯迅速腐蚀碳钢，当温度高于251℃时会在氯中着火，不得使用橡胶垫片作为管法兰、设备法兰和结构件密封。

8.水合氯（$Cl_2 \cdot 8H_2O$）在常压下温度低于9.6℃时会结晶，压力增大结晶温度也提高，应防止水合氯积聚堵塞。

四、事故氯吸收安全技术要求

1.氯碱企业生产系统必须设置事故氯吸收（塔）装置，具备独立电源和24

小时能连续运行的能力，并与电解故障停车、动力电失电连锁控制；至少满足紧急情况下生产系统事故氯吸收处理能力，吸收液循环槽具备切换、备用和配液的条件，保证热备状态或有效运行。

2. 液氯作业场所或密闭厂房可以将意外发生泄漏的氯气捕集输送至事故氯吸收（塔）装置处理，也可以独立设置与事故应急相应的事故氯吸收装置。

3. 液氯使用企业可根据用氯规模，生产系统、液氯贮存厂房、液氯气瓶使用场所，设置相应的事故氯吸收装置。

4. 处理液氯气瓶泄漏推荐使用专用真空房，可以设置相应的文丘里吸收装置，循环吸收液可以采用15%烧碱水溶液或石灰水乳液，并确保有效吸收。

5. 移动软管吸风罩捕集的事故氯，也应输送至吸收塔装置或现场的文丘里吸收装置。

6. 大型吸收塔无害化气体放空管高度不得小于25m，并应高于现场建构筑物或设备高度2m以上，不得无序排放。

7. 不推荐使用碱池中和法。碱池中和法适用于不具备上述条件时的紧急处置。但是，1000kg 液氯气瓶碱池处理，水体容积必须达到 $25m^3$，100%液碱1200kg，且控制气瓶泄漏点要浸没在水体中，吸收水温控制＜45℃，pH 控制＞7。采取防止液氯气瓶泄漏点反喷朝上的固定措施。

8. 道路车辆运输液氯，必须配备随车专用堵漏器材，气瓶、罐车泄漏时，应采用专用堵漏器材堵漏；紧急情况下可采用雾状水（或含碱）喷淋泄漏源下风侧，洗消空气中的氯气，降低扩散程度，禁止直接向泄漏源喷水。

9. 罐车运输液氯，建议槽罐采用内置式紧急切断阀，防止安全阀、阀门、接管遭严重损坏时大量氯气（液氯）的泄漏。

五、液氯重大危险源安全管理要求

1. 依据 GB 18218—2009《危险化学品重大危险源辨识》对液氯生产、贮存场所进行辨识，并根据有关规定向当地的安全生产监督管理部门申报备案。

2. 液氯重大危险源现场安全设施和安全条件及应急预案，应按国家相关规定进行，其安全检查表见附件1和附件2。

3. 液氯重大危险源的作业场所，必须按规定向作业人员发放氯气安全技术说明书（SDS），安全技术说明书的编写应符合 GB T16483 2008《化学品安全技术说明书 内容和项目顺序》；现场设置危险告知牌，向周边企业、社区发布安全信息。

4. 直接从事特种作业的从业人员应根据国家安全生产监督管理总局令第30号《特种作业人员安全技术培训考核管理规定》，必须接受专业培训，并取得专业培训合格和上岗证，方可上岗作业。

5.液氯重大危险源企业必须建立气防站和救护站，建立应急救援专业队伍，按规定配置应急救援器材、氯气防护器材和人员中毒现场救治药品。

6.在厂房或高处设置风向袋或风向标，在厂区常年主导风向的两侧设立安全区域用于人员疏散或集结，应急疏散路线和安全集结区域应有明显的标志。

7.液氯重大危险源单位，应根据中华人民共和国主席令第六十九号《中华人民共和国突发事件应对法》(自 2007 年 11 月 1 日起施行)，第二十二条 所有单位应当建立健全安全管理制度，定期检查本单位各项安全防范措施的落实情况，及时消除事故隐患；掌握并及时处理本单位存在的可能引发社会安全事件的问题，防止矛盾激化和事态扩大；对本单位可能发生的突发事件和采取安全防范措施的情况，应当按照规定及时向所在地人民政府或者人民政府有关部门报告。

贯彻国办发〔2007〕13 号《国务院办公厅转发安全监管总局等部门关于加强企业应急管理工作意见的通知》、国办发〔2007〕52 号《国务院办公厅关于加强基层应急管理工作的意见》和 AQ/T 9002—2006《生产经营单位安全生产事故应急预案编制导则》，积极做好单位应急管理工作。

六、三氯化氮安全技术要求

涉氯企业应严格执行《氯中三氯化氮安全规程》，建立三氯化氮安全监控手段，确保安全生产，一旦发生事故或事故隐患必须根据《规程》中“危情现场的处置”的方法去排险，切不可盲目行事，酿成大祸。

七、氯——国际化学品安全卡和应急指南

1.国际化学品安全卡(附表 1)

附表 1 国际化学品安全卡

氯
ICSC 编号：0126

CAS 登记号：7782-50-5
中文名称：氯（钢瓶）氯气
英文名称：CHLORINE（cylinder）
RTECS 号：FO2100000
UN 编号：1017
EC 编号：017-001-00-7
中国危险货物编号：1017
分子量：70.9
化学式：Cl_2

危害/接触类型	急性危害/症状	预防	急救/消防
火灾	不可燃，但可助长其他物质燃烧。许多反应可能引起火灾或爆炸。	禁止与可燃物质、乙炔、乙烯、氢、氨和金属粉末接触。	周围环境着火时，允许使用各种灭火剂。

续表

爆炸	与可燃物质、氨和金属粉末接触时，有着火和爆炸危险。		着火时，喷雾状水保持钢瓶冷却，但切勿与水直接接触。
接触		避免一切接触。	一切情况下均向医生咨询！
#吸入	腐蚀作用，灼烧感，气促，咳嗽，头痛，恶心，头晕，呼吸困难，咽喉痛。症状可能推迟显现（见注解）。	呼吸保护，密闭系统，通风。	新鲜空气，休息，半直立体位，必要时进行人工呼吸，给予医疗护理。
#皮肤	与液体接触：冻伤，腐蚀作用，皮肤烧伤，疼痛。	保温手套，防护服。	先用大量水冲洗，然后脱去污染的衣服并再次冲洗，给予医疗护理。
#眼睛	腐蚀作用，疼痛，视力模糊，严重深度烧伤。	护目镜或眼睛防护结合呼吸防护。	先用大量水冲洗几分钟（如可能易行，摘除隐形眼镜），然后就医。
#食入			
泄漏处理	撤离危险区域！向专家咨询！通风，切勿直接向液体上喷水，喷洒雾状水驱除气体。不要让化学品进入环境。个人防护用具：全套防护服包括自给式呼吸器。		
包装与标志	特殊绝缘钢瓶。污染海洋物质。 欧盟危险性类别：T 符号 N 符号 R：23-36/37/38-50　S：1/2-9-45-61 联合国危险性类别：2.3　联合国次要危险性类别：8 中国危险性类别：第 2.3 项毒性气体　中国次要危险性类别：8		
应急响应	运输应急卡：TLC（R）-20S1017 美国消防协会法规：H4（健康危险性），F0（火灾危险性），R0（反应危险性），OX（氧化剂）。		
储存	与强碱、可燃物质和还原性物质分开存放。阴凉场所。干燥。保存在通风良好的室内。		
重要数据	物理状态、外观：浅绿黄色气体，有刺激味。 物理危险性：气体比空气重。 化学危险性：水溶液是一种强酸，与碱激烈反应，有腐蚀性。与许多有机化合物、氨、氢和金属粉末激烈反应，有着火和爆炸的危险。有水分存在时，浸蚀许多金属。浸蚀塑料、橡胶和涂料。 职业接触限值：阈限值：0.5mg/kg（时间加权平均值）；1mg/kg（短期接触限值）；A4（不能分类为人类致癌物）（美国政府工业卫生学专家会议，2004 年）。最高允许浓度 0.5mg/kg，1.5mg/m^2；最高限值种类：I（1）；妊娠风险等级：C（德国，2004 年）。 接触途径：该物质可能通过吸入吸收到体内。 吸入危险性：容器漏损时，迅速达到空气中该气体的有害浓度。 短期接触的影响：流泪。该物质腐蚀眼睛、皮肤和呼吸道。吸入气体可能引起肺炎和肺水肿，导致反应性呼吸道障碍综合征（RADS）（见注解）。液体迅速蒸发可能引起冻伤。远高于职业接触限值接触可能导致死亡。影响可能推迟显现，需要进行医疗观察。 长期反复接触的影响：该物质可能对肺有影响，导致慢性支气管炎。该物质可能对牙齿有影响，导致腐蚀。		

续表

物理性质	沸点：－34℃ 熔点：－101℃ 相对密度（水＝1）：在 20℃，6.86 大气压下：1.4（液体） 水中溶解度：20℃，0.7g/100mL 蒸气压：20℃时 673Pa 蒸气相对密度（空气＝1）：2.5
环境数据	该物质对水生生物有极高毒性。
注解	肺水肿症状常常经过几个小时以后才变得明显，体力劳动使症状加重。因而休息和医疗观察是必要的。应当考虑由医生或医生指定的人员立即采取适当喷药治疗法。超过接触限值时，气味报警不充分。不要在火焰或高温表面或焊接时使用。不要向泄漏钢瓶上喷水（防止钢瓶腐蚀），转动泄漏钢瓶使泄漏口朝上，防止气体逸出。
附加资料	编制/更新日期：2005 年 4 月

IPCS
Intematlonal
Plogramme on
Chemlcal Safety

2. ERG2000 应急救援指南

中国疾病预防控制中心组织有关专家翻译了《危险化学品事故应急救援指南》(ERG2000)。EMERGENCY RESPONSE GUIDEBOOK (2000)。

1）氯泄漏隔离和撤离距离

例如指南 124：有毒和/或腐蚀性氧化性气体，对液氯用户的指导意见是：立即将泄漏点周围至少隔离 100～200m，遇到大泄漏时，现场指挥人员和急救人员可决定加大距离，从 100m 到认为安全的距离。

2）氯（氯气）应急救援指南索引

（1）指南号：124

（2）ID 号：1017

3）氯（氯气）应急指南卡（附表 2）

附表 2　应急指南卡

指南 124

气体——有毒和/或腐蚀性气体（氧化性气体）

ERG2000

潜　在　危　害

火灾或爆炸

- 该类物质不燃烧，但可助燃。
- 液化气蒸气一般比空气重，沿地面扩散。
- 该类物质是强氧化剂，可以与许多物质（包括燃料）产生剧烈的或爆炸性反应。

续表

- 可点燃易燃性物质（木头、纸张、油类、布匹等）。
- 有些可以与空气，潮湿空气和/或水发生剧烈反应。
- 容器加热时会发生爆炸。
- 破损的钢瓶可引起崩裂爆破。

健康

- 有毒：吸入或经皮肤吸收可以致死。
- 燃烧可以产生刺激性、腐蚀性和/或有毒气体。
- 接触气体或液体可以引起灼伤、严重损害和/或冻伤。
- 灭火用水可以导致污染。

公 众 安 全

- 首先拨打运货单上的应急救援电话，如果无此电话或无回音，可以拨打运货单背面列出的电话。
- 立即将溢出或泄漏区周围至少隔离 100m。
- 撤离非指派人员。
- 停留在上风向。
- 许多蒸气比空气重，一般沿地面扩散，积聚在较低或局限的区域（如下水道、地下室或罐内）。
- 不得进入地势低洼的区域。
- 进入封闭的空间之前先进行通风。

防护

- 佩带自供正压式呼吸器（SCBA）。
- 穿戴厂商特别推荐的化学防护服，这些防护服不能或仅部分隔热。
- 消防防护服只适用于火灾区域，只能提供有限的防护作用，而在泄漏区无防护效果。

现场疏散

泄漏

- 可查找重点管理物质的首次隔离距离和防护距离表。可以增加重点管理物质的下风向的隔离距离，必要时参见“公众安全”条中列出的隔离办法。

火灾

- 如果储罐、火车或者货罐着火，应向四周隔离 800m。同时也可以一开始就考虑撤离 800m。

应 急 措 施

火灾

小火

- 只能用水，不能用干式化学灭火剂、二氧化碳或卤代烷类。
- 盛有本品的容器燃烧，任其自燃自灭；如果必须灭火，建议使水或喷水雾。
- 不要让水流入容器内。
- 在确保安全的前提下，可把盛有本品的容器运离燃烧现场。
- 破损的钢瓶只有在专家指导下才能进行处理。

现场有储罐火灾

- 灭火时要与火源保持尽可能大的距离或者用遥控的水炮。
- 使用大量流水冷却容器，直至火完全熄灭。
- 灭火用水不要直接喷向泄漏源或安全装置，因为这样可能导致结冰。
- 如果容器的安全阀发出响声或容器变色，要迅速撤离。
- 切记远离被大火吞没的容器。
- 对于燃烧特别剧烈的大火，使用遥控的水枪或水炮；如果没有这类设备，撤离燃烧现场，让其自行燃尽。

泄漏

- 即使没有着火，也要穿着全封闭式蒸气防护服来处理泄漏物。
- 不要接触或穿越泄漏物。
- 撤离泄漏现场所有可燃物（包括木头、纸张、油类等）。
- 在确保安全的前提下，终止泄漏。
- 用喷雾剂抑制水减少蒸气或改变蒸气云流向，防止用水直接冲击泄漏物。
- 不要用水直接喷射溢出物或泄漏源。
- 如有可能，翻转泄漏的容器排出气体，而保留液体。

续表

- 防止泄漏物进入水沟、下水道、地下室或其他闭塞区域。
- 隔离泄漏区，直至泄漏气散尽。
- 保持泄漏区域通风。

急救

- 将患者移到新鲜空气处。
- 呼叫120或者其他急救医疗服务中心。
- 如果患者停止呼吸应施行人工呼吸。
- 如果患者吸入或食入本类物质，请不要施行口对口人工呼吸；如果需要作人工呼吸，要戴单向阀袖珍式面罩或使用其他合适的医用呼吸器进行。
- 如果出现呼吸困难要进行吸氧。
- 脱去冻结在皮肤上的衣服前要进行化冻。
- 移去并隔离被污染的衣服和鞋子。
- 若皮肤或眼睛接触该物质，要立即用自来水至少冲洗20分钟。
- 保持患者温暖和安静。
- 密切观察患者病情。
- 接触或吸入本类物质可能发生迟发性反应。
- 确保医护人员熟知事故中涉及的有关物质，并采取自我防护措施。

4）首次隔离距离与防护距离

（1）是建议用于保护人们避免吸入危险货物泄漏所致有毒蒸气的危害（TIH）的距离。在有技术资质的应急救援人员到达事发地点之前，本表为紧急救援人员提供首次的指导。距离是指在物质泄漏后30分钟就有可能产生的影响的，并随其时间的增加而增加的区域。

（2）隔离区

是指发生事故时，人们接触毒物（上风向）和生命受到（在下风向）危险品威胁的区域。

（3）防护区

是指事故的下风向的人们变得没有能力且不能采取保护行动，并可引起严重或不可逆转的健康损害的区域（附表3）。本表为白天或黑夜发生的大、小泄漏提供特别的指导。

附表3 首次隔离距离与防护距离

ID号	英文名称	中文名称	小泄漏			大泄漏		
			首次隔离	下风向撤离范围/(km)		首次隔离	下风向撤离范围/(km)	
			(m)	白天	晚上	(m)	白天	晚上
1017	chlorine	氯、氯气	30	0.3	1.1	275	2.7	6.8

（4）首次隔离与防护距离表的使用说明

① 紧急救援人员应当做好下述准备：

- 确认物质；
- 确定应急行动；

· 注意风向。

② 判定事故泄漏的大小，发生在白天或晚上；

③ 确定首次隔离距离，指导所有人员的转移，在交叉风向处，远离泄漏点至说明的距离；见示意图如下（附图1）：

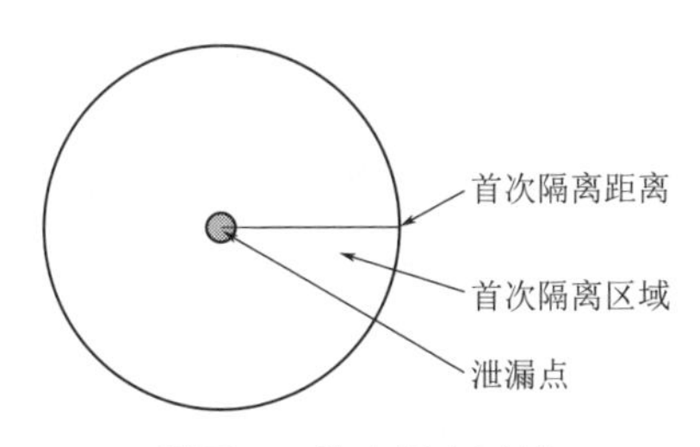

附图1 首次隔离区域

④ 确定首次防护距离以及所采取的防护措施；

⑤ 首次防护距离应尽量扩大，示意图如下（附图2）：

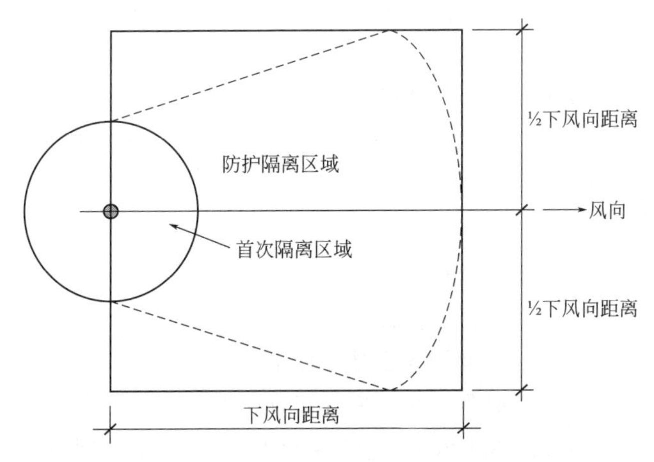

附图2 防护区域示意图

八、氯气中毒的现场处置和救治

依据GBZ 65—2002《职业性急性氯气中毒诊断标准》：

6.1 治疗原则

6.1.1 现场处理

立即脱离接触，保持安静及保暖。出现刺激反应者，严密观察至少12h，并予以对症处理。吸入量较多者应卧床休息，以免活动后病情加重，并应用喷雾剂、吸氧；必要时静脉注射糖皮质激素，有利于控制病情进展。

6.1.2 合理氧疗

可选择适当方法给氧，吸入氧浓度不应超过60%，使动脉血氧分压维持在

8～10kPa。如发生严重肺水肿或急性呼吸窘迫综合征，给予鼻面罩持续正压通气（CPAP）或气管切开呼气末正压通气（PEEP）疗法，呼气末压力宜在 0.5kPa（5cmH_2O）左右。

6.1.3 应用糖皮质激素

应早期、足量、短程使用，并预防发生副作用。

6.1.4 维持呼吸道通畅

可给予雾化吸入疗法、支气管解痉剂，去泡沫剂可用二甲基硅油（消泡净）；如有指征应及时施行气管切开术。

6.1.5 预防发生继发性感染。

6.1.6 维持血压稳定，合理掌握输液及应用利尿剂，纠正酸碱和电解质紊乱，良好的护理及营养支持等。

6.2 其他处理

6.2.1 治愈标准

由急性中毒所引起的症状、体征、胸部 X 线异常等基本恢复，患者健康状况达到中毒前水平。

6.2.2 中毒患者治愈后，可恢复原工作。

6.2.3 中毒后如常有哮喘样发作，应调离刺激性气体作业工作。

九、支持性文件

1. GB 5138—2006 工业用液氯

2. GB 11984—2008 氯气安全规程

3. AQ 3014—2008 液氯使用安全技术要求

4. AQ 3016—2008 氯碱生产企业安全标准化实施指南

5. 国质检特联〔2006〕341 号《关于开展承压槽车充装站专项整治活动的通知》

6. 国家安全监管总局办公厅安监总厅应急〔2009〕73 号《关于印发生产经营单位生产安全事故应急预案评审指南（试行）的通知》（2009 年 4 月 29 日）

7. 江苏省安全生产监督管理局，江苏省交通厅，江苏省公安厅苏安监［2008］165 号《关于印发〈江苏省移动危险源监督管理办法〉的通知》

* 本指导意见所指氯气系液氯或气态氯

附件 1.1：氯气安全规程符合性专项检查表

附件 1.2：液氯槽车充装安全检查表

中国氯碱工业协会安全专业委员会

2010 年 10 月 10 日

附件 1.1

附表 4 氯气安全规程符合性专项检查表（参考）

（本表依据《氯气安全规程》GB 11984—2008）编制）

检查时间： 检查人员： 检查组包括专业及车间：

内容	检查标准或规范要求	《氯气安全规程》的条款	负责部门	检查方式	检查评价	
					符合	不符合项记录
一、安全管理要求	设备、管道检修时应符合有关安全检修作业规程。	3.12 条款		现场检查		
	对于半敞开式氯气生产、使用、贮存等厂房结构，应充分利用自然通风换气；不能采用自然通风的场所，应采用机械通风，但不宜使用循环风。对于全封闭式氯气生产、使用、贮存等厂房结构，应配套吸风和事故氯气吸收处理装置。	3.9 条款		现场检查		
	生产、使用氯气的车间（作业场所）及贮氯场所应设置氯气泄漏检测报警仪，作业场所和贮氯场所空气中氯气含量最高允许浓度为 $1mg/m^3$	3.10 条款		现场检查		
	液氯用户应持公安部门的准购证或购买凭证，液氯生产厂方可为其供氯。生产厂应建立用户档案。	6.1.1 条款		现场检查		
	生产、使用、贮存、运输单位相关从业人员，应经专业培训、考试合格，取得合格证后，方可上岗操作。	3.6.1 条款		现场检查		
	押运员和驾驶员应熟悉氯气的物理、化学性质和安全防护措施，了解装卸的有关要求，具备处理故障和异常情况的能力。	6.2.1 条款		现场检查		
	用氯设备（容器、反应罐等）设计制造，应符合压力容器有关规定。 液氯管道的设计、制造、安装、使用应符合压力管道的有关规定：（1）氯气系统管道应完好，连接紧密，无泄漏；（2）用氯设备和氯气管道的法兰垫片应选用耐氯垫片；（3）用氯设备应使用与氯气不发生化学反应的润滑剂；（4）液氯气化器、贮槽等设施设备的压力表、液位计、温度计，应装有带远传报警的安全装置。	3.11 条款		现场检查		

续表

内容	检查标准或规范要求	《氯气安全规程》的条款	负责部门	检查方式	检查评价	
					符合	不符合项记录
二、生产	氯气总管中含氢≤0.4%。氯气液化后尾气含氢应≤4.0%。	4.2条款		现场检查		
	液氯的充装压力不应超过1.1MPa。	4.3条款		现场检查		
	液氯贮槽、计量槽、气化器中液氯充装量不应大于容器容积的80%。液氯充装结束，应采取措施，防止管道处于满液封闭状态。	4.4条款		现场检查		
	不应将液氯气化器中的液氯充入液氯气瓶。	4.5条款		现场检查		
	液氯气化器、预冷器及热交换器等设备，应装有排污（NCl_3）装置和污物处理设施，并定期分析NCl_3含量，排污物中NCl_3含量不应大于等于0.5%，其分析方法采用户GB 5138—2006，分析仪器装置应通过中国氯碱工业协会鉴定。	4.6条款		现场检查		
	为防止氯压机或纳氏泵的动力电源断电，造成电解槽氯气外溢，应采用下列措施之一：（1）氯气生产系统安装防止氯气外溢的氯气吸收装置；（2）配备氯压机、纳氏泵出口氯气连锁阀门或逆止阀；（3）配备电解直流电源、氯压机、纳氏泵出口阀门以及氯气吸收装置启动电源等与氯压机、纳氏泵动力电源联锁的装置；（4）检查氯气吸收装置电源是否处于热备用状态，紧急启动联锁开关是否投入。	4.7条款		现场检查		
	设备、管道和阀门，安装前要经清洗、吹扫、干燥处理，定期清除滞留在反应设备和管道内的反应生成物，消除堵塞。阀门应逐只做耐压试验，对于重要管道和阀门应建立定期更换制度。	4.8条款		现场检查		
	采用液氯气化法充装液氯时，要严格控制气化器的压力和温度，液氯气化器应用热水加热，不应用蒸汽加热，进口水温不应超过40℃，气化压力不应超过1MPa。	5.3.2条款		现场检查		

续表

内容	检查标准或规范要求	《氯气安全规程》的条款	负责部门	检查方式	检查评价	
					符合	不符合项记录
三、液氯气瓶的充装	每班对计量器具检查校零。充装用的计量器具每三个月检验一次，计量器具的最大称量值应为称量的1.5～3.0倍。计量器具应设有超装警报或自动切断液氯装置。	5.1.1条款		现场检查		
	连接气瓶用紫铜管应预先经过退火处理。	6.1.8条款		现场检查		
	开启气瓶应使用专用扳手。	6.1.10条款		现场检查		
	开启瓶阀要缓慢操作，关闭时亦不能用力过猛或强力关闭。	6.1.11条款		现场检查		
	充装系数为1.25kg/L，不应超装。	5.1.2条款		现场检查		
	充装前的检查记录、充装操作记录、充装后复验和检查记录应完整，内容至少应包括：气瓶编号、气瓶容积、实际充装量、发现的异常情况、检查者、充装者和复称者姓名或代号、充装日期，记录应妥善保存、备查。	5.1.3条款		现场检查		
	充装前必须有专人对气瓶逐只进行充装前的检查，确认无缺陷和无异物方可充装，并做好记录。气瓶有以下情况时，不应充装：（1）颜色标记不符合规定或未对瓶内介质确认的；（2）钢印标记不全或不能识别；（3）新瓶无合格证；（4）超过技术检验期限；（5）瓶体存在明显损伤或缺陷，安全附件不全、损坏或不符合规定；（6）瓶阀和螺塞（丝堵）上紧后，螺扣外露不足三扣；（7）瓶体温度超过40℃。	5.1.4条款		现场检查		
	充装后的气瓶应复验充装量。两次称重误差不应超过允许充装量的1%。复称时应换人换衡器。充装后应逐只检查气瓶，发现泄漏或其他异常情况，应妥善处理。	5.1.5条款		现场检查		
	入库前应有产品合格证。合格证应注明：瓶号、容量、重量、充装日期、充装人和复称人姓名或代号。	5.1.6条款		现场检查		

续表

内容	检查标准或规范要求	《氯气安全规程》的条款	负责部门	检查方式	检查评价	
					符合	不符合项记录
三、液氯气瓶的充装	液氯充装站应负责液氯气瓶的统一管理，包括统一编号、原始档案、检验周期和周转去向等。	5.2.10 条款		现场检查		
	空瓶返回生产厂时，应保证安全附件齐全。	6.1.15 条款		现场检查		
	液氯气瓶长时间不用，因瓶阀腐蚀而形成“死瓶”时，用户应与供应厂家取得联系，并由供应厂家安全处置。	6.1.16 条款		现场检查		
	不应将油类、棉纱等易燃物和与氯气易发生反应的物品放在气瓶附近。	6.1.6 条款		现场检查		
四、液氯汽车罐车的充装	充装前应有专人对汽车罐车进行全面检查，确认无缺陷后，方可充装。 充装（鹤管）系统应每半年进行一次水压试验并有试验结果记录和试验人员签字。	5.2.1 条款		现场检查		
	汽车罐车充装前应采用汽车衡核验罐车的重量，充装后的罐车应再次称重，其充装系数为 1.20kg/L，不应超装。	5.2.2 条款		现场检查		
	罐车充装结束后，应进行下列检查并认真填写罐车运输交接单：（1）关闭压力表座阀和紧急切断阀；（2）各密封面进行泄漏检查；（3）气、液相阀门加盲板；（4）检查封车压力（不应超过环境温度下的液氯饱和蒸气压力）。	5.2.3 条款		现场检查		
	充装前后和复检的计量值均应登记，作为使用期的跟踪档案	5.2.4 条款		现场检查		
	充装后按规定填报运输路单及充装记录	5.2.5 条款		现场检查		

续表

内容	检查标准或规范要求	《氯气安全规程》的条款	负责部门	检查方式	检查评价	
					符合	不符合项记录
四、液氯汽车罐车的充装	罐车有以下情况时，不应充装：(1) 新罐车无合格证；(2) 超过技术检验期限（包括车辆行驶部分）；(3) 安全附件不全、损坏或不符合规定；(4) 车辆行驶部分或罐体部分有缺陷不符合规定；(5) 罐体温度超过40℃；(6) 其他有安全隐患的情况。	5.2.6条款		现场检查		
	罐体内应保留有不少于充装量的0.5%或100 kg的余量，且应留有不低于0.1MPa的余压。	5.2.9条款		现场检查		
	液氯充装站应负责液氯罐车的统一管理，包括统一编号、原始档案、检验周期和周转去向等。	5.2.10条款		现场检查		
	通过气化器使用液氯贮槽充装时，应先确认液氯贮槽内的压力高于液氯罐车内的干燥压缩空气或气化氯的压力，方可充装。充装结束，应先关液氯贮槽的阀门，然后关汽车罐车的阀门，然后将连接管线残存液氯处理干净，并做好记录。	5.3.1、5.3.3条款		现场检查		
五、液氯气瓶的贮存	钢瓶不应露天存放，也不应使用易燃、可燃材料搭设的棚架存放，应贮存在专用库房内。	7.1.1条款		现场检查		
	空瓶和充装后的重瓶必须分开放置，不应与其他气瓶混放，不应同室存放其他危险化学品。	7.1.2条款		现场检查		
	重瓶存放期不应超过三个月	7.1.3条款		现场检查		
	充装量为500kg和1000kg的重瓶，应横向卧放，防止滚动，并留出吊运间距和通道。存放高度不应超过两层。	7.1.4条款		现场检查		

续表

内容	检查标准或规范要求	《氯气安全规程》的条款	负责部门	检查方式	检查评价	
					符合	不符合项记录
六、液氯钢瓶的发放、装卸	气瓶装卸、搬运时，应戴好瓶帽、防震圈，不应撞击。	8.1.1 条款		现场检查		
	充装量为 50kg 的气瓶装卸时，应用橡胶板衬垫，用手推车搬运时，应加以固定。	8.1.2 条款		现场检查		
	充装量为 100kg 、500kg 和 1000kg 的气瓶装卸时，应采取起重机械，起重量应大于重瓶重量的一倍以上，并挂钩牢固。不应使用叉车装卸。	8.1.3 条款		现场检查		
	夜间装卸时，场地必须有足够的照明。	8.1.4 条款		现场检查		
	危险化学品运输车辆应按规定悬挂危险品标志。	8.1.6 条款		现场检查		
	不应同车混装其他物品和让无关人员搭乘。	8.1.7 条款		现场检查		
	车辆停车时应可靠制动，并留人值班看管。	8.1.8 条款		现场检查		
	高温季节应根据当地公安交通管理部门规定的时间运输。	8.1.9 条款		现场检查		
	充装单位应对危险化学品运输车辆进行检查，证照不全的，不应充装。	8.1.10 条款		现场检查		
	车辆运输气瓶时，瓶阀一律朝向车辆行驶方向的右侧。	8.1.12 条款		现场检查		
	充装量为 50kg 的气瓶应横向装运，堆放高度不应超过两层；充装量为 100kg、500kg 和 1000kg 的气瓶装运，只允许单层设置，并牢靠固定防止滚动。	8.1.13 条款		现场检查		
	不应用自卸车、挂车、畜力车运输液氯气瓶。	8.1.14 条款		现场检查		
	贮罐的贮存量不应超过容量的 80%。	6.3.1 条款		现场检查		

续表

内容	检查标准或规范要求	《氯气安全规程》的条款	负责部门	检查方式	检查评价	
					符合	不符合项记录
七、液氯贮罐的使用、贮存	贮罐输入和输出管道，应分别设置两个以上截止阀门，定期检查，确保正常。	6.3.2 条款		现场检查		
	贮罐区 20m 范围内，不应堆放易燃和可燃物品。	7.2.1 条款		现场检查		
	大贮量液氯贮罐，其液氯出口管道，应装设柔性连接或者弹簧支吊架，防止因基础下沉引起安装应力。	7.2.2 条款		现场检查		
	贮罐库区范围内应设有安全标志，配备相应的抢修器材，有效防护用具及消防器材	7.2.3 条款		现场检查		
	地上液氯贮罐区地面应低于周围地面 0.3～0.5m 或在贮存区周边设 0.3～0.5m 的事故围堰，防止一旦发生液氯泄漏事故，液氯气化面扩大。	7.2.4 条款		现场检查		
八、应急救援	氯气生产、贮存和使用单位应制定氯气泄漏应急预案，预案的编制应符合 AQ/T 9002 中的有关内容，并按规定向有关部门备案，定期组织应急人员培训、演练和适时修订。	3.17 条款		现场检查		
	生产、贮存、运输、使用等氯气作业现场，都应配备应急抢修器材和防护器材，并定期维护。 1. 抢修器材及常备数量：瓶阀堵漏、调换专用工具 1 套；瓶阀出口铜六角螺帽、垫片 2～3 个；专用扳手 1 把；12″活动扳手 1 把；0.5 磅手锤 1 把；克丝钳 1 把；ϕ3mm～ϕ10mm 大小不等的竹签、木塞、铅塞、橡皮塞各 5 个；8 号铁丝 20m；ϕ800mm × 50mm × 3mm、ϕ600mm×50mm×3mm 的铁箍各 2 个；500mm×50mm×5mm 橡胶垫 2 条；密封用带 1 盘；10%氨水 0.2L。 2. 常备防护用品及常用数量：过滤式防毒面具（防毒口罩）/与作业人数相同，备用数 2 套；正压式空（氧）气呼吸器/与紧急作业人数相同，备用数 1 套；橡胶或乙烯类聚合物材料的防护服、防护手套和防护靴/与作业人数相同，备用数适量。	3.8 条款		现场检查		

续表

内容	检查标准或规范要求	《氯气安全规程》的条款	负责部门	检查方式	检查评价	
					符合	不符合项记录
八、应急救援	防护用品应定期检查，定期更换。防护用品放置应便于作业人员使用。	9.1条款		现场检查		
	若吸入氯气，应迅速脱离现场至空气新鲜处，保持呼吸道通畅。呼吸困难时给输氧，给予2%～4%碳酸氢钠溶液雾化吸入，立即就医。	9.1条款		现场提问		

附件 1.2

附表 5 液氯槽车充装安全检查表（参考）

车号＿＿＿＿＿＿ 罐号＿＿＿＿＿＿ 充装日期＿＿＿＿＿＿

项目	检查内容	检查结果 符合√/不符合×
一、槽罐车基本证件和资料	1.汽车槽罐车使用单位准运证、汽车槽罐车牌照	
	2.汽车槽罐车使用单位办理《液化气体汽车槽罐车使用证》	
	3.押运员有省有关主管部门颁发的《汽车槽罐车押运员证》	
	4.驾驶员有省有关主管部门颁发的《汽车槽罐车准驾证》	
	5.危险化学品警示灯具、标志是否符合规范	
	6.车辆装载数量、行驶证核定载装质量	
	7.剧毒化学品购买证、准购证	
	8.公路运输通行证、《道路危险货物运输安全卡》	
	9.槽罐车定期检验复印报告	
	10.槽罐、安全阀等附件结构图（随车技术资料）	
二、槽罐车充装前检查	1.槽罐车使用证或准运证在有效期内	
	2.罐车按规定进行定期检验	
	3.防护用品、灭火器、专用检修工具、应急器材和备品、备件随车携带	
	4.随车必带的文件、资料符合规定或与实物相符	
	5.罐内余压、温度及安全阀的压力符合规定要求	
	6.罐体的阀门或安全附件无异常	
	7.提货单据载明的品种、数量和对应的车辆规定的装载容积相符	
三、槽罐车充装作业检查	1.按指定位置停车，关闭汽车发动机，并用手闸制动，加防滑块	
	2.作业前应接好静电接地线，管道和管接头连接必须牢靠	
	3.充装时，操作人员、司机和押运员均不得离开现场，在正常充装作业时，不得启动车辆	
	4.充装时严禁超装，充装完毕必须复查充装重量，如有超装，妥善处理，否则严禁驶离充装单位	
	5.充装作业完成后，应当即按槽罐车使用说明书或操作规程关闭紧急切断阀和阀门	
	6.罐内压力异常时，禁止充装作业	

槽车重/t	皮重/t	净重/t	充装重量/t	充装前标尺/mm	充装后标尺/mm

检查意见：

以上要求经检查，符合充装条件，可以充装□。

充装操作人员：＿＿＿年 月 日
驾 驶 员：＿＿＿年 月 日
押 运 员：＿＿＿年 月 日

附件二

关于氯气安全设施和应急技术的补充指导意见

一、关于液氯贮槽密闭厂房中设置碱喷淋装置问题

由于液氯（附表 6）贮槽泄漏时，周围环境温度急剧下降，地面产生积冰等现象，使氯气泄漏速度减慢。如果此时启动碱喷淋，虽然可中和泄漏的氯气，但同时会使环境温度上升，加快氯气泄漏速度。因此，综合考虑不推荐在厂房内设置碱喷淋装置（无论是容器上方还是四周）。有条件时，可在厂房外面设置碱喷淋装置或参考国外一些企业的做法，在门窗外设置碱幕，作为门窗无法有效关闭时的补充隔离措施。

由于容器（储槽、槽车、气瓶）中的液氯向大气环境泄漏气化时是吸热过程，随着泄漏的进行并达到一定程度，可以看到容器（钢瓶、槽罐）表面会因温度下降而结冰、霜。

附表 6　液氯的有关理化数据

物质名称	分子质量 M	沸点 t_0（℃）	液体平均比热容 C [kJ/(kg·℃)]	气化热 q（kJ/kg）
氯	71	−34	0.96	2.89×10^2

如果已经泄漏的容器是一个绝热体系，依靠体系（液氯）的热量气化液氯，此时容器内剩余液氯的温度会很快下降并接近沸点，气化速率大大降低而趋于停滞；在获取环境热量后再气化，可以间隔、断续相持 5～6 次，最后才会气化结束。

如果外界供给热量，液氯泄漏气化将继续进行。而通常给热的方式是罐体与大气（空气）热交换，但是空气的导热系数是很低的，$\lambda=0.0259$（20℃），此时

液氯气化速率较低；如果给罐体喷水，水的导热系数很大，$\lambda=0.599$（20℃），此时液氯气化速率加大。

设置碱喷淋装置或水幕墙的地面，应具备回收沟、池（回用水应进行控制），防止发生污染事件。

二、关于液氯贮槽密封厂房门是采用手动还是自动问题

企业可根据实际情况选择采用手动门和自动门两种。但在选择自动门时建议选用外置式（厂房墙外），并且其门体、机械传动部分、电器部件应具有耐腐蚀、防潮、防水功能。

采用液氯贮槽密闭式厂房，现场应设置应急人员安全的处置通道（可参考一些企业的做法，增设盲道），方便到达厂房内任何事故点连接应急管线、开关阀门，紧急情况下能使操作人员迅速地进入避护场所（安全隔离间）和撤离现场。

三、液氯单元（贮槽或钢瓶）泄漏事故氯处理装置选择

液氯单元（贮槽或钢瓶）宜设立独立的事故氯处理装置，事故氯处理装置具备连续运行和处理大量泄氯的能力。如与其他系统共用事故氯装置，必须确保事故氯处理装置连续运转和较大处理能力。

四、关于《移动式压力容器充装许可规则》（TSG R4002—2011）中液氯充装安全设施的具体实施指导意见

在附件A《充装许可资源条件》：A3.1基本要求："（15）充装有毒介质，应当配备泄漏介质处理装置。如液氯充装单位应当配备碱喷淋装置……"

建议如下：

1.禁止直接向罐体喷淋水或碱液。

2.槽车充装、接卸宜采用密闭厂房，并配备事故氯吸收装置。

3.若采用半敞开式厂房，必须在充装场所配备二个以上移动式真空吸收软管，并与事故氯吸收装置相连。

4.没有上述安全设施的液氯作业场所，应进行事故风险评估，不符合《可容许风险标准》（可容许个人风险标准，可容许社会风险标准）的企业，必须进行整改。